量子力学選書
坂井典佑・筒井　泉　監修

量子と情報

東京工業大学名誉教授
理　学　博　士
細谷曉夫　著

裳　華　房

Quanta and Information

by

Akio Hosoya, Ph. D.

SHOKABO

TOKYO

刊 行 趣 旨

　現代物理学を支えている，宇宙・素粒子・原子核・物性の各分野の理論的骨組みの多くは，20世紀初頭に誕生した量子力学によって基礎付けられているといっても過言ではありません．そして，その後の各分野の著しい発展により，最先端の研究においては量子力学の原理の理解に加え，それを十分に駆使することが必須となっています．また，量子情報に代表される新しい視点が20世紀末から登場し，量子力学の基礎研究も大きく進展してきています．そのため，大学の学部で学ぶ量子力学の内容をきちんと理解した上で，その先に広がるさらに一歩進んだ理論を修得することが求められています．

　そこで，こうした状況を踏まえ，主に物理学を専攻する学部・大学院の学生を対象として，「量子力学」に焦点を絞った，今までにない新しい選書を刊行することにしました．

　本選書は，学部レベルの量子力学を一通り学んだ上で，量子力学を深く理解し，新しい知識を学生が道具として使いこなせるようになることを目指したものです．そのため，各テーマは，現代物理学を体系的に修得する上で互いに密接な関係をもったものを厳選し，なおかつ，各々が独立に読み進めることができるように配慮された構成となっています．

　本選書が，これから物理学の各分野を志そうという読者の方々にとって，良き「道しるべ」となることを期待しています．

坂井典佑
筒井　泉

はじめに

　本書のタイトルを「量子情報」としないで，「量子と情報」としたのには，いろいろ経緯があります．「量子と情報」は，2003年からはじまり，5年間続いたJSTさきがけ研究の総括を引き受けた際に，JST側が選んでくれたものですが，基礎と最新技術を微妙に両睨みにする余地を残す助詞「と」のニュアンスが個人的にも気に入りました．その後，東京工業大学で「量子情報」の大学院授業を行いましたが，その心は「量子と情報」でした．

　この分野は，基礎と応用が交錯しています．そもそも，プランクによる黒体放射の研究は，19世紀末より発展した鉄工業からの需要，溶鉱炉の中の温度をそこからの光の色彩から求めるところからはじまっています．科学の発展は，その成果を多くの人が受容する下地が必要であるという意味で，社会の状況と無縁ではありませんが，21世紀の現在でそれにあたるのが，「情報」であると思います．すでにデジタル時代に入り，一般の人たちが，物だけではなく「情報」の価値を受け入れています．その社会的背景の中で，20世紀にはじまった量子力学による原子物理学やコンピュータなどの電子機器の進展の先に，さらに量子力学の基本原理を利用した情報技術の世紀がはじまっていると思います．

　本書では，その基本原理がどう活用されているかを具体的に見ていきながら，基礎科学としての量子力学と情報科学の関係を述べます．なお，本書ははじめから順に読み進めるようには書かれていません．興味のあるところから始めて結構です．ただ，全体の流れは知りたいでしょうから，以下に概略と案内図を掲げます．

　量子力学の本質はヤングの2重スリットの実験に現れているので，それ

はじめに v

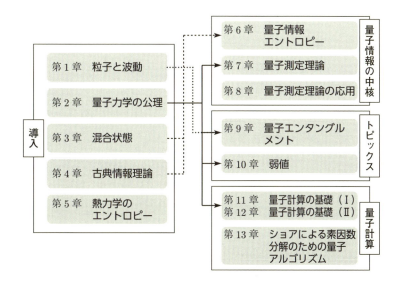

を導入として第1章に述べて，第2章に公理としてまとめました[†1]．ただし，ヒルベルト空間などについての厳密な定義は，数学の教科書に委ねることとします．量子状態というものがあり，それ全体がヒルベルト空間をなすことは認めて先に進んでいただきたいと思います．

　力学や電磁気学に情報という言葉が付されることはなく，なぜ量子力学にだけ情報が付くかについては説明が必要でしょう．力学・電磁気学で登場する，ほとんど全ての対象系に対する法則に対して，測定についての深い考察が必要ないのは，物理量の測定結果が1つに定まるからです．他方，量子力学においては，測定・観測の結果はばらついて確率的にしか得られないので，それについての考察は本質的なものとなります．確率分布として得られた測定結果から系の初期状態を推定するところ，すなわち，確率分布から情報量が決まるところが情報科学的です．

　確率と情報の関係は，量子に限らず一般的に成り立つので第4章にまと

[†1] 本書の内容を理解するために参考になる量子力学のテキストとして，ディラックによる不朽の名著 [1] と J.J. サクライによる教育的な名著 [2] を挙げます．

めました．そこで分かるように，情報科学は通信の理論からはじまっていて，情報の送り手と受け手の間の対話の形式になっています．量子力学も，物理的対象とそれを測定する測定器系の対話として表現することができます．

さらに，一般には，系の初期状態が確率的にしか分からない場合もあるので，それについては第3章にまとめました．最初は読み飛ばして，必要になってから読むのでも問題ありません．

情報概念が実は熱力学にも潜んでいることは，一部の物理学者によって1960年頃から認識されていました．第5章では，熱力学と情報の関係を考えるために，マクスウェルの悪魔のパラドックスという思考実験を中心に説明します．

この第1章から第5章までが，量子情報理論の背景にあたるものです．第6章から，系統的に理論を展開します．

そのように量子と情報の関係を調べていくと，「情報」とはそもそも何か，という根源的な問いが自然に出てきます．実際，量子情報の国際学会の講演でも，冒頭に"What is information?"という問いをもってくる研究者もいるので，ここで少し，筆者の蘊蓄を傾けます．

物理学が対象とするのは，「情報」の内容ではなく「情報量」です．その違いを源氏物語を例に説明しましょう．例えば，光源氏の恋愛遍歴は文章化できるので情報の一種でしょう．ただし，その中で「あはれ」という言葉が使われている回数は，情報の内容と区別すべき情報量です．

次に，その情報量を説明しましょう．例えば，00010100のように，通信文を8桁の2進法で表したとします．8桁の数字のうち，ほとんどが0なら情報量はゼロ，0と1の割合が半々くらいだと，0と1を組み合わせて表現できる数が多くなるので，より詳しい内容が送れて8になります．それを定量化したのが，シャノン情報量です．前者は，あるアルゴリズムで8ビットから1ビットに圧縮できるけれども，後者は圧縮不可能です．逆に，その圧縮度からシャノン情報量を定義します．

昔,「あー, うー」とだけ繰り返し, 内容のない談話をする政治家がいましたが,「00000…」とせずに, 圧縮して「0」とだけ表現すればよいのです.

量子系に対しては, 実験のセットアップを調整するのに必要な情報量と, 実験結果のもつ情報量の関係は興味の対象となります. その差は, 実験することによって得られる情報量です. 少し考えると, それは測定前の不確実さが, 測定により減少する分ともいえます. 古典物理学にも情報量はあるのですが, 量子力学においては実験結果が確率的にしか得られないので, これだけだと情報量の定義が非自明になります. そのため, 数学的な準備が必要となります.

ここで, 量子情報科学の成立の歴史をおおまかに見ておきましょう. 大きく分けて3つの源流があります.

1つ目は, 相対性理論の大家としても有名なウィーラーが "It from bit" というスローガンのもとに物理における情報の重要性をやや極端な形で説き, 1977年に量子力学における測定の問題について講義をしたことにあります. それを聴講した人たちから, いまでいう量子情報科学のパイオニアたちが現れました.

2つ目はアメリカ東部のランダウアーとベネットらが提唱した, 熱力学と計算の関係から出発したことにあります. この2つのグループが1981年に開かれた国際会議で合流したことが大きなきっかけになりました. そして, 1982年にウィーラーが開催した小さな国際会議の参加者たちが, いまでいう量子情報科学を推進しました. この背景から, 1985年のドイチによる量子計算の概念が生まれました.

3つ目は, コロモゴルフ以来, 確率・統計学の伝統をもつロシアで, それらの量子版がホレボたちにより進められ, 東欧圏で量子情報科学の数理物理的基礎が形成されました.

本書の説明に戻りましょう. 前に述べたように, 第5章までは導入部です. 第6章で量子力学における情報量を定義し, その性質を調べます. 内

容は，第4章の古典情報量と対応しています．第7章は本書の中心的な章で，一般化された量子測定理論を述べます．第8章はその応用例です．

第9章は，それまでの章に出てきた重要な概念であるエンタングルメント（量子もつれ）に焦点を当てています．第10章は，物理量の測定前の値である弱値を扱いますが，これは筆者の好みによるトピックスで，他の章とは独立しています．第11章から第13章では，量子コンピュータについての考え方を解説しています．

読み方として一案を示しましょう．第1章から第5章，特に第1章と第2章を通読して，第6章から第8章は気合を入れて読み，分からなくなったら案内図の矢印を辿って戻るのです．

本書では，量子力学の基本原理に対する理解を深めることを主眼とします．そのため，量子計算の最近の発展，量子通信の実装については軽く触れる程度にします．量子計算に興味のある人は，第11章から第13章を読み，原理がよく分からなくなったら矢印を辿って戻るとよいかもしれません．トピカルな第9章と第10章は斜め読みして，興味が湧いたら読み直してください．

末筆になりましたが，本書の執筆を勧めてくださった坂井典祐先生と筒井泉先生に深く感謝を申し上げます．坂井先生は2年前に逝去され，上梓をご報告できなくて残念です．筒井先生には監修をしていただき，ありがたく思っております．また，量子情報の分野の現段階の応用として量子計算はどうしても外せないと考え，筆者が以前サイエンス社から出版した「量子コンピュータの基礎 [第2版]」のかなりの部分を採用せざるを得ませんでした．それを，寛大にも許してくださったサイエンス社に感謝を申し上げます．そして，裳華房編集部の團 優菜さんには細かいところまで目を通していただき，とても助かりました．深く感謝を申し上げます．

2024年9月

細 谷 曉 夫

目　次

1　粒子と波動

1.1　はじめの一言 ・・・・・・・ 1
1.2　量子力学的世界像 ・・・・・ 2
　1.2.1　光の粒子性と波動性 ・・ 2
　1.2.2　粒子と波動の相補性をどう考えるか ・・・・・・・・・ 5
1.3　マッハ–ツェンダー干渉計 ・ 10

2　量子力学の公理

2.1　量子力学のまとめ ・・・・ 15
　2.1.1　量子力学の公理・・・・ 15
　2.1.2　測定可能量・・・・・・・ 20
2.2　重ね合わせ状態をつくるまでの物理過程 ・・・・・・・ 22
　2.2.1　重ね合わせ状態を物理的につくりだす ・・・・・・・ 22
　2.2.2　シュテルン–ゲルラッハの実験 ・・・・・・・ 24
　2.2.3　偏光板と方解石を用いた実験 ・・・・・・・・・・ 27
2.3　遅延選択 ・・・・・・・・・・ 28
　2.3.1　ウィーラーによる問題提起 ・・・・・・・・・・ 29
　2.3.2　キムたちの光学実験 ・・ 30
　2.3.3　数式による実験事実の説明 ・・・・・・・・・・ 32
　2.3.4　「どっちの経路か」と「干渉縞」の間に因果関係はない ・・・・・・・・・・ 35

3　混合状態

3.1　密度演算子 ・・・・・・・ 37
3.2　1キュービット状態の可視化 39
3.3　シュレーディンガーの混合定理 ・・・・・・・・・・・ 41
3.4　ボーア vs アインシュタイン ・ 43
3.5　EPR パラドックス ・・・・ 44
3.6　ベルの不等式の破れ ・・・・ 46
　3.6.1　スピンの相関の定量化 ・ 47
　3.6.2　CHSH 相関関数 ・・・・ 49
3.7　ベルの不等式の破れの実験 ・ 52
　3.7.1　局所実在の否定とは？ ・ 52
　3.7.2　デルフトの実験のセットアップ ・・・・・・・・・ 52
　3.7.3　実験結果・・・・・・・・ 53
3.8　ここまでは準備体操 ・・・・ 53

x 目次

4 古典情報理論

4.1 シャノン情報量 ・・・・・ 55
  4.1.1 シャノン情報量の導入 ・ 55
  4.1.2 情報の圧縮とシャノン情報量 ・・・・・・・・・・ 59
4.2 大数の法則 ・・・・・・・ 64
4.3 典型列に関する定理 ・・・・ 66
4.4 情報エントロピーたち ・・・ 69
  4.4.1 相対エントロピー ・・・ 69
  4.4.2 いろいろなエントロピーの定義 ・・・・・・・ 71
  4.4.3 エントロピー不等式 ・・ 75
4.5 鍵探しのパラドックス ・・・ 82

5 熱力学のエントロピー

5.1 熱とエントロピー ・・・・ 86
5.2 理想気体に対するボイル–シャルルの法則 ・・・・・・・ 87
5.3 マクスウェルの悪魔とシラードエンジン ・・・・・・・ 89
5.4 熱力学的エントロピーとシャノン情報量 ・・・・・・・ 95
  5.4.1 非対称シラードエンジン 95
  5.4.2 孤立系に対する熱力学第2法則 ・・・・・・・ 97

6 量子情報エントロピー

6.1 フォンノイマン・エントロピー ・・・・・・・・・・ 100
  6.1.1 フォンノイマン・エントロピーの定義 ・・・・ 101
  6.1.2 シューマッハ圧縮の簡単な例 ・・・・・・・・ 102
  6.1.3 シューマッハ圧縮の定理 104
6.2 量子相対エントロピー ・・ 106
6.3 結合エントロピー ・・・・ 109

7 量子測定理論

7.1 測定モデル ・・・・・・・ 113
7.2 量子操作に対するクラウス表示 ・・・・・・・・・・ 116
  7.2.1 量子操作 ・・・・・・ 116
  7.2.2 1キュービット系のクラウス表示 ・・・・・・ 117
7.3 完全正写像 ・・・・・・・ 120
  7.3.1 完全正写像の定義と反例 120
  7.3.2 完全正写像とクラウス表示 ・・・・・・・・・ 123

- 7.4 量子状態間の距離としての忠実度 ・・・・・・・・ 125
  - 7.4.1 エンタングルメント忠実度 ・・・・・・・・・ 125
  - 7.4.2 エンタングルメント忠実度の応用例 ・・・・・・ 129
- 7.5 量子状態間の距離 ・・・・ 132
  - 7.5.1 代表的な関係式・・・・ 132
  - 7.5.2 スピードリミット ・・ 136

8 量子測定理論の応用

- 8.1 量子操作のまとめ ・・・・ 139
- 8.2 量子操作に関する不等式 ・ 141
- 8.3 ホレボ限界 ・・・・・・・ 144
  - 8.3.1 ホレボ限界の例題 ・・ 147
  - 8.3.2 シュテルン–ゲルラッハの実験を測定モデルと対応させる ・・・・・・・・ 150
- 8.4 量子テレポーテーション ・ 152
- 8.5 ベル測定 ・・・・・・・・ 155
  - 8.5.1 ベル状態・・・・・・・ 155
  - 8.5.2 Ψ^- を同定する・・・・ 156
- 8.6 マスター方程式 ・・・・・ 157
- 8.7 不確定性関係 ・・・・・・ 160

9 量子エンタングルメント

- 9.1 エンタングルメントの定義 164
- 9.2 エンタングルメント抽出 ・ 165
- 9.3 混合状態の純粋化（再論） 169
- 9.4 混合状態のエンタングルメント ・・・・・・・・・・ 170
  - 9.4.1 エンタングルメント証人 171
  - 9.4.2 ペレスの判定基準：純粋状態のエンタングルメントの場合 ・・・・・・・ 172
- 9.5 混合状態のエンタングルメントの例 ・・・・・・・・・ 174

10 弱値

- 10.1 量子力学と確率論 ・・・・ 179
- 10.2 弱測定 ・・・・・・・・・ 180
- 10.3 弱測定の実例 ・・・・・・ 182

11 量子計算の基礎 (I) — 量子チューリングマシンと量子ゲート —

- 11.1 量子情報における量子計算の位置付け ･･････ 186
- 11.2 量子計算の量子力学的側面 187
- 11.3 チューリングマシン ･･･ 189
- 11.4 計算の複雑さ ･････ 191
- 11.5 量子チューリングマシン ･ 193
- 11.6 ユニタリー変換：量子論理ゲート ･･･ 194
  - 11.6.1 古典計算機における論理ゲート ･････ 195
  - 11.6.2 可逆な論理ゲート ･･ 197
  - 11.6.3 量子論理ゲート ･･･ 199
  - 11.6.4 量子複製不可能定理 ･ 202
  - 11.6.5 エンタングルした状態（絡まった状態）･･ 203
- 11.7 万能量子計算機 ････ 205
- 11.8 ラビ振動による量子ゲートの実装 ･･････ 206
  - 11.8.1 ラビ振動の量子力学 ･ 206
  - 11.8.2 ラビ振動による制御 NOT ゲートの実装 ･･･ 210
  - 11.8.3 計算量と計算時間について ･････････ 213

12 量子計算の基礎 (II) — 量子回路 —

- 12.1 ユニタリー変換の構成 ･･ 215
  - 12.1.1 制御-U ････ 215
  - 12.1.2 ユニタリー変換の実装 217
- 12.2 量子計算のやさしい例 ･･ 221
- 12.3 制御が 2 つ以上かかる場合 223
- 12.4 論理演算 ･･････ 225
  - 12.4.1 量子計算における論理ゲート ････ 225
  - 12.4.2 充足問題 ･････ 227
- 12.5 算術計算 ･･･････ 228
  - 12.5.1 足し算 $a+b$ ････ 228
  - 12.5.2 掛け算 $a \times x$ ････ 230
  - 12.5.3 ベキ算 a^x ････ 231
  - 12.5.4 離散フーリエ変換 ･･ 233

13 ショアによる素因数分解のための量子アルゴリズム

- 13.1 素因数分解 ･･････ 236
- 13.2 数論的準備 ･･････ 237
- 13.3 ショアのアルゴリズムの主要部 ････････ 239
- 13.4 数論的な注 ･･････ 240
  - 13.4.1 ユークリッドの互除法 241
  - 13.4.2 オイラー関数 ････ 242
  - 13.4.3 素数判定 ･････ 242
- 13.5 連分数を用いたアルゴリズムの緻密化 ･････････ 243

付録　不等式の証明

- A.1 結合エントロピーに関する不等式の証明 249
- A.2 相対エントロピーの単調性の証明 252
- A.3 U に関する単調性の証明・ 255
- A.4 $-\log X$ の凸性の証明 ‥ 256
- A.5 $F(\rho, \mathcal{E}) \leq F(\rho, \mathcal{E}(\rho))$ の証明 257

参考文献 259
おわりに 264
事項索引 265
欧文索引 268

コラム

- ヤングの2重スリットの手元実験 4
- ヤングの人物像 14
- 非線形光学素子 BBO 32
- ウィーラー 36
- シュレーディンガー 54
- 不等式 85
- エントロピーを漢字で書くと？ 99
- ハイゼンベルク表示とシュレーディンガー表示 138
- 国際量子年 163
- 猫状態 177
- ボルンの確率解釈 185
- ディラック 214
- ショアの思い出 248

第1章 粒子と波動

単一光子によるヤングの2重スリットの実験に，量子力学の本質が詰め込まれていることは，多くの物理学者によって指摘されている．この章では，ヤングの2重スリットの実験には，さらに情報論的な側面があることを指摘する．次の章からの量子と情報の理論展開の出発点として最適だろう．

1.1 はじめの一言

初等量子力学のテキストの書き出しに，「粒子性と波動性」というタイトルがよく見受けられる．しかし初学者には，この2つを統一的に理解することは難しい．ボーアのように，それを**相補性 (complementarity)** とよんでも理解が進むことはなく，受け入れるしかないか，と思うだけだろう．

粒子と波動の相補性は，典型的には**ヤングの2重スリットの実験 (Young's double slit experiment)** で得られる．「光子がどっちのスリットを通ったか」という情報と，スリットの先にあるスクリーンに現れる干渉縞の存在が両立しないことを意味する．平たくいえば，光子がどっちを通ったか分かるときには干渉縞ができないし，逆に干渉縞ができるときには両方のスリットを通ったとしかいえない．

干渉縞は多数回の光子の測定によって得られるものであるように，量子力

学において，測定結果は確率的にしか与えられない．その確率分布から得られる情報と，どっちのスリットを通ったかという情報の突き合わせが問題とされている．

量子情報科学 (quantum information science) を情報科学の量子版と捉えることもあるが，本書ではその立場はとらない．ヤングの2重スリットの実験のような量子測定自体を情報理論的に研究することが，量子力学の本質を理解するために必要であるという立場をとる．例えば，ハイゼンベルクの不確定性関係，すなわち測定による誤差と擾乱の関係は，すぐれて情報理論的である．

1.2 量子力学的世界像

この節では，朝永振一郎の名著 [3] と同名のタイトルを冠して，量子力学的な考え方をするための，頭のウォーミングアップを行おう．

1.2.1 光の粒子性と波動性

まずは，光の粒子性と波動性について，歴史を辿りながら詳しく見ていこう．

ニュートンは1670年代に光学の研究を行い，光を光線として記述し，多くの人がそれを光の粒子説と理解した．一方，光が干渉 (interference) や回折 (defraction) などの現象で代表される波動の性質を示すことが，17世紀末のホイヘンス以来知られていた．その典型が，これから述べる19世紀はじめに行われたヤングによる2重スリットの実験である．

実は20世紀になって，アインシュタインが量子力学の文脈で再び光の粒子説を唱えた．いまでは，光は粒子性と波動性を兼ね備えると理解され，「光は粒子であり，かつ波動である」という言い方がされるが，この意味は実験に即して理解する必要がある．理解すると，この言い方が甚だ不適切であることが分かるだろう．そのときに，読者は量子力学の理解の入り口に立

ったことになる．

　粒子と波動の違いを理解するために，2重スリットの実験を古典的な粒子に対して行うことを考えよう．2つのスリットをそれぞれ H_1, H_2 とすると，粒子ならば，スリット H_1 あるいはスリット H_2 のどちらかを通るはずである．したがって，図1.1のように，それぞれを通ってスクリーン上の点 $\vec{x}$ に到達する確率面密度を $P_1(\vec{x})$ と $P_2(\vec{x})$ とすれば，合成した確率面密度は，単にそれらの和 $P_1(\vec{x}) + P_2(\vec{x})$ になる（図1.2）．

　次に，波動（例えば光の波，すなわち電磁波）の強度分布を同じ設定のもとに考えてみよう．スリット H_1 (H_2) を通る波のスクリーン上の位置座標 $\vec{x}$ における振幅を $F_1(\vec{x})$ ($F_2(\vec{x})$) としよう．仮に，スリットが H_1 だけの場合の強

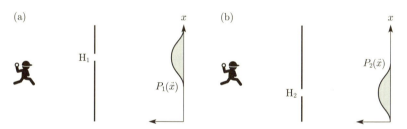

図 1.1 (a) スリット H_1 を粒子が通り，スクリーンに点 $\vec{x}$ でぶつかるものとしよう．その確率は，大ざっぱにはスリットの真後ろが最大でそのまわりにある分布をしているだろう．その検出確率密度を $P_1(\vec{x})$ とする．
　(b) 別のスリット H_2 を粒子が通ってスクリーンの位置 $\vec{x}$ にぶつかる確率密度を $P_2(\vec{x})$ としよう．

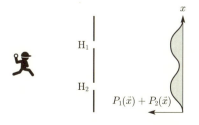

図 1.2 粒子がどちらのスリットを通るかを問題にしなければ，確率密度は，それぞれの場合の和となる．

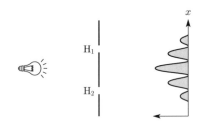

図 1.3 波動の場合，2 つのスリットを両方通ったのであり，それらの振幅が足し合わされる．

度分布は $P_1(\vec{x}) = |F_1(\vec{x})|^2$ となる．同様に，スリットが H_2 だけの場合の強度分布は $P_2(\vec{x}) = |F_2(\vec{x})|^2$ となり，ここまでは粒子の場合と大して違わない．

図 1.3 のようにスリットが 2 つあるときに，波の振幅は $F_1(\vec{x}) + F_2(\vec{x})$ となる．強度分布は，振幅の絶対値の 2 乗

$$|F_1(\vec{x}) + F_2(\vec{x})|^2 = |F_1(\vec{x})|^2 + |F_2(\vec{x})|^2 + 2F_1(\vec{x})F_2(\vec{x}) \quad (1.1)$$

となり，右辺第 3 項の $2F_1(\vec{x})F_2(\vec{x})$ があるために，結果は 2 つの強度の単なる和 $P_1(\vec{x}) + P_2(\vec{x})$ とは異なる[†1]．そして，$F_1(\vec{x})$ と $F_2(\vec{x})$ の相対的な位相がスクリーン上の点 $\vec{x}$ によって違うために，スクリーンに干渉縞が現れる．詳しくいえば，これはスリット H_1 を通った波とスリット H_2 を通った波の山同士が重なれば振幅が足し合わされ，反対に山と谷が重なれば振幅は打ち消し合うという干渉効果のために起こる．

~~~~~~~~~~~~~~~~~~~~~~~~

ヤングの 2 重スリットの手元実験

ヤングの 2 重スリットの実験を，シャープペンの芯 (0.5 mm) 3 本とレーザーポインターで簡単に行うことができる．

名刺大の硬い紙に，長方形の穴を開けてシャープペンの芯 3 本を平行に並べて，端をセロテープで止める（図 1.4 を参照）．芯の間隔は芯の太さと同程度が良いかもしれない．それを片手で持って，もう一方の手でレーザーポインターを照射し

[†1] 振幅 F_1, F_2 を一般的に複素数とすれば，(1.1) の右辺第 3 項は $2\mathrm{Re}[F_1^* F_2]$ となる（F_1^* は F_1 の複素共役）．

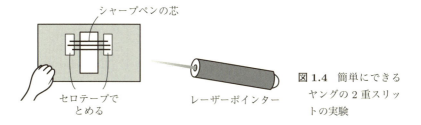

図 1.4 簡単にできるヤングの 2 重スリットの実験

壁に投影すると，縞模様のついたアークが見える．緑のレーザーポインターの方がパワーがあるのでクッキリするが，赤でも充分見える．

もっとド派手には，CD の表面を回折格子として使い，部屋の天井に干渉縞を映すとよい．

～～～～～～～～～～～～～～～～～～～～～～～

1.2.2 粒子と波動の相補性をどう考えるか

前項で見たように，粒子と波動は根本的に違う．日常用語の中でも，粒子は小さな塊をイメージするように「もの」であり，波動は水の表面のうねりが連なって進む様子を表す「こと」である．光が粒子であり，かつ波動でもあるというその言い方自体が，そもそもカテゴリー上の混乱を招く．そのためもあって，量子力学になると光も物質もその両方を兼ね備えるのが実験事実であるといわれても直観になじまない．ここを整理して理解することが量子力学の本質でもあるので，この項で単一光子によるヤングの 2 重スリットの実験を述べた後に，さらに第 2 章で考えを深めていくつもりである．その中で，上で指摘したカテゴリー上の混乱も解決しよう．

ここでは，その一歩として，光が非常に弱く，1 回の実験で光子が 1 個しか計測されない場合を考えよう．そして問題をはっきりさせるために，前項で扱ったヤングの 2 重スリットの実験を取り上げる．光子は 1 個だから，1 回の実験ではスクリーン上に干渉縞などが現れることはなく，スクリーンに置かれた写真乾板のどこか 1 点が感光するだけである．

この微弱な光の実験を繰り返したとしよう．次は，少し別の箇所が感光す

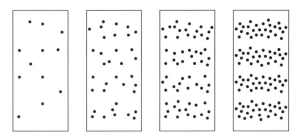

図1.5 光子の数を増やしていくと，干渉パターンが浮かび上がってくる．これは，光子の数が少ない場合のデータを多数重ね合わせたものと同じと考えてよい．

るであろう．そうして実験で得た写真乾板を多数重ね合わせると，そこに干渉パターンが浮かび上がるのである．このことから，**観測された1個1個の光子はまさに粒子性を表すが，その事象の起こる全体のパターンの中に波動性が現れる**ことが分かる（図1.5）．

先ほどのコラムで紹介したような普通のヤングの2重スリットの実験は，大量の光子に対して，上の実験をいっぺんにやっているものと理解される．これと類似のことは，電子線に対しても確認されている．

しかし，疑問は残る．光子あるいは電子が1個だけの場合に，どっちのスリットを通ったのであろうか？ もしも，光子がどちらか一方のスリットを通ったとすれば，ボールのような古典的な粒子がスリットを通るのと違わないので，実験を多数回繰り返しても干渉縞はできないだろう．そうすると，粒子としての光子や電子がどちらのスリットを通ったかという情報と干渉縞ができるということは両立しないように思われる．それをボーアに倣って，**相補性**とよぶことにしよう．

歴史的には，この「どっちのスリットを通ったかということと干渉縞の相補性」を，光子がどっちのスリット（経路）を通ったかの位置の測定と，そのための運動量の擾乱についての「不確定性関係」から説明しようとしたことがあった．その考え方を簡単に説明しよう．

2つのスリットの間隔を a とし，スリットと光軸の両方に直交する x 軸方向の位置座標を q としよう (図 1.6)．光子がどっちの経路を通ったかを知るためには，位置座標の測定誤差 Δq は，a 以下でなければならない．すなわち，$\Delta q < a$ となる．

一方，その位置の測定による運動量 p の x 成分への擾乱 Δp は，ハイゼンベルクの不確定性関係

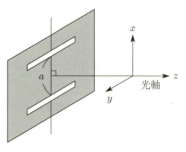

図 1.6 スリットの配置

$$\Delta q \, \Delta p \gtrsim \hbar \tag{1.2}$$

から，$\Delta p \gtrsim \dfrac{\hbar}{a}$ を得る．したがって，スリットの位置から光線の出る角度 ϕ に不確定性 $\Delta\phi \approx \dfrac{\Delta p}{p} \gtrsim \dfrac{\lambda}{a}$ が生じる．ここで，アインシュタイン－ド・ブロイの関係式 $p = \dfrac{\hbar}{\lambda}$ を用いて，不等式の最右辺を光の波長 λ で表した．

干渉縞の間隔は角度にすると $\dfrac{\lambda}{a}$ 程度であるので，角度の誤差 $\Delta\phi$ がそれ以上だと干渉縞は見えないだろう．これは大ざっぱにいうと，上に述べた角度の誤差が充分に大きければ，スリットのところでの位置の測定が波を乱したために干渉縞が消失した，という主張である．しかし，これが「どっちの経路を通ったか分かると干渉縞が消える」という事実の説明として正しいのだろうか？　それを確認するために，さらなる思考実験がいくつか提案されてきた．その 1 つが，ファインマンによるものである．

粒子が電子の場合，スリットのすぐ後方に別の光源を置けば，スリットを出てきた電子が光源からの光子を跳ね飛ばすので，その光子がどちらの方向に出てくるかによって「どっちの経路か」が分かるだろう，というのである．このアイデアについて論争が続いたが，結論は「不確定性関係に拘らず

相補性が成り立つ」というものであった．

　もう1つの実験は，ウィーラーが提案した思考実験「遅延選択」である．これは，実験の設定を工夫して，「どっちの経路か」を干渉縞ができた後で分かるようにするのである．そのように設定を変えると，干渉縞は消える．さらに，「どっちの経路か」の情報を消してしまう光学素子（ビームスプリッター）を挿入すると干渉縞は復活する（"量子消しゴム"）．先走っていうと，この「どっちの経路か」と「干渉縞」の相補性は，第9章で述べるエンタングルメントによって理解できる．

　このように「相補性」と「不確定性関係」を精査してみる必要があるので，本書の主要なテーマとしよう．

〈問題〉　ファインマンが提案した，電子についての2重スリットの思考実験からはじまる以下の論争についてレビューせよ．
- R. P. Feynman：*Lecture on Physics III*. chap3
- M. O. Scully *et al.*：Nature **351**, 111-116 (1991)
- E. P. Storey *et al.*：Nature **367**, 626-628 (1994)
- B. G. Englert *et al.*：Nature **375**, 367-368 (1995)
- E. P. Storey *et al.*：*ibid* 368

ファインマンは，先ほども述べたように，電子についての2重スリットの思考実験をひと工夫するアイデアを提案した．このアイデアの論争点は，「どっちの経路を通ったか分かると干渉縞が消える」という現象が，量子力学における不確定性関係によるものかどうかであった．

　Storey は，電子の位置と運動量の間の不確定性関係によるものとしたが，Scully と Englert は思考実験を工夫して，実験の前後で電子の運動量が変化しないモデルを考案して，不確定性関係は本質でないことを結論した．最後の文献は，電子ではなく原子を用いた実験に関するものであり，それで決着がついた．

　「どっちの経路かということと干渉縞の相補性」と不確定性関係 (1.2) が別物であるとすると，ヤングの2重スリットの実験において不確定性関係はどういう役割を果たすのだろうか？　次の演習問題1で興味深い思考実験を提案しよう．

演習問題 1 図 1.7 のように，スクリーン上に「てんとう虫」を置いたとき，そのてんとう虫が光の来る方向を見てスリットを 1 つ見るのか 2 つ見るのかを論じよう．そのときに考慮する要素は，てんとう虫の目の解像力である．

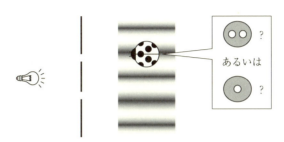

図 1.7 スクリーン上のてんとう虫はスリットを 2 つ見るであろうか，それとも 1 つであろうか？

【解答例】 てんとう虫はスリットの方向を見ながら，ゆっくりとスクリーン上を歩いていくとしよう．そして，てんとう虫が光を見たら，スクリーン面のその位置に，足で目のレンズと同じサイズの丸印をつけることにしよう．このとき，レンズが小さすぎると回折効果で像がぼやけ，入射光の方向の判定に誤差が生じて，どちらのスリットから来たか分からなくなる．逆にレンズのサイズが大きすぎると干渉縞の幅を跨ぐので丸印が重なり合って，スクリーン面の干渉縞を識別できないだろう．

この考察を定量化しよう．λ を光の波長，E をレンズのサイズ，d をスリット間の距離，L はスリットからスクリーンまでの距離とする．回折による入射光の方向の誤差は，角度にして $\Delta\theta \sim \dfrac{\lambda}{E}$ である．光子がどちらのスリットを通ったかをてんとう虫が判定できるためには，てんとう虫がスリット間隔 d を見込む角度 $\Theta = \dfrac{d}{L}$ よりも角度の誤差 $\Delta\theta$ が小さいこと，つまり

$$\Delta\theta < \Theta$$

1. 粒子と波動

が必要である．すなわち，レンズが

$$E > \frac{L}{d}\lambda$$

を充たすくらいに大きい必要がある．

　一方，スクリーン上に生じる干渉縞の間隔は $\frac{L}{d}\lambda$ なので，その中にいて前述の方法で丸印をいくつも描くためには，てんとう虫の目のレンズのサイズは干渉縞のサイズ以下でなければならない．すなわち，

$$E < \frac{L}{d}\lambda$$

となるので，2つのスリットを見分ける条件とちょうど矛盾する．□

　2つのスリットを見分けるためには，てんとう虫の目は大きい必要があり，干渉縞を描くためには小さい必要があるが，この2つは両立できない．これで，途中の経路の判定と干渉縞を描くことの相補性を示すことができたが，議論には光の波動性だけしか使っていない．第2章で述べるように，スリットの位置に何らかの検出装置を置く思考実験の場合に，相補性の鍵が光の経路とスリットの位置のエンタングルメントであることとは理由が異なっている．

　相補性は，経路の判定が事前であろうと事後であろうと成り立っているが，理由がそれぞれで違うのは面白いところである．

1.3　マッハ‐ツェンダー干渉計

　ヤングの2重スリットの実験は連続量を扱うので，具体的に数式で書くと長くなる．それをデジタル化した**マッハ‐ツェンダー干渉計** (Mach‐Zehnder interferometer) を用いるとほぼ暗算できるので紹介しよう．

　マッハ‐ツェンダー干渉計は，2種類のパーツからなる．1つは**ビームス**

プリッター（**Beam Splitter**，以下 BS とよぶ）と，もう 1 つは鏡である．BS は透過と反射の両方の機能をもつ板からなるもので，入射波の一部が直進透過し，他方が反射され直角方向に進む．鏡は光の進路を 90 度曲げる（図 1.8）．それらを 2 つずつ組み合わせた様子のマッハ‒ツェンダー干渉計の写真を図 1.9 に掲げる．

光は図 1.8 の左上の A から 1 つ目のビームスプリッター BS1 に入り，経路 B と C に分かれる．そして，それぞれ鏡によって向きを変えられて，2 つ目のビームスプリッター BS2 に入る．そこで，B からの光と C からの光が足し合わさって出口 D から右向きに出ていく．ここで，下向きの経路 E では B からの光と C からの光が打ち消し合って，光子は出ない．

ビームスプリッターのはたらきを数式で表そう．A から入射する量子状

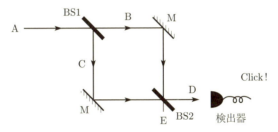

図 1.8 マッハ‒ツェンダー干渉計．BS はビームスプリッター，M は鏡を表す．

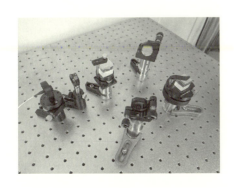

図 1.9 マッハ‒ツェンダー干渉計の写真（広島大学飯沼昌隆氏の好意による）．

態を $|A\rangle$ などと記し，ビームスプリッター BS1 (BS2) によるユニタリー変換を U_1 (U_2) と表すことにすると，

$$\left. \begin{aligned} U_1|A\rangle &= \frac{1}{\sqrt{2}}(|B\rangle + |C\rangle) \\ U_2|B\rangle &= \frac{1}{\sqrt{2}}(|D\rangle + |E\rangle) \\ U_2|C\rangle &= \frac{1}{\sqrt{2}}(|D\rangle - |E\rangle) \end{aligned} \right\} \quad (1.3)$$

だから，

$$\left. \begin{aligned} |D\rangle &= U_2 \frac{1}{\sqrt{2}}(|B\rangle + |C\rangle) \\ |E\rangle &= U_2 \frac{1}{\sqrt{2}}(|B\rangle - |C\rangle) \end{aligned} \right\} \quad (1.4)$$

となり，初期状態 $|A\rangle$ は終状態 $|D\rangle = U_2 U_1 |A\rangle$ と（ユニタリー変換分を除いて）一致し，$|E\rangle$ とは直交する．このことから，D のみで光子が検出されて，E では検出されないことが理解できる．

この干渉計をヤングの 2 重スリットの実験と比較すれば，ヤングの 2 重スリットの実験における干渉縞の有無は，マッハ‐ツェンダー干渉計の「D で光子は検出されるが E ではされない」という 2 択に単純化されている．そのために，ヤングの 2 重スリットの実験をいわばデジタルに理解できる．

例えば，マッハ‐ツェンダー干渉計に検出器を挿入し光子を検出して，B と C のどちらの経路を通ったかを見て B であったとしよう．すると，打ち消すべき C の経路からの光がないので，マッハ‐ツェンダー干渉計の出力は，図 1.8 の右下にある 2 つ目のビームスプリッター BS2 のはたらきだけになり，光子は D と E に 50%ずつの確率で出てくる．この結果は「一様分布」を意味するので，「干渉縞」は消滅する．

つまり，マッハ‐ツェンダー干渉計においても，経路が分かれば干渉縞は消える．逆に，B と C のどちらを通ったか判定できず，両方通ったと考え

るしかないときには，D あるいは E にだけ光が来て，干渉効果が現れる．

演習問題 2 マッハ–ツェンダー干渉計を図 1.10 のように 2 組直列につないだ光学回路を分析せよ．

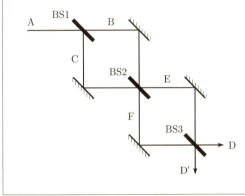

図 1.10 2 重マッハ–ツェンダー干渉計

【解答例】 マッハ–ツェンダー干渉計の基本形から復習しよう．図 1.10 を見ながら 1 段目の量子状態の変化を書くと，これは (1.3) と全く同じなので

$$\left.\begin{array}{l} U_1|A\rangle = \dfrac{1}{\sqrt{2}}(|B\rangle + |C\rangle) \\[4pt] U_2|B\rangle = \dfrac{1}{\sqrt{2}}(|E\rangle + |F\rangle) \\[4pt] U_2|C\rangle = \dfrac{1}{\sqrt{2}}(|E\rangle - |F\rangle) \end{array}\right\}$$

となる．したがって，

$$U_2 U_1 |A\rangle = |E\rangle$$

なので，A から入射した光子は全て E に出力される．これは，干渉効果のデジタル版ともいうべき最も簡単な例になっている．

続いて，2 段目を考えると，次式のようになる．

$$\left.\begin{aligned}
U_3|E\rangle &= \frac{1}{\sqrt{2}}(|D\rangle + |D'\rangle) \\
U_3|F\rangle &= \frac{1}{\sqrt{2}}(|D\rangle - |D'\rangle) \\
|D\rangle &= U_3 \frac{1}{\sqrt{2}}(|E\rangle + |F\rangle)
\end{aligned}\right\}$$

1段目についての考察によれば，途中経路は $|F\rangle$ ではなく $|E\rangle$ である．そして $|E\rangle$ を通ったならば，つまり途中経路が分かると，最終的に干渉縞は見えない．□

一般向けの本に「光は粒子であり，かつ波である」などという禅問答のような解説が見受けられるが，良くないと思う．検出されるときは粒子としてであり，それらの結果を集めて過去の状態が何であったかを問い，干渉縞があるならば（重ね合わせ状態）=（波であった）と推断するのである．粒子は明らかに実在であり，波は推定である．

ヤングの人物像

T. ヤング (1773 - 1829) は，本職は流行らない医者であったが，弾性体のヤング率，2重スリットの実験による光の波動性の証明など，幅広く物理学に貢献している．色彩の3原色の混合も見出した．また，虹のうち主虹の一番内側にできるピンクの細かい構造（過剰虹）が干渉効果によるものと説明した．

さらに年少の頃より言語学にも通じ，シャンポリオンに先立って，ロゼッタストンの文字の中でファラオの名前「プトレマイオス」を読み下し，ヒエログリフの解読の初期に貢献したと，大英博物館の展示パネルに書かれている．インド・ヨーロッパ語族という言い方もヤングによるとされていて，多才な人であった．

第 2 章 量子力学の公理

この章では，量子力学について，その原理的なことを大急ぎでおさらいする．通常の量子力学の講義では，はじめの 1,2 回で触れられるだけで，後はシュレーディンガー方程式を解く応用問題に移るのだが，量子情報理論においては，その原理的なところが肝心である．

2.1 量子力学のまとめ

2.1.1 量子力学の公理

はじめに，量子力学の基本的な前提で「公理」とよんでよいものを 4 項目掲げる．これは，いまのところ他のことから証明できることではなく，仮定せざるを得ないものである．ただし 3 番目の項目は，後で「一般化された測定の理論」に置き換えるつもりである．

まず大前提として，量子状態全体の空間である**ヒルベルト空間 (Hilbert space)** $\mathcal{H}$ があるとしよう[†1]．その中の区別できる 2 点，$|0\rangle, |1\rangle$ を取り上げて 4 つの公理を述べる．はじめの 3 つは 1 粒子に関するもので，4 つ目が多

[†1] 初等力学でよく出てくるベクトルの空間を一般化した線形ベクトル空間を考えて，そこに内積が導入されているとき**内積空間**とよぶ．そして完備な内積空間を**ヒルベルト空間**とよぶ．詳しくは巻末に掲げた [4] の書籍を読むことをお勧めする．

粒子に関するものである．

> **（1） 重ね合わせの原理** [1]
>
> 状態 $|0\rangle \in \mathcal{H}$ と状態 $|1\rangle \in \mathcal{H}$ が物理的に実現可能な状態ならば，その重ね合わせ
>
> $$|\psi\rangle = \alpha|0\rangle + \beta|1\rangle \in \mathcal{H}, \qquad \alpha, \beta \in \mathbb{C} \tag{2.1}$$
>
> も物理的に可能な状態である[†2]（$\in \mathbb{C}$ は，その量が複素数であることを意味する）．

この原理が典型的に現れるのが，前章で述べたヤングの2重スリットの実験である．1つのスリットを通過する光子の状態 $|0\rangle$ と，もう1つのスリットを通過する光子の状態 $|1\rangle$ との重ね合わせ状態が，最終的に，スクリーンに干渉パターンを生じさせる．

> **（2） シュレーディンガー方程式**
>
> 状態の時間発展は，物質の場合にはシュレーディンガー方程式
>
> $$i\hbar \frac{\partial |\psi(t)\rangle}{\partial t} = H|\psi(t)\rangle \tag{2.2}$$
>
> に従う．ここで，$|\psi(t)\rangle$ は時刻 t における量子状態である．H は**ハミルトニアン (Hamiltonian)** とよばれる自己共役（エルミート）演算子であり，物理系を与えれば決まる．

[†2] このことは，単に状態 $|0\rangle \in \mathcal{H}$ と $|1\rangle \in \mathcal{H}$ が，次の公理（2）で述べるシュレーディンガー方程式（光子の場合にはマクスウェル方程式）の解ならば，重ね合わせ状態もその解であるという，線形方程式に対して成り立つ数学的事実を述べているのではない．「物理的に実現できる」ところがポイントである．いわゆる超選択則との関係はここでは述べないので，例えば，ペレスの教科書 [5] を参考にしてほしい．

ハミルトニアンは，それぞれの物理系に対して定義する物理量の1つであるが，最も重要な物理量である．例えば，磁場中のスピンの場合には2.2節で与えられる．光子の場合には，マクスウェル方程式がシュレーディンガー方程式の代わりをする．

また，状態はユニタリー演算子 $U = e^{-\frac{iHt}{\hbar}}$ により[†3]時間発展する．すなわち，次式のようになる．

$$|\psi(t)\rangle = U(t)|\psi(0)\rangle \tag{2.3}$$

（3） 波束の収縮と確率解釈

重ね合わせ状態

$$|\psi\rangle = \alpha|0\rangle + \beta|1\rangle \in \mathcal{H}, \qquad \alpha, \beta \in \mathbb{C} \tag{2.4}$$

にあるときに，2つの状態 $|0\rangle, |1\rangle$ のうち，どちらかを判定することのできる測定を行うと，状態は $|0\rangle$ か $|1\rangle$ のどちらかに変化し，その確率はそれぞれの係数の絶対値の2乗，$|\alpha|^2, |\beta|^2$ に比例する．さらに，$|\alpha|^2 + |\beta|^2 = 1$ と全体の大きさを規格化しておけば，それぞれが確率になる．

この項目は，量子力学の創設当時から，最も不自然とされ，議論の的であった．

ヤングの2重スリットの実験の例で述べると，次のようになる．どちらのスリットを通ったかを測定すると，量子状態は (2.4) の重ね合わせ状態から $|0\rangle$ か $|1\rangle$ のどちらかの状態に変化して，干渉縞は消える．

この不思議さを強調した有名なたとえ話が**シュレーディンガーの猫** (Schrödinger's cat) である．猫が入れられている箱は，ある確率で猫が

[†3] エルミート共役を † で表すと，$UU^\dagger = U^\dagger U = 1$ を充たす．

死ぬ仕掛けになっている．量子力学によれば，この箱の中の猫は，測定する前は生きている状態と死んでいる状態の重ね合わせである．しかし，測定すると「生きている」か「死んでいるか」のどちらかに確率的に飛躍するというのが，一番素朴なコペンハーゲン学派の考えである．

この項目(3)については，第7章の量子測定理論のところで修正するので，読者はこの不思議さが少しでも緩和したか確かめてほしい．

以上，簡単のために，状態が2択 ($|0\rangle$ か $|1\rangle$) の場合について重ね合わせの原理を例示したが，これを一般化しておこう．任意の状態 $|\psi\rangle$ は物理量（**測定可能量 (observable)** ともいう）に対応する自己共役演算子 A の固有値 a の固有状態 $|a\rangle$（すなわち，$A|a\rangle = a|a\rangle$）で展開できる．

$$|\psi\rangle = \sum_a C_a |a\rangle \in \mathcal{H}, \qquad C_a \in \mathbb{C} \tag{2.5}$$

ここで物理量 A の測定を行うと，その固有値のうちのどれかが得られて，状態は

$$|\psi\rangle \quad \rightarrow \quad |a\rangle \tag{2.6}$$

と変化する．その確率は

$$P(a) = |C_a|^2 \; (= |\langle a|\psi\rangle|^2) \tag{2.7}$$

で与えられる．これを**ボルン則 (Born rule)** とよぶ．

次に，物理量 A の測定を行ったときに得られる値の平均値 $\bar{A}$ を計算しよう．

$$\begin{aligned}
\bar{A} &:= \sum_a a P(a) = \sum_a a |\langle a|\psi\rangle|^2 \\
&= \sum_a \langle \psi|a\rangle \langle a|A|\psi\rangle = \langle \psi|A|\psi\rangle
\end{aligned} \tag{2.8}$$

ここで完全性 $\sum_a |a\rangle\langle a| = 1$ を用いた．$\langle \psi|A|\psi\rangle$ を物理量 A の状態 $|\psi\rangle$ にお

ける**期待値** (expectation value) とよぶ．

> **（4） 多粒子状態**
>
> 2粒子の量子状態 $|\psi(1,2)\rangle$ は，1粒子状態 $|\psi_1\rangle, |\psi_1\rangle' \in \mathcal{H}_1$ と $|\psi_2\rangle, |\psi_2\rangle' \in \mathcal{H}_2$ の**テンソル積**（積の線形結合）になる．例えば，次式のように表せる．
>
> $$\left.\begin{array}{c} |\psi(1,2)\rangle = \alpha|\psi_1\rangle \otimes |\psi_2\rangle + \beta|\psi_1\rangle' \otimes |\psi_2\rangle' \in \mathcal{H}_1 \otimes \mathcal{H}_2 \\ \alpha, \beta \in \mathbb{C} \end{array}\right\} \quad (2.9)$$
>
> これはシュレーディンガー方程式の解の変数分離のことをいっているわけではなく，どこからも導くことができないと思われている．

量子情報科学で主要な役割を果たすエンタングルした状態は，(2.9) のような量子状態のテンソル積構造に起因する．エンタングルメントの正確な定義は 9.1 節で述べるが，当面は (2.9) のような量子状態がエンタングルメントであると理解しておいて充分である．

また，後述する量子測定理論において，測定過程では対象の物理系と測定器系の相互作用によるエンタングルメントが重要である．これは全系のヒルベルト空間が，物理系のヒルベルト空間 $\mathcal{H}_\mathrm{S}$ と測定器系のヒルベルト空間 $\mathcal{H}_\mathrm{M}$ のテンソル積 $\mathcal{H}_\mathrm{S} \otimes \mathcal{H}_\mathrm{M}$ であることが本質的である．

これら 4 つの項目のうち，はじめの 2 つの項目は物質（光）の波動性に関わるもので，3 つ目の「波束の収縮と確率解釈」が粒子性を記述する．前章で見たように，ヤングの 2 重スリットの実験で，入射光を弱くして光子が 1 個だけ出るようにすると，スクリーンの写真乾板の 1 点が感光する．量子力学における波動と粒子の相補性とは，このことをいうのである．

また，はじめの 2 つの項目は状態の力学で，いわば想定上のものである

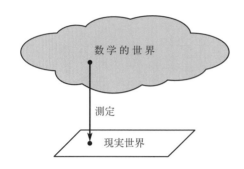

図 2.1 数学的世界と測定による現実世界

が，3つ目の確率解釈が現実世界との関係を与える2元論的構成になっている[†4]（図 2.1）．

2.1.2 測定可能量

物理学において測定対象となるものは，粒子の位置，エネルギーなどである．それらをひっくるめて，量子力学において測定対象はどのように特徴づけられるのだろうか？ ここでは，一番狭いが有用で標準になっている**測定可能量 (observable)** の定義を採用する．研究者によっては，それを拡張した量を考える人もいる．その意味で，次の項目は選択の余地が残っているので，前述の「公理」と区別して掲げた．

（5） 測定可能量の数学的な定義

自己共役演算子 (self-adjoint operator)[†5]は測定可能量（物理量）に対応して定義される．自己共役演算子 A は a をその固有値とし，$|a\rangle$ を規格化された固有状態として

$$A = \sum_a a|a\rangle\langle a| \tag{2.10}$$

[†4] いわゆる「多世界解釈」は状態ベクトルを実体としてこの2元論を解消する．
[†5] 演算子 A が自己共役であるとは，$A = A^\dagger$ で，かつ A と $A^\dagger$ の定義域が一致することである．

と書ける（これを**スペクトル分解**(spectral decomoposition) という）．

これは，有限次元ヒルベルト空間の場合には[6]，線形代数でよく知られている「エルミート行列が対角化可能である」という事実と同じことである．$|a\rangle\langle a|$ が状態 $|a\rangle$ への射影演算子であることに着目すると，測定可能量を自己共役演算子と同定することは，波束の収縮仮説として述べた（3）の公理とよく整合している．

自己共役演算子の固有値は実数であるので物理的に理解しやすいが，逆に演算子の固有値が実数であるべきだという要求からは，その自己共役性は出てこない[7]．ここは「自己共役演算子」という物理的には解釈しにくい数学的な仮定を天下り的におくしかない．物理学では，**エルミート演算子** (**Hermitian operator**) という言い方をすることが多い．しかし，定義域の問題が出てくるときには気をつける必要がある．

スピン 1/2 の粒子の場合について具体的に見てみよう．この章に限り，記述を簡単にするためにプランク定数 $\hbar$ を 1 とおくので注意してほしい．また，角運動量の表現についての一般論は他のテキストに譲って，ここでは2次元表現だけを述べることにする．

角運動量演算子 J_x, J_y, J_z の間の交換関係

$$[J_x, J_y] = iJ_z, \qquad [J_y, J_z] = iJ_x, \qquad [J_z, J_x] = iJ_y \qquad (2.11)$$

は

---

[6] 実は，本書に出ている例のほとんどが有限次元の場合である．しかし将来，量子情報理論において無限次元ヒルベルト空間が問題になると思うので，一般的な場合について述べた．

[7] 簡単な例として，行列 $\begin{pmatrix} 1 & 3 \\ 0 & 2 \end{pmatrix}$ を挙げよう．この行列の固有値は 1 と 2 で実数であるが，自己共役ではない．

$$J_x = \frac{1}{2}\sigma_x, \qquad J_y = \frac{1}{2}\sigma_y, \qquad J_z = \frac{1}{2}\sigma_z \tag{2.12}$$

と選べば充たされている．ただし，$\sigma_x, \sigma_y, \sigma_z$ は**パウリ行列** (**Pauli matrices**) とよばれるもので

$$\sigma_x = \begin{pmatrix} 0 & 1 \\ 1 & 0 \end{pmatrix}, \quad \sigma_y = \begin{pmatrix} 0 & -i \\ i & 0 \end{pmatrix}, \quad \sigma_z = \begin{pmatrix} 1 & 0 \\ 0 & -1 \end{pmatrix} \tag{2.13}$$

と与えられる．$\sigma_x^\dagger = \sigma_x$ などから直ちに見てとれるように，これらはエルミート行列なので，すべて自己共役である．

なお，ここでは J_z を対角化する表示をとっている．その固有ベクトルを $|0\rangle, |1\rangle$ と書けば，固有値は $1/2$ と $-1/2$ である．これを式で表せば

$$J_z|0\rangle = \frac{1}{2}|0\rangle, \qquad J_z|1\rangle = -\frac{1}{2}|1\rangle \tag{2.14}$$

となる．そして固有ベクトルを列ベクトルで表せば，次のようになる．

$$|0\rangle = \begin{pmatrix} 1 \\ 0 \end{pmatrix}, \qquad |1\rangle = \begin{pmatrix} 0 \\ 1 \end{pmatrix} \tag{2.15}$$

2.2 重ね合わせ状態をつくるまでの物理過程

2.2.1 重ね合わせ状態を物理的につくりだす

ここでは，磁気モーメント $\boldsymbol{\mu}$ をもつスピン $1/2$ の粒子の系を例として取り上げよう．この系のハミルトニアンは，磁束密度を $\boldsymbol{B}$，パウリ行列を $\boldsymbol{\sigma} = (\sigma_x, \sigma_y, \sigma_z)$ と並べたベクトルとして，

$$H = -\boldsymbol{\mu} \cdot \boldsymbol{B} = -\omega \boldsymbol{\sigma} \cdot \boldsymbol{n} \tag{2.16}$$

と書ける．ただし，$\bm{n} = \bm{B}/|\bm{B}|$ は磁束密度の方向の単位ベクトルであり，各成分を極座標で表せば $\bm{n} = (\sin\frac{\theta}{2}\cos\phi, \sin\frac{\theta}{2}\sin\phi, \cos\theta)$ となる．$\omega = \mu B$ ($\mu = |\bm{\mu}|, B = |\bm{B}|$) はいわゆるラーマー振動数の半分の値である．

さて，波動関数 $\psi(t)$ を状態 $|\psi(t)\rangle$ の列ベクトル表示とすれば，$\psi(t)$ の時間発展を与えるシュレーディンガー方程式

$$i\hbar\frac{\partial \psi(t)}{\partial t} = H\psi(t) \tag{2.17}$$

は，初期値 $\psi(0) = \begin{pmatrix} 1 \\ 0 \end{pmatrix}$ に対しては，次のようにして容易に解くことができる．

$$\begin{aligned}\psi(t) &= \exp[i\omega\bm{\sigma}\cdot\bm{n}t]\cdot\psi(0) \\ &= (\cos\omega t + i\bm{\sigma}\cdot\bm{n}\sin\omega t)\psi(0) \\ &= \begin{pmatrix} \cos\omega t + i\cos\frac{\theta}{2}\sin\omega t \\ ie^{i\phi}\sin\frac{\theta}{2}\sin\omega t \end{pmatrix}\end{aligned} \tag{2.18}$$

ここで，$\theta/2$ は z 軸と磁場のなす角度である．図 2.2 に示すように，$\omega t = \pi/2$ となるような時刻 t においてはスピンが磁場のまわりに半周するが，そこで磁場を切る．そして，(2.18) に $\omega t = \pi/2$ を代入すると

$$\begin{aligned}\psi_{\mathrm{f}} &= \begin{pmatrix} i\cos\frac{\theta}{2} \\ ie^{i\phi}\sin\frac{\theta}{2} \end{pmatrix} \\ &= i\left(\cos\frac{\theta}{2}|0\rangle + e^{i\phi}\sin\frac{\theta}{2}|1\rangle\right)\end{aligned} \tag{2.19}$$

となり，所望の重ね合わせ状態を実現できる．ここで $|0\rangle$ と $|1\rangle$ は，それぞれ縦ベクトル $\begin{pmatrix} 1 \\ 0 \end{pmatrix}$ と $\begin{pmatrix} 0 \\ 1 \end{pmatrix}$ である．このとき図 2.2 か

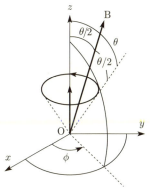

図 2.2 一様な磁場を一定時間かけて，歳差運動によりスピンの方向を変える．

ら分かるように，はじめ z 軸の方向を向いていたスピンは，最終的には z 軸の方向から極角 θ だけ傾いており，方位角 ϕ だけ z 軸のまわりに回転したことに注意しよう．

次に，このように用意された状態 ψ_f において，スピンの z 成分を測定しよう．公理（3）によれば，スピンがアップの状態 $|0\rangle$ である確率は $\cos^2\frac{\theta}{2}$，ダウンの状態 $|1\rangle$ である確率は $\sin^2\frac{\theta}{2}$ になる．これを実験的に検証するにはどうすればいいだろうか？　一例を，**シュテルン‐ゲルラッハの実験 (Stern‐Gerlach experiment)** で示そう．

2.2.2　シュテルン‐ゲルラッハの実験

スピン 1/2 の粒子のビームが y 軸方向に進むとする．簡単のために zx 面内を向いているスピン状態として，(2.19) において ψ_f の $\phi = 0$ の場合を考えよう．つまり，量子状態を

$$\psi_f = i\left(\cos\frac{\theta}{2}|0\rangle + \sin\frac{\theta}{2}|1\rangle\right) \tag{2.20}$$

にしておく．

次に，ビームに対して z 軸方向に不均一磁場をかけて，スピンの z 成分の固有状態を分離する（図 2.3）．それを，その先にあるスクリーンに衝突させると 2 本感光したところができる．その強度はアップの状態 $|0\rangle$ で $\cos^2\frac{\theta}{2}$，ダウンの状態 $|1\rangle$ で $\sin^2\frac{\theta}{2}$ にそれぞれ比例する．

ここでは，重ね合わされた量子状態を外力によって分離できることが重要である．それを詳しく述べよう．

磁束密度 $\boldsymbol{B}$ が不均一で z 座標に依存するとしよう．このとき，ゼーマンエネルギーは

$$V(z) = -\boldsymbol{\mu} \cdot \boldsymbol{B}(z) \tag{2.21}$$

である．これはポテンシャルエネルギーと考えることができるので，はたら

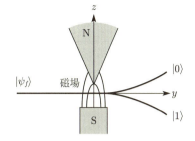

図 2.3 スピン状態 ψ_f のビームは, z 軸方向にかけられた不均一磁場により, z 軸方向にスピンがアップの状態 ($|0\rangle$) とダウンの状態 ($|1\rangle$) の 2 本のビームに分離される.

く力は次のようになる.

$$F_z = -\frac{\partial V(z)}{\partial z} = \boldsymbol{\mu} \cdot \frac{\partial \boldsymbol{B}(z)}{\partial z} \tag{2.22}$$

定性的な説明の方が, イメージをつかみやすいかもしれない. 図 2.3 の上方に N 極, 下方に S 極があり, 上方の N 極に近い方が S 極のあたりよりも磁束密度が大きいとしよう. 磁気モーメントの S 極は, 磁石の N 極からは引力, S 極からは斥力を受けて, 磁気モーメントの N 極はその反対方向の力を受ける. そのため, 磁気モーメントの S 極が上にあり N 極が下にある場合は, スピンにはたらく力のうち, 磁束密度が大きい上方に引かれる力が勝つので, 全体として上方に引っ張られる. 一方, 磁気モーメントの N 極が上にあり S 極が下にある場合は, 全体として下方に引っ張られる.

したがって, 磁気モーメント $\boldsymbol{\mu}$ の向きによってはたらく力が反対になり, このことは, スピンの向きによって粒子ビームが分離されることを示す. そして, 力が分かっているので, スクリーン上のビームの像の分離の度合いから磁気モーメントの大きさを見積もることができる.

シュテルン-ゲルラッハの実験はスピンの存在を示す実験であると同時に, 量子状態自体を磁場などの外力で操作している点が興味深く, また, 不均一磁場のような測定過程が量子力学に従うという意味で重要である.

シュテルン-ゲルラッハの実験は, 状態の準備と測定の典型例でもある. この実験の手順を記すと次のようになる.

（1）はじめに，スピンが z 軸の正の方向を向いている状態 $|0\rangle$ が準備される．

（2）均一磁場を一定時間かけて，状態 $|0\rangle$ のスピンの方向を変えて $|\psi\rangle$ に加工する．

（3）不均一磁場により，重ね合わされている異なるスピン状態を空間的に分離する．

（4）（3）で得た2つのビームを充分遠方においたスクリーンに当てて，情報を読み取る．

ここで，（1），（2）が状態の準備であり，（3），（4）が測定過程である．第7章で述べる量子測定理論においては，（3）までを理論化して（4）の「読み取り」は暗黙の仮定とする．また（4）では，ビームを充分遠方においたスクリーンに当てるところで情報を増幅しているが，この（4）の増幅部分は理論化しない．その意味で，増幅部分の理論化は，個別的ではあるが重要なものとして残されている．

粒子1個の場合の1回の測定では，スクリーン上の輝点は1個で，スピンはアップかダウンのどちらかである．スピンがアップのときには0，ダウンのときには1と記すことにして実験を繰り返すと，0010110010⋯のデータ列が得られる．0と1が得られる頻度は，理論的に $\cos^2\dfrac{\theta}{2}$ と $\sin^2\dfrac{\theta}{2}$ と予言される．このように，実験結果の情報が記号0と1の列で表されるところは，古典情報理論における情報と変わらない．一方，量子情報理論では，情報は測定以前の重ね合わせ状態の係数そのもので，$\cos\dfrac{\theta}{2}$ と $e^{i\phi}\sin\dfrac{\theta}{2}$ であり，上記の測定から得られたものよりも多くの内容を含む．

このように，状態準備と測定過程には興味深い関係がある．（1）の状態準備をするためには，（3）の測定過程に使った不均一磁場によってつくられたビームのうち1本だけを取り出せばよい．

2.2.3 偏光板と方解石を用いた実験

光の**偏光** (polarization) とは，光の進行方向に直交して一定の方向に振動する電場の方向のことで，2 つの独立な成分をもつ．その偏光状態を**水平偏光**，**垂直偏光**などということがある．そして**偏光板**は，ある特定の偏光状態の光だけを通す装置[†8]である．

方解石（カルサイト）は偏光方向によって屈折率が異なる物質で，ある偏光の光は直進し，それと垂直の光は屈折する（**複屈折**）．そのために，一般に 1 本の偏光ビームを方解石に入射させると，透過光は異なる偏光状態の 2 本のビームに分かれる．つまり偏光に対して，方解石はシュテルン–ゲルラッハの実験の非一様磁場の役割をしている．

図 2.4 では，一番左に置かれた偏光板が特定の方向に偏光した偏光ビームをつくることで状態準備を行う．そして偏光ビームが方解石を通過し 2 本のビームに分かれ，それぞれの場合の光子検出器に入るようにしてある．光子 1 個に対しては，光子検出器のどちらかしか鳴らない[†9]．実験を繰り返すと，もう一方の光子検出器が鳴ることもあり，それらを記録してテープに 0 と 1 の羅列を印刷させる．

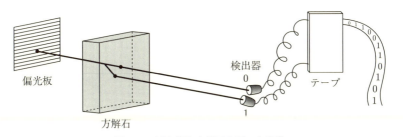

図 2.4 偏光板と方解石を用いた実験

[†8] ポリビニルアルコール PVA にヨウ素化合物を吸着させて一方向に引っ張る．こうすると，細長い分子が並んだ状態になる．その長い分子と同じ方向に偏光し，平行に電場が振動している場合にその光は吸収されるが，垂直に振動している場合には透過する．
[†9] 光子検出器に光子が入ることを，一般に「光子検出器が鳴る」という．

ここで偏光板を用いて，ヤングの2重スリットの実験を一ひねりしてみよう．図1.3において，2つのスリットに偏光板を貼りつけるのである．ただし，上のスリットと下のスリットには互いに直交する向き（水平方向 $|H\rangle$ と垂直方向 $|V\rangle$）に偏光板を貼りつける．このような設定で実験をすると，干渉縞は生じない．これは，2通りの方法で理解できる．

1つは，上のスリットを通過した光と下のスリットを通過した光の偏光が直交しているので，内積 $\langle H|V\rangle$ がゼロになり干渉効果はないと数学的に説明することである．

具体的に数式で書いた方がはっきりするかもしれない．スクリーンの位置における光の強度分布 P は，上のスリットを通過した光の振幅 $f(\text{up})$ と下のスリットを通過した光の振幅 $f(\text{down})$ を用いると

$$\begin{aligned}P &= |f(\text{up})|H\rangle + f(\text{down})|V\rangle|^2 \\ &= |f(\text{up})|H\rangle|^2 + |f(\text{down})|V\rangle|^2 + 2\,\text{Re}[f(\text{up})f^*(\text{down})\langle H|V\rangle] \\ &= |f(\text{up})|H\rangle|^2 + |f(\text{down})|V\rangle|^2 \end{aligned} \tag{2.23}$$

となり，各々のスリットを通過した光の強度の和になっている．ここで $f(\text{up})|H\rangle + f(\text{down})|V\rangle$ は，いわゆるエンタングルした状態とよばれるもので，いまの場合，光の経路と偏光がエンタングルしている．エンタングルした状態の一般論は第9章で展開する．

もう1つの方法は，スリットを通過した光の偏光を測定すれば，その光がどちらのスリットを通ったかが判別できるところに着目することである．どちらのスリットを通ったか分かるような仕組みになっていれば干渉縞は生じない．

2.3 遅延選択

ヤングの2重スリットの実験において，光は，ある場合には波として振

る舞い，ある場合には粒子として振る舞うという．それでは，光は検出器をどうやって見分けるのだろうか？ そして，どの時点で見分けるのだろうか？ 実は，この光の気持ちになって因果的に現象を説明することが正しいのかどうかも含めて議論するための思考実験がウィーラーによって提案され，後年に実験室で実装された．

2.3.1 ウィーラーによる問題提起

ウィーラーは，2重スリットと検出器の間を天文学的距離まで引き離すという設定を考えた[†10]．まず，検出器としてA,Bの2種類を用意する．Aはスリットのどちらか一方だけを向いている検出器で，Bは両方のスリットを同時に見る検出器である（図2.5）．つまり光は，Aでは粒子，Bでは波として観測されることになる．

ここで，AとBの前に穴のあいたスライドする板を置き，実験者はタイミングを見計らって板をすべらせることで，検出器をAにするか，Bにするか選択できるようにしよう．そして光が粒子としてスリットを通ったか，波として通ったかが決まったと思われるくらい充分時間が経過した後に

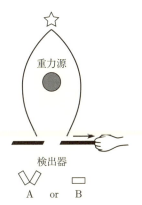

図 2.5 重力源によって，光が右に曲がる経路と左に曲がる経路の2つが考えられ，重力源が2重スリットのはたらきをしている．このとき，穴のあいた板をすべらせて，検出器をAにするかBにするか選択する．

---

†10 ウィーラーによる遅延選択の思考実験には多くのバージョンがある．マッハ–ツェンダー干渉計を使ったものもあるが，ここでは2重スリットの場合を述べる．

AかBを選択する．これを**遅延選択（delayed choice）**とよぶ．この操作によって，光の振る舞い（粒子か波か）は変わるだろうか．

この思考実験では，「光子が粒子であるか波であるかが，観測手段の選択によって事後的に決まる」と，誤解してしまいがちである．しかし，正しい理解は，これからすぐ述べるようにエンタングルメントなのである．

次項で，この思考実験を実験室内で行ったキムたちの実験の結果をまず説明しよう．それによれば，遅延選択によっても干渉縞は生じる．その後で，何が干渉縞のあるなしを決めているかを数式で見ていこう．

2.3.2 キムたちの光学実験 [6]

実験のセットアップから説明しよう．まず，図 2.6 のように，レーザー光線を左から 2 重スリットに入射し，スリット 1 と 2 の出口のところに非線形光学素子 BBO[†11]を置く．そうすると BBO に照射された 1 個の光子からは，偏光の異なるエンタングルした光子の対が発生する．

そして，スリット 1 起源の光線のうちの 1 つとスリット 2 起源の光線の

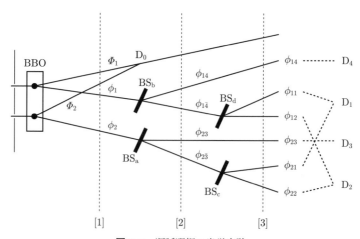

図 2.6 遅延選択の光学実験

[†11] BBO の詳細については，次のコラムを参照してほしい．

うちの1つを合わせて検出器 D_0 に導く．その D_0 を光線に直交する方向に移動させながら光の強度を計測し，干渉縞の有無を確認する．スリット1起源とスリット2起源の残りのビームは，それぞれビームスプリッター（図の $BS_a \sim BS_d$）で分けられてから，最終的には検出器 D_1, D_2, D_3, D_4 に導かれる．回路の詳細は図を見てほしい．

この実験では，検出器 D_1, D_2, D_3, D_4 が反応するときに，D_0 が干渉縞をつくるかどうかに関心があるので，まず，D_0 と D_1 が両方とも光子を計測する場合にのみ信号があるとして，同時計測 $D_0 \cap D_1$ を行い，そのときに D_0 の干渉縞の有無を確認する．そして同様に，同時計測 $D_0 \cap D_2$，$D_0 \cap D_3$，$D_0 \cap D_4$ を行う．

ここで，検出器 D_0 は BBO のすぐ近くに置き，検出器 D_1, D_2, D_3, D_4 は遅延線を用いて実質的にずっと遠くに置く．そうすることにより，光子が検出器 D_1, D_2, D_3, D_4 に到着する時刻を D_0 に到着する時刻よりもずっと後になるようにする．こうすれば，D_0 で干渉縞の有無を確認してから，光の経路を調べられる．

実験結果は，$D_0 \cap D_1$，$D_0 \cap D_2$ に干渉縞が現れ，$D_0 \cap D_3$，$D_0 \cap D_4$ には現れなかった．これは検出器 D_1 が鳴っても，そこに到達した光子の経路を判定できないということであり，検出器 D_2 が鳴っても同様である．他方，検出器 D_3 あるいは D_4 が鳴った場合は，経路を逆に辿り，どちらのスリットを通ったかを知ることができる．経路が判定できない前者の場合には，D_0 に干渉縞が現れるが，D_1, D_2, D_3, D_4 に光が到達した時刻は D_0 よりも後になるように設定されているので，D_0 における干渉の有無と経路の一意性の間にある相関は，因果関係でないと断定できる．

非線形光学素子 BBO

BBO は自発的パラメトリック下方変換（SPDC：Spontaneous Parametric Down Conversion）を起こす標準的なデバイスで，市販もされている．材料は β-メタホウ酸バリウムである．

SPDC の説明をしよう．図 2.7 のように，SPDC に光子を 1 個入射すると，稀ではあるが，その半分のエネルギーをもつ 2 個の光子が出てきて，さらに，その 2 個の光子の偏光は直交している．そのため，その 2 個の光子の状態が (2.9) で表されるようなエンタングルした状態になる．エンタングルメントの正式な定義は，9.1 節で与える．

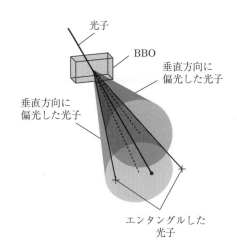

図 2.7　SPDC

2.3.3 数式による実験事実の説明

前項で説明した実験事実について，数式で表してみよう．図 2.6 において，スリット 1 を通った光の波動を $\phi_1(p)$，スリット 2 を通った光の波動を $\phi_2(p')$ などと表し，下付きの添字で経路を区別しよう．ここで p, p' は運動量成分のうち，光線の方向に垂直な成分を表す．

2.3 遅延選択　*33*

非線形光学素子 BBO を出た光はエンタングルしていて

$$\Psi = \frac{1}{\sqrt{2}}[\Phi_1(p)\phi_1(-p) + \Phi_2(p')\phi_2(-p')] \tag{2.24}$$

と表せる．ただし，大文字 Φ と小文字 ϕ で偏光の違いを表す．その後，偏光が Φ のもの（Φ_1, Φ_2）は検出器 D_0 に導かれるが，ϕ_1 はビームスプリッター BS_b により 2 つに分けられて，1 つは検出器 D_4 に直接向かい，もう1 つはさらに別の回路を進む．それを $\phi_1(-p) = \frac{1}{\sqrt{2}}[\phi_{14}(-p) + \phi_{1\bar{4}}(-p)]$ と書こう[†12]．同様に ϕ_2 はビームスプリッター BS_a により 2 つに分けられて，1 つは検出器 D_3 に直接向かい，もう 1 つはさらに別の回路を進む．それを $\phi_2(-p') = \frac{1}{\sqrt{2}}[\phi_{23}(-p') + \phi_{2\bar{3}}(-p')]$ と書こう．

したがって，(2.24) は次のように表せる．

$$\begin{aligned}\Psi &= \frac{1}{\sqrt{2}}[\Phi_1(p)\phi_1(-p) + \Phi_2(p')\phi_2(-p')] \quad \cdots\cdots [1]\\ &= \frac{1}{\sqrt{2}}\Phi_1(p)\cdot\frac{1}{\sqrt{2}}[\phi_{14}(-p) + \phi_{1\bar{4}}(-p)] \\ &\quad + \frac{1}{\sqrt{2}}\Phi_2(p')\cdot\frac{1}{\sqrt{2}}[\phi_{23}(-p') + \phi_{2\bar{3}}(-p')] \cdots [2]\\ &= \frac{1}{2}\Phi_1(p)\phi_{14}(-p) + \frac{1}{2}\Phi_1(p)\phi_{1\bar{4}}(-p) \\ &\quad + \frac{1}{2}\Phi_2(p')\phi_{23}(-p') + \frac{1}{2}\Phi_2(p')\phi_{2\bar{3}}(-p') \cdots [3] \end{aligned} \tag{2.25}$$

ここで，右端に記した [1] 〜 [3] は，図 2.6 での位置と対応しているので，確認してほしい．

さらに，$\phi_{2\bar{3}}$ はビームスプリッター BS_c により 2 つに分けられて，1 つは検出器 D_1 に向かい，もう 1 つは検出器 D_2 に向かう．それを $\phi_{2\bar{3}}(-p') = \frac{1}{\sqrt{2}}[\phi_{21}(-p') + \phi_{22}(-p')]$ と書こう．同様に $\phi_{1\bar{4}}$ はビームスプリッター BS_d により 2 つに分けられて，1 つは検出器 D_2 に向かい，もう 1 つは検出器

[†12] ここで，ϕ_{14} のように 2 つある添字のうち，2 番目の下付き添字 4 は検出器 D_4 に直接向かう振幅，添字 $\bar{4}$ は D_4 に行かない振幅を表す．以下，断らないが同様の略記をする．

D_1 へ向かう．それを $\phi_{1\bar{4}}(-p) = \dfrac{1}{\sqrt{2}}[\phi_{12}(-p) + \phi_{11}(-p)]$ と書く．

これらを (2.25) に代入して整理すると，次式のようになる．なお，式の各行の右端に記した $\cdots D_1$ は，その振幅が検出器 D_1 に向かうことを示す（$\cdots D_2, \cdots D_3, \cdots D_4$ も同様）．

$$\begin{aligned}\Psi = &\frac{1}{2\sqrt{2}}[\Phi_1(p)\phi_{11}(-p) + \Phi_2(p')\phi_{21}(-p')] \quad \cdots\cdots D_1 \\ &+ \frac{1}{2\sqrt{2}}[\Phi_1(p)\phi_{12}(-p) + \Phi_2(p')\phi_{22}(-p')] \quad \cdots D_2 \\ &+ \frac{1}{2}\Phi_2(p')\phi_{23}(-p') \cdots\cdots\cdots\cdots\cdots\cdots\cdots\cdots D_3 \\ &+ \frac{1}{2}\Phi_1(p)\phi_{14}(-p) \cdots\cdots\cdots\cdots\cdots\cdots\cdots\cdots D_4\end{aligned}$$

$$(2.26)$$

ここで測定を行うことを考える．2.1 節で述べた公理（3）（コペンハーゲン流の波束の収縮と確率解釈）に従って考えよう．D_1 が鳴った場合には波束が収縮して 2 行目以下は消え，重ね合わせのうち (2.26) の 1 行目の D_1 の部分は

$$\Psi \rightarrow \frac{1}{\sqrt{2}}[\Phi_1(p) + \Phi_2(p')] \quad (2.27)$$

となる．したがって，検出器 D_0 に干渉縞が現れる．D_2 が鳴った場合も同様に (2.26) の 2 行目以外が消えて (2.27) のように Ψ が変化するので，検出器 D_0 に干渉縞が現れる．

しかし，D_3 が鳴った場合は，波束の収縮により 3 行目だけ残り，他が消えて

$$\Psi \rightarrow \Phi_2(p') \quad (2.28)$$

となり，検出器 D_0 に干渉縞が現れない．D_4 が鳴った場合も同様で，検出器 D_0 に干渉縞が現れない．

上記から読み取れるように，D_1 と D_2 の項は重ね合わせ状態にあるので干渉縞が観測されるはずで，D_3 と D_4 は単項なので干渉はないはずである．キムたちの実験事実はこれを支持している．

ここまで述べると，このキムたちの実験は「どっちの経路か」と「干渉縞」の間の相補性に関する限り，ヤングの2重スリットの実験と本質的な違いはなく，ただ設定を複雑にしただけだと分かる．面白さがあるとすれば，一見して因果関係に反しているように見えることであろうか？

2.3.4 「どっちの経路か」と「干渉縞」の間に因果関係はない

これまで述べたように，キムたちの実験結果を見ると，$D_0 \cap D_1$ と $D_0 \cap D_2$ の同時刻計測で干渉が観測され，$D_0 \cap D_3$ と $D_0 \cap D_4$ では観測されなかった．検出器 D_1, D_2, D_3, D_4 で計測された時刻は D_0 での計測の時刻より後になるように，遅延線がぐるぐる巻きになっている．したがって，「どっちの経路か」の選択が「干渉縞」の後になっているので，経路の選択が干渉に因果的な影響を与えていない．

光学実験家と話をしていると，光学回路を眺めたとき，光がどっちの経路を辿るか分かるようなセットアップだと干渉縞はできないが，分からないようなセットアップだと干渉縞ができるという．上で見たように，この判定基準は正しいが，「どっちの経路か」の判定と「干渉縞」のあるなしに時間の順番はない．

ウィーラー

　本書の冒頭で，量子情報科学の祖の 1 人として取り上げたが，むしろ相対性理論の大家として知られているかもしれない．実は，ウィーラーはその両方においても論文の数は多くはない．むしろ，若い人たちを刺激して，新分野の研究を切り拓かせたという意味で，偉大な教師であった．彼は，ファインマン（量子電磁気学），ソーン（相対論），アンルー（曲がった時空の量子論），ベッケンシュタイン（ブラックホールエントロピー），シューマッハ（量子情報）など錚々たる人たちを育てた．保守的なアプローチを過激なまでに徹底させて，新しいものに辿り着かせる方針をとったそうである．

　また，直接の弟子以外にも寛大に門戸を開いていた．例えば，ブラックホールの事象の地平については，分野外のクルスカルに解析的座標を発見させている．また，若き内山龍雄を督励して「ゲージ理論」の論文を発表させた人でもある．

第3章

混合状態

前章では，初期状態の準備に誤りがない理想的な状況を考えた．それを**純粋状態** (pure state) とよぼう．しかし，現実に実験を行うと，ある確率で誤りが起こる．

例えば，偏光板を用いて光子の偏光の初期状態を決めることを考えよう．同じ実験を繰り返したつもりでも，偏光板の向きがその度に少しずつ異なるかもしれない．そのように誤りも含む一般的な場合は，誤りのない特殊な純粋状態に対比して，**混合状態** (mixed state) とよぶ．

逆に，初期状態が何であるかが不明の場合，いろいろな物理量を測定して，その結果から初期状態を推定することも必要になる（これを**状態トモグラフィー** (state tomography) とよぶ）．その場合は，一般的に混合状態になる．

この章では，混合状態を記述する**密度演算子**について述べよう．

3.1 密度演算子

まずは，混合状態を具体的に示そう．例えば，はじめに量子状態 $|\psi_0\rangle$ にある粒子を確率 p $(0 \leq p \leq 1)$ で打ち出し，$|\psi_0\rangle$ ではない別の量子状態 $|\psi_1\rangle$ にある粒子を，残りの確率 $1-p$ で打ち出す場合が考えられる．ここで，状態 $|\psi_0\rangle$ と $|\psi_1\rangle$ は規格化されているが，必ずしも直交しているとは限らないものとし，測定するのは打ち出される粒子のうち1個だけであるとする．

ちなみに，この状況設定で，特に同じ状態（$|\psi_0\rangle$ あるいは $|\psi_1\rangle$）だけを

3. 混合状態

打ち出す場合が純粋状態である．

このような状況で，一般に混合状態を記述する**密度演算子** (density operator) は，確率 p_i を用いて

$$\rho = \sum_i p_i |\psi_i\rangle\langle\psi_i| \qquad (0 \leq p_i \leq 1,\ \sum_i p_i = 1) \tag{3.1}$$

と書ける．ただし，ここで状態ベクトル $|\psi_i\rangle$ は規格化されている ($\langle\psi_i|\psi_i\rangle = 1$) とする．したがって，跡（トレース）をとると $\mathrm{Tr}[\rho] = 1$ であり，これは全確率が 1 であることを意味する．

(3.1) において，項が1つしかなければ純粋状態であり，2つ以上あれば混合状態である．純粋状態ならば，明らかに $\rho^2 = \rho$ であり，したがって

$$\mathrm{Tr}[\rho^2] = 1 \tag{3.2}$$

となる．逆も成立するので，状態の**混合度** (mixedness) を

$$\mu := 1 - \mathrm{Tr}[\rho^2] \tag{3.3}$$

と定めてもいいだろう．$\mu = 0$ が純粋状態，$\mu = 1 - 1/N$（N はヒルベルト空間の次元）が**完全混合状態** (completely mixed state) を表し，そのとき密度演算子 ρ は恒等演算子 1 に比例する．

また，密度演算子は (2.3) のユニタリー演算子 $U(t)$ により

$$\rho(t) = U(t)\rho U^\dagger(t) \tag{3.4}$$

と時間発展する．

混合状態が自明でない最も簡単な量子系は，ヒルベルト空間の次元が2の場合で，そのような系を**1キュービット系** (a single qubit system) とよぶ．これから，1キュービット系の2つの正規直交基底を $|0\rangle = \begin{pmatrix} 1 \\ 0 \end{pmatrix}$, $|1\rangle = \begin{pmatrix} 0 \\ 1 \end{pmatrix}$ として話を進めよう．

3.2 １キュービット状態の可視化

1 qubit（キュービット）とよばれる状態の純粋状態を幾何学的に描くと，図 3.1 における単位球面上の点，例えば図中の単位ベクトル $\boldsymbol{r}$ になるが，その説明からはじめよう．

まず，一般的な純粋状態は，状態 $|0\rangle$ と $|1\rangle$ の重ね合わせ状態

$$|\psi\rangle = \alpha|0\rangle + \beta|1\rangle \in \mathcal{H}, \quad \alpha, \beta \in \mathbb{C} \tag{3.5}$$

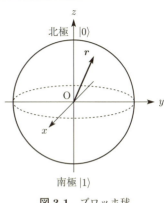

図 3.1 ブロッホ球

で表せ，この量子状態を 1 qubit とよぶ．
(3.5) の α と β は複素数なので，全体では実数 4 個分の自由度があり，さらに全確率 $|\alpha|^2 + |\beta|^2 = 1$ という条件から，実数 3 個分の 3 次元球面がパラメータの取り得る範囲のように思えるかもしれない．しかし，前章で述べた公理 (3) のために，ある初期状態 $|\psi\rangle$ とそれに位相因子 $e^{i\phi}$ を掛けた状態 $e^{i\phi}|\psi\rangle$ から計算される確率は，(2.7) から見てとれるように同じになる．

したがって，α と β を等しく位相因子倍しても物理的な帰結は変わらないことを考慮に入れると，物理的に異なる純粋状態のなす空間は 2 次元球面であることが分かる．詳しく調べると，図 3.1 のように $|0\rangle$ を北極，$|1\rangle$ を南極とする球面になっていて，球面上のその他の点が (3.5) の重ね合わせ状態である．

では，純粋状態 $|\psi_0\rangle$ と $|\psi_1\rangle$ をそれぞれ確率 p と $1-p$ で用意する場合には，どうやって図示できるのであろうか？ 図 3.2

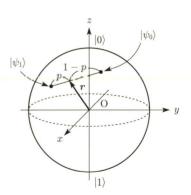

図 3.2 混合状態の表現の任意性

のように，純粋状態 $|\psi_0\rangle$ と $|\psi_1\rangle$ に対応する 2 点を直線で結んで，それらを $p:(1-p)$ に内分した点がそれである．特別な場合として，$p=1/2$ なら，その直線の中点になる．さらに，2 つの純粋状態が $|0\rangle$（北極），$|1\rangle$（南極）ならば，$p=1/2$ の混合状態は球の中心になる．

1 qubit の混合状態を表す密度演算子 ρ は，3 次元ベクトル $\boldsymbol{r}$ をパラメータとして，パウリ行列 $\boldsymbol{\sigma}=(\sigma_x,\sigma_y,\sigma_z)$ を用いると，

$$\rho = \frac{1}{2}[1 + \boldsymbol{r}\cdot\boldsymbol{\sigma}] \tag{3.6}$$

と書ける[†1]．3 次元ベクトル $\boldsymbol{r}=\mathrm{Tr}[\rho\boldsymbol{\sigma}]$ を図示したものを**ブロッホベクトル** (Bloch vector) とよび，$|\boldsymbol{r}|\leq 1$ を**ブロッホ球** (Bloch ball)，$|\boldsymbol{r}|=1$ を**ブロッホ球面** (Bloch sphere) とよぶ．

演習問題 3 混合度 $\mu=1-\mathrm{Tr}[\rho^2]$ をブロッホベクトル $\boldsymbol{r}$ の関数として計算せよ．

【解答例】 ブロッホ球の表示 (3.6) から

$$\mathrm{Tr}[\rho^2] = \mathrm{Tr}\left[\left(\frac{1+\boldsymbol{r}\cdot\boldsymbol{\sigma}}{2}\right)^2\right] = \frac{1}{4}(\mathrm{Tr}[1+2\boldsymbol{r}\cdot\boldsymbol{\sigma}+r^2])$$
$$= \frac{1}{2}(1+r^2) \leq 1$$

となる．ここで，$|\boldsymbol{r}|=r$ とした．等号成立は $r=1$ のブロッホ球面，すなわち純粋状態に限られる．□

量子状態の空間がこのように単純な構造をもつのは 1 qubit までで，多 qubit の場合にはもっと複雑な構造をもつ．

ところで，はじめに考えたような，確率 p で純粋状態 $|\psi_0\rangle$，$1-p$ で $|\psi_1\rangle$ を準備して得られる混合状態の密度演算子は，(3.1) の特別な場合として

[†1] ρ がエルミートであり，しかも $\mathrm{Tr}[\rho]=1$ であることを要請すると，この形しかないことが分かる．

$$\rho = p|\psi_0\rangle\langle\psi_0| + (1-p)|\psi_1\rangle\langle\psi_1| \tag{3.7}$$

と表現できる．逆に ρ が与えられたときに，(3.7) の右辺の表現は一意的であろうか？

図 3.2 を見ると，この表現が無数にあることが分かる．例えば，ブロッホ球の内点である ρ を通る直線を引いて，それがブロッホ球面と交わる 2 点を新たな純粋状態 $|\psi_0\rangle', |\psi_1\rangle'$ とすれば

$$\rho = p'|\psi_0\rangle'\langle\psi_0|' + (1-p')|\psi_1\rangle'\langle\psi_1|' \tag{3.8}$$

と表現することもできる．このとき，新しい混合確率 p' は，p と $|\psi_0\rangle', |\psi_1\rangle'$ から計算できる．

次節で述べるように，一般の混合状態を表す密度演算子に対して，表現にユニタリー変換分だけの任意性があることがシュレーディンガーによって示されていて，**シュレーディンガーの混合定理** (mixture theorem) とよばれている．言い換えると，同じ混合状態を準備するのにいろいろな仕方があるということになる．

3.3　シュレーディンガーの混合定理

前節の 1 qubit の例からも分かるように，密度演算子 ρ の表現

$$\rho = \sum_n p_n |\psi_n\rangle\langle\psi_n| \qquad (0 \leq p_n \leq 1, \ \sum_n p_n = 1) \tag{3.9}$$

は一意的でない．物理に即して言い換えると，同じ状態 ρ を異なる状態 $|\psi_n\rangle$ と確率 p_n の組み合わせで実現できる．それでは，表現の任意性はどれだけあるのだろうか？　密度演算子 ρ をその固有状態 $|e_i\rangle$ で表して上記の表現と比較しよう．

3. 混合状態

$$\rho = \sum_i \lambda_i |e_i\rangle\langle e_i| \qquad (0 \leq \lambda_i \leq 1, \ \sum_i \lambda_i = 1) \tag{3.10}$$

ここで，状態 $|\psi_n\rangle$ を完全系 $|e_i\rangle$ で展開すると次式のようになる．

$$|\psi_n\rangle = \sum_i C_{ni} |e_i\rangle \tag{3.11}$$

C_{ni} は複素係数で，規格化条件 $\sum_i |C_{ni}|^2 = 1$ を充たすものとする．これを (3.9) に代入すると

$$\begin{aligned}\rho &= \sum_n p_n \left(\sum_i C_{ni}|e_i\rangle\right)\left(\sum_j C_{nj}^*\langle e_j|\right) \\ &= \sum_{ij}\left(\sum_n p_n C_{ni} C_{nj}^*\right)|e_i\rangle\langle e_j|\end{aligned} \tag{3.12}$$

となる．これと ρ の固有状態による表示 (3.10) を比較すれば

$$\sum_n p_n C_{ni} C_{nj}^* = \lambda_i \delta_{ij} \tag{3.13}$$

を得る（δ_{ij} はクロネッカーのデルタ）．

ここで，

$$C_{ni} = \sqrt{\frac{\lambda_i}{p_n}} U_{ni} \tag{3.14}$$

と書けば，(3.13) から U_{ni} がユニタリー行列であることが分かる．すなわち，$U_{ni}U_{nj}^* = \delta_{ij}$ である．さらに，規格化条件

$$1 = \sum_i |C_{ni}|^2 = \sum_i \frac{\lambda_i}{p_n}|U_{ni}|^2 \tag{3.15}$$

から，次式を得る．

$$p_n = \sum_i \lambda_i |U_{ni}|^2 \tag{3.16}$$

以上をまとめると，密度演算子の表現

$$\rho = \sum_n p_n |\psi_n\rangle\langle\psi_n| \tag{3.17}$$

は

$$|\psi_n\rangle = \sum_j \sqrt{\frac{\lambda_j}{p_n}} U_{nj}|e_j\rangle, \qquad p_n = \sum_i \lambda_i |U_{ni}|^2 \tag{3.18}$$

と書けることから，ユニタリー行列 U_{ni} だけの任意性があることが分かる．1 qubit の例では，ブロッホ球における 3 次元回転分の不定性があったことは，すでに見た．

3.4 ボーア vs アインシュタイン

　これまでに述べたボーアを中心とする正統派の量子力学に対して，アインシュタインは特に前章の公理（3）に対して異議を唱えた．両者の論争は，アインシュタインが多くの思考実験を次々と考案してコペンハーゲン解釈の矛盾を指摘し，ボーアがそれに反論する形で行われた [7]．

　アインシュタインが量子力学を理解していなかったという人がいるが，その言い方はまったく間違っていて，むしろ量子力学はこの論争で鍛えられたというべきである．また，その中から量子情報理論の萌芽が生まれた．

　アインシュタインは，「物理量の値は測定してはじめて分かるので，あらかじめ決まっていない」とするコペンハーゲン解釈に疑問を投げかけ，「量子力学の記述は完全であろうか？」と題する論文をポドルスキー，ローゼンとともに発表した（いわゆる **EPR 論文**）．またシュレーディンガーも，有名な猫のたとえ話でも明らかなように，波動関数を単に数学的存在とすることに懐疑的であり，波動関数を物理的実体と考えていたようである．次節では，EPR 論文で示された **EPR パラドックス** (**EPR paradox**) をボーム

流に述べて，量子状態の非局所性[†2]を説明しよう．

3.5 EPRパラドックス

あるスピンゼロの粒子が2個のスピン1/2の粒子に崩壊したとしよう（図3.3）．すると，はじめの状態のスピンがゼロであったことから，崩壊後の2粒子のスピンの状態は

$$|s\rangle = \frac{1}{\sqrt{2}}(|\uparrow\rangle \otimes |\downarrow\rangle - |\downarrow\rangle \otimes |\uparrow\rangle) \tag{3.19}$$

となる．右辺を見れば，一方のスピンがアップ（↑）ならば，もう片方はダウン（↓）になっていることが分かる．

これを測定に即して説明しよう．前章の公理（3）により，一方の粒子のスピンの z 成分を測定したときにアップ（↑）ならば，波束の収縮により状態は

$$|s\rangle = |\uparrow\rangle \otimes |\downarrow\rangle \tag{3.20}$$

に遷移する．そして，もう片方の粒子のスピンの z 成分を測定すれば，確実にダウン（↓）になっている．

結局，上記のスピンが $|s\rangle$ という状態にあるときは，粒子1のスピン演算

図 3.3 スピンゼロの粒子が2個のスピン1/2の粒子に崩壊したとしよう．

[†2] 物理学においては，近傍の物理系さえ考えればよく，遠く離れた系の影響は無視できると仮定することが通常である．これを**局所性の仮定**という．例えば，導線の電気抵抗を測定するときに，アンドロメダ銀河に起きた出来事については気にしなくてよい．

子の z 成分 $S_z(1)$ と粒子 2 のスピン演算子の z 成分 $S_z(2)$ の間に $S_z(2)|s\rangle = -S_z(1)|s\rangle$ が成り立っているので，その固有値 $s_z(2)$，$s_z(1)$ についても $s_z(2) = -s_z(1)$ が成り立つ．同じことはスピンの x 成分についてもいえる．

ここで，$S_x(1)$ と $S_z(2)$ は交換可能なので，同時測定ができて確定した値を得ることができる．そのため上に述べた関係 $s_z(2) = -s_z(1)$ を使って，$s_z(1)$ の値を $s_z(2)$ の値から割り出せば，$s_x(1)$ と $-s_z(1)$ がともに確定した値を得ることができそうに思える．しかし，これは $S_x(1)$ と $-S_z(1)$ が非可換なので，ハイゼンベルクの不確定性関係からあり得ない結果である．

なぜ正しくない結果が得られたかというと，最後の文章において，実は粒子 1 の状態が局在していると仮定したからである．すなわち，粒子 1 だけの量子力学を適用しているのが問題なのである[†3]．

量子情報科学の習慣では，上記のうち粒子 1 のところにいる者をアリスとよび，粒子 2 のところにいる者をボブとよぶので，本書でもこれを採用する．上の相関 (3.19) を利用すると，アリスが自分のスピンを測定して↑であったとするとボブのスピンは必ず↓なので，この性質を用いてアリスとボブが情報交換できそうに思えるが，実はできない．それを，密度演算子の考え方を用いて示そう．

アリスが自分の状態に何らかの操作をしたとき，その内容がボブの自身の状態の測定だけで分かるならば，アリスからボブに情報が伝わったことになる．例えば，アリスが粒子 1 の状態に局所的なユニタリー操作 U_1 をしたとしよう．そうすると，全体の状態は

[†3] もとの EPR 論文は 2 粒子の位置と運動量を問題にしており，さらに「物理的実在」の定義についても導入している．すなわち，それを測定するときに物理系が乱されることなく値が決まっていれば，それを **物理的実在 (physical reality)** とよぶ．原論文では，量子力学では「物理的実在」と「局所性」が両立しないので，物理的実在に関する量子力学の記述は不完全であろう，と述べている．ここでは，物理的実在には直接触れずに，局所性だけに話を絞る．

3. 混合状態

$$|s\rangle \rightarrow |s'\rangle = \frac{1}{\sqrt{2}}(U_1|\uparrow\rangle \otimes |\downarrow\rangle - U_1|\downarrow\rangle \otimes |\uparrow\rangle) \qquad (3.21)$$

と変化するだろう．一方，局所性からボブは粒子1の状態にアクセスできないので，状態は密度演算子としてスピン1の状態について跡（トレース）をとった

$$\rho' = \mathrm{Tr}_1[|s'\rangle\langle s'|] \qquad (3.22)$$

で記述される[†4]（添え字の1はアリスの状態について跡をとることを意味し，$|s'\rangle$ はユニタリー変換後の状態 (3.21) を表す）．

跡の性質 ($\mathrm{Tr}[UAU^\dagger] = \mathrm{Tr}[U^\dagger UA] = \mathrm{Tr}[A]$) からすぐ分かるように，局所的なユニタリー変換 U_1 はキャンセルして，(3.22) は

$$\rho' = \mathrm{Tr}_1[|s'\rangle\langle s'|] = \frac{1}{2} \cdot \mathbf{1} \qquad (3.23)$$

となり，ボブの状態は U_1 に関係なく全くのランダムになる．すなわち，アリスが送ったつもりの情報はボブには伝わらない．

後の8.3項で述べるテレポテーションのところでは，さらにアリスからボブに古典情報を伝えることにより，量子情報が伝達できるように工夫する．

3.6 ベルの不等式の破れ

前節で述べた2粒子のスピンの相関を実験できる形で定量化しよう．そして，「一方のスピンがアップ（ダウン）ならば，他方のスピンはダウン

[†4] ボブが用意できる物理量は，アリスのヒルベルト空間に対しては恒等元である．すなわち $\mathbf{1} \otimes \mathbf{B}$ の形をしている．その期待値は

$$\langle s'|(\mathbf{1} \otimes \mathbf{B})|s'\rangle = \mathrm{Tr}_2[\mathrm{Tr}_1[|s'\rangle\langle s'|]\mathbf{B}] = \mathrm{Tr}_2[\rho'\mathbf{B}]$$

となる．したがって，$\rho' = \mathrm{Tr}_1[|s'\rangle\langle s'|]$ をボブの系の有効密度演算子としてよい．ここで $\mathbf{B}$ は，とあるエルミート演算子である．

（アップ）」と表現されている古典的な相関よりも，量子的な相関の方が強いことを示そうと思う．

3.6.1 スピンの相関の定量化

2粒子のスピンの演算子を考えよう．粒子1のスピン（の2倍）を $\boldsymbol{\sigma}_1$，粒子2のスピンを $\boldsymbol{\sigma}_2$ として，粒子1に対しては軸 $\boldsymbol{a}$ あるいは $\boldsymbol{c}$ を，粒子2に対しては $\boldsymbol{b}$ あるいは $\boldsymbol{d}$ を量子化の軸にして観測しよう（図3.4）．そして，観測量を

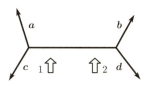

図 3.4 ベルの不等式の破れの設定

$$a = \boldsymbol{a} \cdot \boldsymbol{\sigma}_1, \ b = \boldsymbol{b} \cdot \boldsymbol{\sigma}_2, \ c = \boldsymbol{c} \cdot \boldsymbol{\sigma}_1, \ d = \boldsymbol{d} \cdot \boldsymbol{\sigma}_2 \tag{3.24}$$

と定義する．観測すれば，a, b, c, d は ± 1 の値をとることに注意しよう．

ここまでは，標準的な量子力学の話である．ここで，a, b, c, d の値は測定前から決まっているものであり，測定するごとにその値が変わるのは，何か隠れた確率変数によって，測定のたびにその値がランダムに変わるためであるとしてみよう．この考え方が量子力学とは異なる実験的予言をすることを以下に見るが，そのために一旦，量子力学から離れた議論を展開する．

a, b, c, d を測定する前から決まっている量 (± 1) であると仮定して，さらに2個の粒子は遠く離れているので，それらのスピンの測定は互いに影響を及ぼさないという局所性を仮定しよう．このとき，前者を**実在性 (reality) の仮定**，後者を**局所性 (locality) の仮定**とよぶ．これから，この2つだけを仮定して，絶対に正しい不等式を導き，局所実在性と量子力学が相容れないことを結論するつもりである．ただし，最終的にこの決着は実験でつける必要がある．

少し考えると，次の等式が恒等的に成立することが分かる．

$$(a-c)b - (a+c)d = \pm 2 \tag{3.25}$$

48　3. 混合状態

ここで観測を N 回繰り返して，a_j, b_j, c_j, d_j $(j = 1, 2, \cdots, N)$ を得たとしよう．**粒子 1,2 の観測が独立に行われた**とすると，例えば ab の平均値 $\langle ab \rangle$ は次式のようになる．

$$\langle ab \rangle = \frac{1}{N} \sum_{j=1}^{N} a_j b_j \tag{3.26}$$

したがって，"ベルの不等式 (Bell inequality)" [8]（正確には，**CHSH 不等式 (CHSH inequality)** [9]）は，(3.25) により，

$$C(a, b, c, d) := |\langle ab \rangle - \langle cb \rangle - \langle ad \rangle - \langle cd \rangle| \leq 2 \tag{3.27}$$

となり，この $C(a, b, c, d)$ は **CHSH 相関関数 (correlation function)** とよばれている．最右辺で等号が不等号に変わったのは，実験の度に恒等式 (3.25) の右辺の ± 2 の符号がいろいろになるからである．

この不等式 (3.27) の顕著な点は，a, b, c, d の値が測定以前に決まっており，2粒子の測定が独立であること以外，何も仮定していないことである．さらに詳細にいえば，$\langle ab \rangle$ の a と $\langle ad \rangle$ の a は同じものであるとするところが，局所性の現れになっている．つまり，遠方にあるもう1つの測るべきものに a の値が左右されない，とするのである．仮に，a の値が b あるいは d に左右されるとすると，$\langle ab \rangle, \langle ad \rangle$ は $\langle a_b b_a \rangle, \langle a_d d_a \rangle$ などと，相手次第で異なることになってしまう．そうすると，± 1 の値をとる変数が4つあることになり，CHSH 相関関数 $C(a, b, c, d)$ の上限は2ではなく4になってしまうだろう．

それでは，量子力学では $C(a, b, c, d)$ はどうなるであろうか？　ここで，CHSH 相関関数に現れるアンサンブル平均 (3.26) は，量子力学における期待値に置き換えられると仮定しよう．

EPR 状態 (EPR state) とよばれる全角運動量 $\boldsymbol{\sigma}_1 + \boldsymbol{\sigma}_2 = \mathbf{0}$ の状態

$$|s\rangle = \frac{1}{\sqrt{2}} (|\uparrow\rangle \otimes |\downarrow\rangle - |\downarrow\rangle \otimes |\uparrow\rangle) \tag{3.28}$$

は，次式を充たす．

$$\langle s|ab|s\rangle = \langle s|(\boldsymbol{a}\cdot\boldsymbol{\sigma}_1)(\boldsymbol{b}\cdot\boldsymbol{\sigma}_2)|s\rangle = -\langle s|(\boldsymbol{a}\cdot\boldsymbol{\sigma}_1)(\boldsymbol{b}\cdot\boldsymbol{\sigma}_1)|s\rangle = -\boldsymbol{a}\cdot\boldsymbol{b} \tag{3.29}$$

したがって，量子論では，$\langle ab\rangle = \langle s|ab|s\rangle$ 等と表せば，CHSH 関数は次式のようになる．

$$|\langle ab\rangle - \langle cb\rangle - \langle ad\rangle - \langle cd\rangle| = |-\boldsymbol{a}\cdot\boldsymbol{b} + \boldsymbol{c}\cdot\boldsymbol{b} + \boldsymbol{a}\cdot\boldsymbol{d} + \boldsymbol{c}\cdot\boldsymbol{d}| \tag{3.30}$$

これは，最大値 $2\sqrt{2}$ まで取り得る．最大値 $2\sqrt{2}$ は，すべての単位ベクトルが同じ平面上にあって，$\boldsymbol{a},\boldsymbol{b}$ が 45 度をなし，$\boldsymbol{d}$ が $\boldsymbol{b}$ と直交して $\boldsymbol{c}$ と 135 度をなし，$\boldsymbol{a}$ とも 135 度をなすとき実現する（図 3.5）．

アスペの実験 [10] では，光子の偏光を用いているが，本質的に上述の相関 $C(a,b,c,d)$ が 2 を越えていることが示された．これは (3.27) と相容れない結果である．

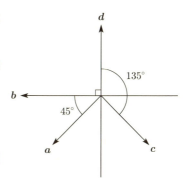

図 3.5 CHSH 相関関数が最大になる量子化軸の配位

3.6.2 CHSH 相関関数

量子力学での CHSH 相関関数

$$C := -\boldsymbol{a}\cdot\boldsymbol{b} + \boldsymbol{b}\cdot\boldsymbol{c} + \boldsymbol{a}\cdot\boldsymbol{d} + \boldsymbol{c}\cdot\boldsymbol{d} \tag{3.31}$$

の最大値，最小値を $\boldsymbol{a}^2 = \boldsymbol{b}^2 = \boldsymbol{c}^2 = \boldsymbol{d}^2 = 1$ の条件下で求めよう．そのためにラグランジュの未定係数 $\alpha, \beta, \gamma, \delta$ を導入し

$$L = C - \frac{\alpha(\boldsymbol{a}^2-1)}{2} - \frac{\beta(\boldsymbol{b}^2-1)}{2} - \frac{\gamma(\boldsymbol{c}^2-1)}{2} - \frac{\delta(\boldsymbol{d}^2-1)}{2} \tag{3.32}$$

の停留点を探そう．

L を a,b,c,d について微分してゼロとおけば，

$$\left.\begin{array}{l}\alpha a = -b+d \\ \beta b = -a+c \\ \gamma c = b+d \\ \delta d = a+c\end{array}\right\} \tag{3.33}$$

となる．これから，直ちに a と c, b と d が直交することが分かる．次に各式の両辺の2乗をとれば，ラグランジュの未定係数 $\alpha,\beta,\gamma,\delta$ の2乗がどれも2になることが分かるので，$a \sim d$ は次式のようになる．

$$\left.\begin{array}{l}a = \pm\dfrac{-b+d}{\sqrt{2}} \\ b = \pm\dfrac{-a+c}{\sqrt{2}} \\ c = \pm\dfrac{b+d}{\sqrt{2}} \\ d = \pm\dfrac{a+c}{\sqrt{2}}\end{array}\right\} \tag{3.34}$$

これらは，復号同順の場合だけが整合的であることを簡単に確認できる．

ここで b と d に対する表式を (3.31) の C に代入すると，相関関数の最大最小値

$$C = \pm 2\sqrt{2} \tag{3.35}$$

を得る．これを**チレルソン限界 (Tsirelson's bound)** とよぶ．

この議論の強みは，局所的な観測方法ならどんな場合にも適用できるという一般性である．このことを，**量子力学的な相関は，非局所的である**ともいう．量子力学の不確定性関係の側面ばかりが強調されると，量子効果は相関をより曖昧にする気がするかもしれないが，それは正しくない．

ここで量子的な相関の方が古典的な相関よりも強いことを見よう．古典的

な相関の例として密度行列 ρ

$$\rho = \frac{1}{2}(|\uparrow\rangle|\downarrow\rangle\langle\uparrow|\langle\downarrow| + |\downarrow\rangle|\uparrow\rangle\langle\downarrow|\langle\uparrow|) \tag{3.36}$$

を考えてみよう．そうすると ab の平均値 $\langle ab \rangle$ は (3.24) より

$$\langle ab \rangle = \mathrm{Tr}[\rho ab] = -a_z b_z \tag{3.37}$$

となる．ここで，$a_z(b_z)$ はベクトル $\boldsymbol{a}(\boldsymbol{b})$ の z 成分である．したがって，

$$|\langle ab \rangle - \langle cb \rangle - \langle ad \rangle - \langle cd \rangle| = |a_z b_z - c_z b_z - a_z d_z - c_z d_z|$$
$$\leq 2 \tag{3.38}$$

と表せる．ここで (3.38) の古典相関の場合，2 が上限であり，(3.35) の量子相関の場合の $2\sqrt{2}$ よりも小さいことに着目しよう．このことをもって，「量子的な相関の方が古典的な相関よりも強い」といってもよいと思う．

この段階で，スピンの成分 a, b, c, d の測定を量子力学に即して考え，CHSH 相関関数を見直してみよう．a と c は同じ粒子のスピンの別の成分であるから，一般に非可換であり，同時測定はできない．b と d についても同様である．したがって，実際に (射影) 測定できるのは，例えば a と b であり，残りの c と d は推定しているに過ぎない．そのため，多数回の実験ではひたすら a と b を測り，c と d については適当に ± 1 を書き入れているといってもよい．CHSH 不等式は，その場合にでも成り立つ．

その意味で CHSH 不等式には，現実に見ていないものを想定する反実仮想の部分がある．ベルの不等式を導くときに，その見ていない c と d についても，測定したときの値 ± 1 のどちらかだろうと推定するところに問題が残る．

3.7 ベルの不等式の破れの実験

3.7.1 局所実在の否定とは？

前節で，ベルの不等式の CHSH バージョンは，スピンの値が測定する前から決まっていて，測定はそれを再発見するという素朴な**実在性**と，一方のスピンの測定が他方に影響を与えないとする**局所性**を仮定すると得られると述べた[†5]．後者の局所性を実験装置の設定によって相対論を根拠に担保すると，物理量の実在性を否定できる．そのような実験が 2015 年のほぼ同時期に 3 つ行われたので，そのうちオランダのデルフトで行われた実験を紹介する [11]．

3.7.2 デルフトの実験のセットアップ

スピンとして，ダイアモンドの格子欠陥に窒素原子を埋め込んだ色中心[†6]を用いている．これらのスピンの置かれた位置 A,B は遠く離れていて，実験時間内では相互に影響されない．このことによって局所性を，相対論を仮定して担保する．そして，A と B に置いた 2 つのスピンを，C からのマイクロ波で制御する（図 3.6）．

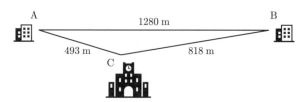

図 3.6 1280 m 離れた A,B にある電子スピンを C で制御する．

[†5] さらに，量子化軸の選択があらかじめ決められていない，つまり観測者が自由意志をもつという仮定もあるとする意見もあるが，本書では自由意志問題は問わない．
[†6] color center の直訳．結晶中の点欠陥に，電子や正孔が捕捉されたある種の格子欠陥のこと．特定の波長の光を吸収して色がつくため，このようによばれる．

3.7.3 実験結果

実験データから，$\langle ad \rangle, \langle cb \rangle, \langle cd \rangle \approx 1/\sqrt{2}$, $\langle ab \rangle \approx -1/\sqrt{2}$ が読みとれて，CHSH 相関関数は $|\langle ad \rangle + \langle cb \rangle + \langle cd \rangle - \langle ab \rangle| \approx 2\sqrt{2}$ が得られた．これはベルの CHSH 不等式 (3.27) を破るので，スピンの値の実在性が否定されたことになる．

3.8 ここまでは準備体操

この章では，量子状態を一般的に密度演算子で表した．それに対して，時間発展や測定，あるいは外界からの雑音などによる状態変化を，一般的に**量子操作** (quantum operation) とよぶ．次章からは，一般的な量子操作を行ったときに，密度演算子がどのように変化するかを問題にして，その一般形を求める．極めて一般的な要請だけから導かれるので，これが量子情報理論の固い基礎になる．そして，「どんな量子操作を行っても，○○○○の量は減少する」を典型とする言明をする．

シュレーディンガー

E. シュレーディンガー (1887 – 1961) は，30代のときには色彩学の世界的権威であった．特に，赤緑青の3原色で表せない色や色彩空間にリーマン計量を導入するなどの研究をしていた．いまでは，物理学というよりは脳による色覚の情報処理の問題と思われている．

シュレーディンガーのお墓は，オーストリアのチロルのアルプバッハ村にある聖オズワルド教会の墓地にある．図 3.7 にあるのはリフォームした後のもので，シュレーディンガー方程式が記されている．以前のものには単に ψ とだけあったそうだ．

図 3.7 シュレーディンガーのお墓

よく見ると下に墓碑銘があり，そこにはシュレーディンガーがまだ40代のときに遺言した詩の形で，彼の死生観が語られている．自分は宇宙の中に生き続けているので悲しまないで，と私は解した．

第4章 古典情報理論

　第2章で述べたように，量子力学は測定結果の確率分布を予言する．その確率分布自体は，数値で表せば古典情報であり，明示的には述べなかったが，実験のセットアップの記述も古典情報である．つまり，実験のセットアップのための入力情報と実験結果の確率分布としての出力情報の間の相関は，古典情報理論で分析できる．その途中の量子的過程の分析については，第7章の量子測定理論で解説するが，導入する概念と方法は，逐一，古典情報理論の自然な拡張になっている．

　この章では，古典情報理論を概観する．まずは，基本的な**シャノン情報量**を，通信における情報圧縮という操作を通じて導入する．次に，2つ以上の確率分布の相関を記述する相対エントロピー，相互情報量などを導入し，その性質を概観する．これは，第6章の量子情報エントロピーに進む導入にもなっている．

4.1　シャノン情報量

4.1.1　シャノン情報量の導入

　この節で述べることは，情報科学科の標準的な授業で行われているものを簡単にまとめたものである．

　ある確率 p ($0 \leq p \leq 1$) でイベント w が起こるとしたとき，そのイベントにより得られる情報量を定量化しよう．まず，そのイベントに実際に出くわしたときの"ビックリ度"を $S(p)$ としよう．宝くじに当たるようなめっ

たに起きないことの場合には，ビックリ度は大きいだろう．言い換えると，ビックリ度は p の減少関数といえる．

ここで $S(p)$ に対して，次の「加法性」を要請しよう．確率 p で当選する宝くじと確率 q $(0 \leq q \leq 1)$ で当選する宝くじの両方に当たったときのビックリ度は，それらの和 $S(p) + S(q)$ になるとするのである．

一方，その両方に当たる確率はそれぞれの確率の積 pq になるから，関数方程式

$$S(p) + S(q) = S(pq) \tag{4.1}$$

が成り立つ．この解は定数倍を除いて

$$S(p) = -\log p \tag{4.2}$$

である．

これを一般化して，i 番目のイベントが起こる確率を p_i $(0 \leq p_i \leq 1,\ i = 1, 2, \cdots, N)$ としよう．ただし，その総和は規格化されているとする．

$$\sum_{i=1}^{N} p_i = 1 \tag{4.3}$$

以後，$\{p_1, p_2, \cdots, p_i, \cdots, p_N\}$ $(\sum_{i=1}^{N} p_i = 1)$ を**確率分布** (probability distribution) とよぶことにしよう．$\{p_i\}$ と略記することもある．

前述したように，加法性から i 番目のイベントが起きたときのビックリ度は $-\log p_i$ であるから，"平均的ビックリ度" は

$$S(p_1, p_2, \cdots, p_N) = -\sum_{i=1}^{N} p_i \log p_i \tag{4.4}$$

である．これを**シャノン情報量**あるいは**シャノンエントロピー** (Shannon entropy) とよぶ．

シャノン情報量の加法性を確認しておこう．確率 p_i で起こる事象 i と，確率 q_j $(0 \leq q_i \leq 1)$ で起こる事象 j とが両方とも起こる確率は，それらの

積 $p_i q_j$ なので，全体のシャノン情報量は

$$\begin{aligned} S(\{p_i\}, \{q_j\}) &= -\sum_{i,j} p_i q_j \log(p_i q_j) \\ &= -\sum_{i,j} p_i q_j \log p_i - \sum_{i,j} p_i q_j \log q_j \\ &= -\sum_i p_i \log p_i - \sum_j q_j \log q_j \\ &= S(\{p_i\}) + S(\{q_j\}) \end{aligned} \quad (4.5)$$

となり，各々のシャノン情報量の和になる．

ここで具体的に，コイン投げの例を考えてみよう．コインを投げて，確率 p で表（0 と表す），確率 $1-p$ で裏（1 と表す）が出るとしよう．この場合のシャノン情報量 $S(p)$ は

$$\begin{aligned} S(p) &= -p \log_2 p - (1-p) \log_2 (1-p) \\ &:= H(p) \end{aligned} \quad (4.6)$$

となる．対数の底を 2 にとったのは後の便利のためであるが，これも**シャノン情報量**とよび，底が 2 の場合は $H(p)$ と書くことが多い．

特に，$p = 1/2$ で (4.6) のシャノン情報量 $H(p)$ は最大値 1 をとる．$p = 0$ あるいは $p = 1$ でシャノン情報量は最小値ゼロになるが，このことは，分かりきった結果には「何の驚きもない」ことと符合する．この (4.6) をグラフに表すと図 4.1 のようになる．

別の言い方をしよう．**測定前の不確定さが大きければ，測定後に得られる情報量（いまの場合ビックリ度）も大きい**という常識を定量化したものがシャノン情報量である．これは確率現象における事前の不確定さを定量化したもので，

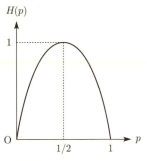

図 4.1 コイン投げとシャノン情報量

事後に得られる情報量であると解釈してもよい．

シャノン情報量のことをシャノンエントロピーともいうが，エントロピーという言葉は，もともと熱・統計力学のものである．シャノン情報量と熱・統計力学との関係を示唆するものとして，次のジェインズの定理を挙げよう．

演習問題 4 エネルギー ϵ_i $(i = 1, 2, \cdots, N)$ の状態が確率 p_i で実現するとしよう．このとき，エネルギーの平均値 $E = \sum_{i=1}^{N} p_i \epsilon_i$ を固定する条件下で，シャノン情報量 $S(\{p_i\}) = -\sum_{i=1}^{N} p_i \log p_i$ を最大にする確率分布が，ボルツマン分布

$$p_i = \frac{e^{-\beta \epsilon_i}}{Z}, \quad Z = \sum_{i=1}^{N} e^{-\beta \epsilon_i} \quad (\beta \text{は定数}) \quad (4.7)$$

であることを示せ．(4.7) はジェインズの定理とよばれていて，この分布を熱力学と比較すると，$\beta = \dfrac{1}{k_\mathrm{B} T}$ (k_B はボルツマン定数) という形で熱浴の温度 T と対応がつく．

【解答例】 ラグランジュの未定係数 α と β を導入して，全確率が 1 であることと，全エネルギーを固定する拘束条件である $\sum_{i=1}^{N} p_i = 1$, $\sum_{i=1}^{N} p_i \epsilon_i = E$ を保証して解いていこう．

独立変数を p_i, α, β とすると，最大化すべき量は

$$L = -\sum_{i=1}^{N} p_i \log p_i + \alpha \left(\sum_{i=1}^{N} p_i - 1 \right) + \beta \left(E - \sum_{i=1}^{N} p_i \epsilon_i \right) \quad (4.8)$$

である[†1]．これを p_i について微分したものがゼロになるところを探す．そうすると，

$$\frac{\partial L}{\partial p_i} = -\log p_i - 1 + \alpha - \beta \epsilon_i = 0 \quad (4.9)$$

[†1] 本書では，底を明示しないときは自然対数とする．

から

$$p_i = \frac{e^{-\beta \epsilon_i}}{Z}, \qquad Z = e^{1-\alpha} \qquad (4.10)$$

を得る．さらに，拘束条件 $\sum_{i=1}^{N} p_i = 1$ から，

$$Z = \sum_{i=1}^{N} e^{-\beta \epsilon_i} \qquad (4.11)$$

を得る．よって (4.7) の分布が示せた．□

演習問題 4 で見たように，統計力学に出てくるカノニカル分布 (4.7) を導くジェインズによる議論は形式的であり，そもそも何故シャノン情報量を最大にするように確率分布 p_i が決まるのかはよく分からない．第 5 章では，情報エントロピーと熱力学的エントロピーの関係を，思考実験を通じて操作的に論じる．

4.1.2 情報の圧縮とシャノン情報量

前項ではシャノン情報量の直観的な導入を行ったが，この項ではシャノンの原論文 [12] に近い形の導入を行う．

もともと，シャノンはベル電話会社に勤めていて，効率的な通信について研究していた．そこで，この項では，「情報の圧縮」という観点から話を進めよう．

通信文は，一般的に 0 と 1 を用いた 2 進法で送信される．例えば N ビットの文字列，010010110100 $\cdots$ などを考えよう．N 個の文字のうち，0 が m 個あるとすると，場合の数は

$$W = {}_N C_m = \begin{pmatrix} N \\ m \end{pmatrix} = \frac{N!}{m!\,(N-m)!} \qquad (4.12)$$

となり，N, m の値が大きいとき，スターリングの公式 $\ln(n!) \approx n \ln n - n$ を用いて

$$\begin{aligned}
\log W &= N\log N - N - m\log m + m - (N-m)\log(N-m) + N - m \\
&= N\log N - m\log m - N\left(1 - \frac{m}{N}\right)\log\left(1 - \frac{m}{N}\right) \\
&= N\left\{-\frac{m}{N}\log\frac{m}{N} - \left(1 - \frac{m}{N}\right)\log\left(1 - \frac{m}{N}\right)\right\} \\
&= NH(p) \quad\quad\quad\quad\quad\quad\quad\quad\quad\quad\quad\quad\quad\quad (4.13)
\end{aligned}$$

と計算できて，

$$W \approx 2^{NH(p)} \quad\quad\quad\quad (4.14)$$

となる．ここで $p = m/N$ は 0 が出る確率で，1 ビットに対するシャノン情報量 $H(p)$ は

$$H(p) = -p\log_2 p - (1-p)\log_2(1-p) \quad\quad\quad\quad (4.15)$$

と与えられる．

(4.14) の公式は，これから説明するように，**通信文の長さを N ビットから $NH(p)$ ($\leq N$) ビットに縮めることができる**ことを意味する．したがって，$H(p)$ は「圧縮不可能度」を表す (値が小さい程，圧縮度が大きい)．

(4.15) より $p = 0$ か $p = 1$ のときには $H(p) = 0$ なので，N ビットの通信文は 1 ビットの情報，すなわち 0 あるいは 1 に縮められる．一方，$p = 1/2$ のときには $H(p) = 1$ なので，全く縮められない．そして，その中間の場合には $NH(p)$ ビットに縮めることができる．

別の観点から見ると，場合の数が多い程，多くの情報を送ることができるが，場合の数は状態の不確定さでもあるので，送り得る情報量の潜在的な多さと不確定さは裏表の関係にある．

それでは，具体的にどうやって情報を圧縮するのだろうか？ シャノンは，「頻繁に出てくる文字は短いビット数で，めったに現れない文字は長いビット数で表して，全体のビット数を短くする」という戦略を立てた．これ

をシャノン圧縮 (Shannon compression) という．ここでは，原論文にある**符号化** (encoding)[†2]の例を紹介しよう．

文字 A,B,C,D から成り立つ通信文があり，それぞれ $1/2, 1/4, 1/8, 1/8$ の確率で出現するとする[†3]．A のように頻繁に出てくる文字は少ないビット数で，C,D のようにめったに出てこない文字は多くのビット数を使うと，全体としてビット数を節約できることは直観的にも分かりやすいだろう．

符号の例を挙げよう．

$$\left.\begin{array}{l} A = [0] \\ B = [10] \\ C = [110] \\ D = [111] \end{array}\right\} \quad (4.16)$$

これは，とてもうまくできていて，区切りのブランクを入れなくても一意的に復号ができる．例えば，

$$[0100101110011010010] \rightarrow [0, 10, 0, 10, 111, 0, 0, 110, 10, 0, 10]$$
$$\rightarrow \text{ABABDAACBAB} \quad (4.17)$$

のようになる．先頭に現れる 1 の数が，A は 0 個，B は 1 個，C は 2 個，D は 3 個になっているので，それで符号の先頭が分かるようになっている．

この符号化による平均ビット数を計算しよう．すると，

[†2] 情報科学では，アルファベット A,B,C,… を [0],[01],[11],… などと，0 と 1 の列で表したものを**アルファベット符号**とよび，その操作を**符号化**とよぶ．
[†3] ここでは大前提として，文字 A,B,C,D の出現が互いに独立で，それぞれの文字の出現確率は，無限個の全く同じ分布のサンプルから得られると仮定する (independent and identically distributed, i.i.d.)．実際の文章では，例えば E と D が続いて出る傾向があるなど，文字の出現確率に相関があり，i.i.d. に反している場合もあるが，シャノン圧縮は結構実用的である．以下では，この断りを省く．

$$\frac{1}{2}\cdot 1 + \frac{1}{4}\cdot 2 + \frac{1}{8}\cdot 3 + \frac{1}{8}\cdot 3 = \frac{7}{4} = 1.75 \tag{4.18}$$

となり，確かに出現頻度を無視して，全て2ビットの符号でA = [00]，B = [01]，C = [10]，D = [11] とするよりも効率が良い．これを，シャノン情報量の定義 (4.15) から

$$H = -\frac{1}{2}\cdot \log_2\left(\frac{1}{2}\right) - \frac{1}{4}\cdot \log_2\left(\frac{1}{4}\right) - \frac{1}{8}\cdot \log_2\left(\frac{1}{8}\right) - \frac{1}{8}\cdot \log_2\left(\frac{1}{8}\right)$$
$$= \frac{7}{4} = 1.75\,(<2) \tag{4.19}$$

と書き直してみると，平均ビット数がシャノン情報量に一致するので，シャノン情報量 H の意味が理解できる．

次に，これを一般に拡張して，文字 $a_1, a_2, \cdots, a_i, \cdots, a_n$ を頻度の順番に並べ，それらの出現確率を $p_1 > p_2 > \cdots > p_i > \cdots > p_n$ としたときの符号化のアルゴリズムを述べよう．一般のシャノン圧縮 [12] のプロトコルは次の通りであるが，その証明は原論文を読んでほしい．

（1） p_k の $k=1$ から $k=i-1$ までの和

$$q_i := \sum_{k=1}^{i-1} p_k \tag{4.20}$$

を計算する．

（2） ビックリ度

$$s_i = [-\log_2 p_i] \tag{4.21}$$

を計算する．（ここで [ ] は整数部分を表すガウス記号である．例えば，[3.14] = 3 となる．）

（3） q_i を2進法の小数で表して，それを小数点以下，上から s_i 番目までで打ち切ったものを各文字の符号とする．

表 4.1 に，文字 $a_1 \sim a_6$ が，それぞれ表の出現確率 p_i で現れるときの符

表 4.1　符号化のアルゴリズム

文字	p_i	q_i	s_i	q_i の 2 進数表示	符号
a_1	1/2	0	1	0	[0]
a_2	1/4	1/2	2	0.1	[10]
a_3	1/8	3/4	3	0.11	[110]
a_4	1/16	7/8	4	0.111	[1110]
a_5	1/32	15/16	5	0.1111	[11110]
a_6	1/32	31/32	5	0.11111	[11111]

号化の例を示す．ここで，$q_i = \sum_{k=1}^{i-1} p_k$ なので，例えば，$q_2 = p_1 = 1/2$，$q_3 = p_1 + p_2 = 3/4$，$q_4 = p_1 + p_2 + p_3 = 7/8, \cdots$ となる．

表の $a_1, \cdots, a_6$ は，アルファベットが A,B,C,D の 4 文字だけの場合の単純な拡張になっている．ビックリ度 $s_i = [-\log_2 p_i]$ が符号の長さになっていることは見易いだろう．このように，ビックリ度が圧縮の度合いなので，その平均的圧縮度（平均ビット数）がシャノン情報量ということになる．平均する前のビックリ度にも操作的な意味があることは興味深い．

演習問題 5　さらに，a_6, a_7, a_8 の出現確率をそれぞれ $1/64, 1/128, 1/128$ としたときの符号の平均ビット数を計算し，シャノン情報量と比較せよ．

【解答例】　符号化のアルゴリズムの手順をもとに計算してみよう．例えば，a_6 の場合，q_6 は (4.20) より

$$q_6 = \frac{1}{2} + \frac{1}{4} + \frac{1}{8} + \frac{1}{16} + \frac{1}{32} = \frac{31}{32} \approx 0.97$$

となり，s_6 は (4.21) より

$$s_6 = -\log_2 \frac{1}{64} = 6$$

となる．q_6 を 2 進法で表せば 0.11111 なので，これを 6 番目までで打ち切って符号化すれば，[111110] となる．

表 4.2　演習問題 5 の解答例

文字	p_i	q_i	s_i	q_i の 2 進数表示	符号
a_1	1/2	0	1	0	[0]
a_2	1/4	1/2	2	0.1	[10]
a_3	1/8	3/4	3	0.11	[110]
a_4	1/16	7/8	4	0.111	[1110]
a_5	1/32	15/16	5	0.1111	[11110]
a_6	1/64	31/32	6	0.11111	[111110]
a_7	1/128	63/64	7	0.1111111	[1111110]
a_8	1/128	127/128	7	0.11111111	[1111111]

a_7 と a_8 も同様に計算して表にまとめると，表 4.2 のようになる．

よって，平均ビット数は次式のようになる．

$$\frac{1}{2}\cdot 1 + \frac{1}{4}\cdot 2 + \frac{1}{8}\cdot 3 + \frac{1}{16}\cdot 4 + \frac{1}{32}\cdot 5 + \frac{1}{64}\cdot 6 + \frac{1}{128}\cdot 7 + \frac{1}{128}\cdot 7$$
$$= \frac{127}{64} \approx 1.98$$

一方，シャノン情報量は，

$$\begin{aligned}H(p) = &-\frac{1}{2}\log_2\left(\frac{1}{2}\right) - \frac{1}{4}\log_2\left(\frac{1}{4}\right) - \frac{1}{8}\log_2\left(\frac{1}{8}\right) - \frac{1}{16}\log_2\left(\frac{1}{16}\right) \\ &- \frac{1}{32}\log_2\left(\frac{1}{32}\right) - \frac{1}{64}\log_2\left(\frac{1}{64}\right) \\ &- \frac{1}{128}\log_2\left(\frac{1}{128}\right) - \frac{1}{128}\log_2\left(\frac{1}{128}\right) \\ = &\frac{127}{64} \approx 1.98\end{aligned}$$

なので，平均ビット数とシャノン情報量は一致する．□

4.2　大数の法則

現実の通信において，前節で述べたような数学的な設定が通用するのだろうか，という疑問が湧く．それが通用することを保証するのが，次に述べる

大数の法則 (**law of large numbers**) である．ざっくりいうと，サンプルを充分多くとれば，測定した物理量の平均値は物理量の期待値に近づく，ということである．

まずは，大数の法則の定理を述べよう．

【定理】 物理量 A を N 回独立に測定して，値 $a_1, a_2, \cdots, a_N$ を得たとしよう．$P(A)$ を A についての確率分布として，$E(A) := \int dP(A)\, A$ と $E(A^2) := \int dP(A)\, A^2$ が有限の場合に，測定回数 N を充分大きくすれば，その平均値

$$S_N := \sum_{i=1}^{N} \frac{a_i}{N} \tag{4.22}$$

は A の期待値 $E(A)$ に近づく．

すなわち，ある固定した値 $\epsilon (>0)$ に対して，$|S_N - E(A)| > \epsilon$ である確率 p が

$$p(|S_N - E(A)| > \epsilon) \to 0, \qquad N \to \infty \tag{4.23}$$

となる．

【証明】 証明を簡単にするために，はじめに期待値 $E(A)$ がゼロの場合を考えよう．後でゼロでない場合に一般化する．

まず，S_N^2 の期待値 $E(S_N^2) = \int dP(A)\, S_N^2$ を i.i.d. の仮定のもとに計算すると，

$$E(S_N^2) = \sum_i \frac{E(a_i^2)}{N^2} = \frac{E(A^2)}{N} \tag{4.24}$$

となる．第 1 の等式のところでは $E(a_i a_j) = 0\ (i \neq j)$，第 2 の等式のところでは，i.i.d. の仮定 $E(a_1^2) = E(a_2^2) = \cdots = E(A^2)$ を用いた．

次に，(4.24) の左辺の量 $E(S_N^2) := \int dP\, S_N^2$ の積分を，2 つの領域 $|S_N| > \epsilon$ と $|S_N| \leq \epsilon$ に分けて評価しよう．そうすると，$E(S_N^2)$ は

$$E(S_N^2) := \int dP\, S_N^2 = \int_{|S_N|>\epsilon} dP\, S_N^2 + \int_{|S_N|\leq\epsilon} dP\, S_N^2$$
$$\geq \int_{|S_N|>\epsilon} dP\, S_N^2 > \epsilon^2 \int_{|S_N|>\epsilon} dP = \epsilon^2\, p(|S_N|>\epsilon) \quad (4.25)$$

と書き表すことができる．

したがって，

$$p(|S_N|>\epsilon) < \frac{E(A^2)}{\epsilon^2 N} \quad (4.26)$$

となる．この式の右辺は ϵ を固定した $N \to \infty$ の極限でゼロになるので，これで期待値 $E(A)$ がゼロの場合の証明は完了する．

期待値 $E(A)$ がゼロでない場合には，A の代わりに $A - E(A)$ を考えればよい． ∎

英文のアルファベットの出現頻度は統計的に分かっている．例えば E は 13%，T,A,O,N,R は 5% から 9% など．その意味で，単語「EATER」などは概ねよくあるスペルであるが，「ZWVQX」などは出合ったことはないだろう．

一般に，文章から有限の文字列を切り取ったときに，文字の出現頻度が文章全体における文字の出現頻度に一致する場合，その有限の文字列を **典型列** (typical sequences) とよぶ．例えば前述の ABCD モデルにおける $N=8$ の文字列のうち，AAAABBCD は典型列だが，AAAABCCD はそうではない．

次節では，典型列ではないが，それに近い文字列の圧縮について調べよう．

4.3 典型列に関する定理

大数の法則より，文字列が充分に長ければ，最適な圧縮をすることができる．しかし，文字列が有限の長さの場合には細かい考察が必要になる．例え

ば，繰り返しになるが，4.1.1 項で用いた ABCD モデル[†4]における 8 文字の文字列 AAAABBCD については，A の割合が 1/2，B の割合が 1/4，C,D の割合が 1/8 ずつなので，ちょうど想定した確率に一致して，シャノン圧縮ができる．そのように，有限の文字列における文字の出現頻度が想定されたものに一致する場合に，その有限の文字列を**典型列**とよぶ．しかし，これと少し違う AAAABCCD 文字列はどう圧縮すればいいだろうか？

AAAABCCD は B が 1 つ減り，出現頻度の少ない C が 1 つ増えただけだから，典型列に近いといえる．そのように，典型列ではない，より一般的な文字列に対しても圧縮をしたいと考えるのは，自然であり実際的だろう．そのように典型列から条件を緩めたものを ϵ-**典型列** (ϵ-typical sequences) とよぶ．ϵ は緩める度合いである．

これからの説明を簡単にするために，N 個の一般的な文字列を $a_1, a_2, \cdots, a_N$ と表し，典型列を $a_1^*, a_2^*, \cdots, a_N^*$ と略記しよう．ただし文字列は，出現頻度の多い順番に，文字の重複も含めて並べる約束とする．

典型列 $a_1^*, a_2^*, \cdots, a_N^*$ の場合の数 $W(a_1^*, a_2^*, \cdots, a_N^*)$ は，(4.14) より

$$W(a_1^*, a_2^*, \cdots, a_N^*) \approx 2^{NH(a_1^*, a_2^*, \cdots, a_N^*)} \tag{4.27}$$

と書ける．このことは，前に見たように，典型列 $a_1^*, a_2^*, \cdots, a_N^*$ を表すために N ビットも必要なく，それより少ない $NH(a_1^*, a_2^*, \cdots, a_N^*)$ ビットで済むことを意味する．ここで，$H(a_1^*, a_2^*, \cdots, a_N^*)$ はシャノン情報量である．

これを緩めた条件

$$2^{N(H(a_1^*, a_2^*, \cdots, a_N^*) - \epsilon)} < W(a_1, a_2, \cdots, a_N) \\ < 2^{N(H(a_1^*, a_2^*, \cdots, a_N^*) + \epsilon)} \tag{4.28}$$

を充たす文字列 $a_1, a_2, \cdots, a_N$ を ϵ-典型列 $T(N, \epsilon)$ とよぼう．ここで ϵ は

[†4] ここの A は単にアルファベットの文字である．物理量一般を表したときの A とは区別してほしい．

正の小さい実数である．

(4.28) は，$W(a_1, a_2, \cdots, a_N)$ の逆数である確率 $p(a_1, a_2, \cdots, a_N)$ を用いると，

$$2^{-[N(H(a_1^*, a_2^*, \cdots, a_N^*) - \epsilon)]} > p(a_1, a_2, \cdots, a_N) > 2^{-[N(H(a_1^*, a_2^*, \cdots, a_N^*) + \epsilon)]} \tag{4.29}$$

とも表せる．これを ϵ-典型列の定義とすることも多い．

さらに，ϵ-典型列の定義 (4.29) を書き換えると

$$\left| -\frac{\log_2 p(a_1, a_2, \cdots, a_N)}{N} - H(A) \right| \leq \epsilon \tag{4.30}$$

となる．ここで $H(A) = H(a_1^*, a_2^*, \cdots)$ と略記した．そして，ϵ-典型列 $T(N, \epsilon)$ の定義を言い換えると，ある定数 $\delta > 0$ に対して，

$$p\left(\left| -\sum_{a_1, a_2, \cdots, a_N \in T(N, \epsilon)} \frac{\log_2 p(a_1, a_2, \cdots, a_N)}{N} - H(A) \right| \leq \epsilon \right) > 1 - \delta \tag{4.31}$$

すなわち，

$$(1 - \delta) 2^{N(H(A) - \epsilon)} \leq |T(N, \epsilon)| \leq 2^{N(H(A) + \epsilon)} \tag{4.32}$$

と表すことができる．ここで，$|T(N, \epsilon)|$ は ϵ-典型列 $T(N, \epsilon)$ のサイズ $\sum_{a_1, a_2, \cdots, a_N \in T(N, \epsilon)}$ を表す．

【(4.32) の略証】ϵ-典型列 $T(N, \epsilon)$ の定義 (4.29) から直接得られる不等式

$$1 \geq \sum_{a_1, a_2, \cdots, a_N \in T(N, \epsilon)} p(a_1, a_2, \cdots, a_N) \geq |T(N, \epsilon)| 2^{-N(H + \epsilon)} \tag{4.33}$$

を (4.32) に適用して，

$$1 - \delta \leq \sum_{a_1, a_2, \cdots, a_N \in T(N, \epsilon)} p(a_1, a_2, \cdots, a_N) \leq |T(N, \epsilon)| 2^{-N(H - \epsilon)} \tag{4.34}$$

を $|T(N, \epsilon)|$ について表すと証明できる．∎

次に，ϵ-典型列 $T(N,\epsilon)$ がどのくらい圧縮できるかを調べよう．圧縮度を R ($0 < R < 1$) として，N ビットより少ない RN ビットの列で $T(N,\epsilon)$ を表すことができる確率 $\dfrac{2^{RN}}{|T(N,\epsilon)|}$ を求めると，(4.32) より

$$(1-\delta)2^{RN-N(H-\epsilon)} \leq \frac{2^{RN}}{|T(N,\epsilon)|} \leq 2^{RN-N(H+\epsilon)} \tag{4.35}$$

となるので，$N \to \infty$ で，$R < H$ の場合に確率はゼロに近づくこと，$R > H$ の場合に $\dfrac{2^{RN}}{|T(N,\epsilon)|} \geq 1-\delta$ になることが分かる．ザックリいうと，圧縮した後のビット数が NH よりも多ければ，4.1.1 項の意味で符号化ができて，逆に少なければ符号化に失敗する．

この節の内容をまとめよう．(4.32) の典型列に関する式から直ちに，次の操作的な定理を得る．

【シャノンの最適符号化定理】 R ($< H$) 掛けの圧縮をすれば，符号化は高い確率で失敗し，R ($> H$) 掛けの圧縮をすれば符号化は成功する．

ここで，失敗とは，復号化したときに列がランダムになるという意味である．$R = H$ のときを**最適符号** (optimal code) とよぶ[†5]．

4.4 情報エントロピーたち

4.4.1 相対エントロピー

シャノン情報量から派生した有用な量として，2 つの確率分布 $\{p_i\}$, $\{q_i\}$ の違いの指標を与える**相対エントロピー** (relative entropy) がある．その違いを定量化するために次のようなストーリーを考えよう．

[†5] シャノンは，さらに通信路に雑音がある場合も述べているので，正確には「雑音のない場合のシャノンの最適符号化定理」とよぶべきだろう．本書では，雑音のある場合については述べない．

あらかじめ確率分布が $\{q_i\}$ であると告げられていたにも拘らず,実際には $\{p_i\}$ であったとしよう.その場合,イベント i に対して想定していたビックリ度と実際のビックリ度は,(4.2) より,それぞれ $-\log_2 q_i$ と $-\log_2 p_i$ である.このとき,その差 $\log_2 \dfrac{p_i}{q_i}$ の実際の確率分布 $\{p_i\}$ についての平均

$$S(p||q) := \sum_i p_i \log_2 \frac{p_i}{q_i} \tag{4.36}$$

は2つの確率分布 $\{p_i\}, \{q_i\}$ の平均的な違いを表すだろう.これを**相対エントロピー**とよぶ.先ほど述べたように,(4.36) はあらかじめ確率分布が $\{q_i\}$ であると告げられていたにも拘らず,実際に得られた確率分布が $\{p_i\}$ であったときの驚きの違いから来ているので,相対エントロピー (4.36) は $\{p_i\}$ と $\{q_i\}$ について,対称な関数になっていないことに注意しよう.

その非対称性については,次の簡単な例を挙げるとよく分かるかもしれない.賭博場でコインを与えられて,表と裏が半々の確率で出てくる公平なコインであるといわれたけれども,実際には表しかでないように細工されていたとしよう(いかさま賭博の最たるもの!).記述を簡単にするために,表を 0,裏を 1 と表して,前述の確率分布 $\{p_i\}$ と $\{q_i\}$ を具体的に書けば,$p_0 = 1$,$p_1 = 0$,$q_0 = q_1 = 1/2$ となり,相対エントロピー (4.36) は,次式のようになる.

$$\begin{aligned} S(p||q) &= -p_0 \log_2 q_0 - p_1 \log_2 q_1 + p_0 \log_2 p_0 + p_1 \log_2 p_1 \\ &= 0 \end{aligned} \tag{4.37}$$

一方,表しか出ないといわれていたコインであるのに,実際は表と裏が半々に出てくる公平なコインであった場合は,$p_0 = p_1 = 1/2$,$q_0 = 1$,$q_1 = 0$ で,相対エントロピーは

$$\begin{aligned} S(p||q) &= -p_0 \log_2 q_0 - p_1 \log_2 q_1 + p_0 \log_2 p_0 + p_1 \log_2 p_1 \\ &= \infty \end{aligned} \tag{4.38}$$

となる．後者の場合は，あらかじめ告げられていたことが全くの嘘であることを，コインを振って実証することが容易であることからも感覚的に納得できる．前者の場合には結構手こずるだろう[†6]．

4.4.2 いろいろなエントロピーの定義

この機会に，これから用いる，いろいろなエントロピーの定義をしよう．

（１） **結合エントロピー** (joint entropy)

まず，イベント $i \in I$ と $j \in J$ が両方起こる結合確率を $p(i,j)$ と書こう．このとき結合エントロピーは次式となる．

$$S(I,J) := -\sum_{i \in I, j \in J} p(i,j) \log_2 p(i,j) \tag{4.39}$$

これは，(i,j) を1組のイベントと見たときに得られる分布の事前の不確定さを表す．

（２） **条件付きエントロピー** (conditional entropy)

$$S(I|J) := S(I,J) - S(J) \tag{4.40}$$

これは，J を知ってしまったときの"平均的ビックリ度"と解することができる．言い換えると，J という条件下での不確定さといえる．

（３） **相互情報量** (mutual information)

$$\begin{aligned}S(I:J) &:= S(I) + S(J) - S(I,J) \\ &= S(I) - S(I|J) = S(J) - S(J|I)\end{aligned} \tag{4.41}$$

これはいろいろに表現される．例えば，J を知ったことによる I に関する不確定さの減少，すなわち I に関する知識の増加を表す．そこから，相互情報量という名前になったのだろう．

[†6] 表しか出ないじゃないか，と胴元に苦情をいっても「もう少し待てば裏が出る」と誤魔化されるかもしれない．

相互情報量 (4.41) を具体的に書き下すと, 相対エントロピー (4.36) との関係が見えてくる. すなわち, 相互情報量を

$$S(I:J) := S(I) + S(J) - S(I,J)$$

$$= -\sum_{i=1}^{N} p_i \log_2 p_i - \sum_{j=1}^{N} q_j \log_2 q_j + \sum_{i,j=1}^{N} p(i,j) \log_2 p(i,j)$$

$$= \sum_{i,j=1}^{N} p(i,j) \log_2 \frac{p(i,j)}{p_i q_j} \tag{4.42}$$

のように, 定義に従って書き直すと, 最後の行が結合確率分布 $\{p(i,j)\}$ と 2 つの独立な分布 $\{p_i\}, \{q_j\}$ の積分布 $\{p_i q_j\}$ からのズレを表す相対エントロピーであることが分かる.

ここで, 相互情報量の意味を理解するために, 例を 3 つ挙げよう. 以降, $p(i,j) = p_{ij}$ と略記する.

【例 1】 完全相関

結合確率分布 $\{p_{ij}\}$ が, 次のような行列で表せたとする.

$$(p_{ij}) = \Big\downarrow_i \overline{\begin{pmatrix} 1/2 & 0 \\ 0 & 1/2 \end{pmatrix}}^{\longrightarrow j} \tag{4.43}$$

ここで, 添字 $i = 0, 1$ は縦方向に, 添字 $j = 0, 1$ は横方向に書き進むと了解する. この場合, 確率分布は

$$\left.\begin{array}{l} (p_i) = \sum_j (p_{ij}) = \begin{pmatrix} 1/2 \\ 1/2 \end{pmatrix} \\ (q_j) = \sum_i (p_{ij}) = \begin{pmatrix} 1/2 & 1/2 \end{pmatrix} \end{array}\right\} \tag{4.44}$$

なので, $S(I,J) = 1$, $S(I) = S(J) = 1$ より, 相互情報量は

$$S(I:J) = S(I) + S(J) - S(I,J) = 1 \tag{4.45}$$

となる．

これは，J について 1 ビットの情報を知れば，I の 1 ビットの情報を完全に知ることができることを意味している．

【例 2】 完全非相関

次のような結合確率分布 $\{p_{ij}\}$ を考える．

$$(p_{ij}) = \begin{pmatrix} 1/4 & 1/4 \\ 1/4 & 1/4 \end{pmatrix} \tag{4.46}$$

この場合，確率分布は

$$\left.\begin{aligned}(p_i) = \sum_j (p_{ij}) = \begin{pmatrix} 1/2 \\ 1/2 \end{pmatrix} \\ (q_j) = \sum_i (p_{ij}) = \begin{pmatrix} 1/2 & 1/2 \end{pmatrix}\end{aligned}\right\} \tag{4.47}$$

なので，$S(I,J) = 2$，$S(I) = S(J) = 1$ より，相互情報量は

$$S(I:J) = S(I) + S(J) - S(I,J)$$
$$= 0 \tag{4.48}$$

となる．

これは，J について 1 ビットの情報を知っても I の情報は全く得られないことを意味している．

【例 3】 ABCD モデル

例 1 と 2 は相互情報量の意味が自明な場合であるが，次は 4.1.2 項で取り上げた ABCD モデルを例にとる．アルファベットを A = [00]，B = [10]，C = [01]，D = [11] と符号化し，出現確率をそれぞれ 1/2, 1/4, 1/8, 1/8 としよう．[ ] 内の第 1 エントリーの数字 0,1 を i とし，第 2 エントリーの数字 0,1 を j として，A,B,C,D の出現確率を行列の i,j 成分で表すと，

$$(p_{ij}) = \begin{pmatrix} p_{00} & p_{01} \\ p_{10} & p_{11} \end{pmatrix} = \begin{pmatrix} 1/2 & 1/8 \\ 1/4 & 1/8 \end{pmatrix} \tag{4.49}$$

となる．したがって，第1エントリーの数字が$i=0$あるいは$i=1$になる確率は

$$(p_i) = \sum_j (p_{ij}) = \begin{pmatrix} 5/8 \\ 3/8 \end{pmatrix} \tag{4.50}$$

であり，第2エントリーの数字が$j=0$あるいは$j=1$になる確率は

$$(q_j) = \sum_i (p_{ij}) = \begin{pmatrix} 3/4 & 1/4 \end{pmatrix} \tag{4.51}$$

となる．

したがって，第1エントリーの数字を一括してI，第2エントリーの数字を一括してJと表せば，$S(I,J) = 1.75$，$S(I) \approx 0.954$，$S(J) \approx 0.811$ と計算できるので，相互情報量は次式で表せる．

$$S(I:J) = S(I) + S(J) - S(I,J) = 0.015 \tag{4.52}$$

(4.52)は，A,B,C,Dを[00],[10],[01],[11]と単純に符号化して第2エントリーだけを測定したときに，第1エントリーを言い当てられる（アルファベットを言い当てる）度合いが0.015程度であることを示している．ゼロではないが大分小さい．

一方，A,B,C,Dの出現確率を変えて，

$$(p_{ij}) = \begin{pmatrix} 1/3 & 1/3 \\ 1/3 & 0 \end{pmatrix} \tag{4.53}$$

の場合には，$S(I:J) = 0.25$ となり，かなり大きくなる．これには右下のエントリーにあるゼロが効いている．

この相互情報量 $S(I:J)$, すなわち測定を行って J を知ったことによる, 本来知りたかった対象系 I に関する知識の増加こそが, 日常生活で用いる意味での情報量に近い. 第6章から量子系の一般的な測定理論を展開し, 最終目標を与えられた量子系から取り出し得る最大の古典情報量を求めるが, そのときの古典情報量とは, この相互情報量 $S(I:J)$ のことである.

いままで述べた古典エントロピーたちの間に成り立つ, 有用ではあるが, 証明が自明な関係を一括して示しておこう.

(1) **対称性**

$$S(X,Y) = S(Y,X), \quad S(X:Y) = S(Y:X) \tag{4.54}$$

ただし, $S(X|Y) \neq S(Y|X)$.

(2) **自明な不等式**

$$S(X) \leq S(X,Y) \tag{4.55}$$

等号成立は Y が X の関数のときに限る. 意味の上からも明らかであるが, この関係は次項で説明する相対エントロピーの正値性の証明からも見てとれる.

4.4.3 エントロピー不等式

ここで, シャノン情報量 (4.4) と相対エントロピー (4.36) に関する, いくつかの有用な不等式をまとめておこう.

(1) **シャノン情報量の凹性**

確率分布 $p = \{p_i\}$ と $q = \{q_i\}$ に対して次式が成り立つ.

$$S(xp + (1-x)q) \geq xS(p) + (1-x)S(q) \quad (0 \leq x \leq 1) \tag{4.56}$$

等号成立は, 2つの分布 $p = \{p_i\}$ と $q = \{q_i\}$ が同一の場合に限る.

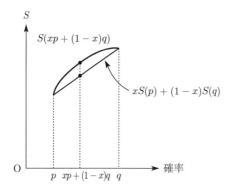

図 4.2 シャノン情報量の凹性

【証明】 (4.56) の左辺が上に凸の関数であることを示せばよい．(4.56) の左辺を x について 2 度微分すると，

$$\frac{d^2 S(xp+(1-x)q)}{dx^2} = -\sum_j \frac{(p_j - q_j)^2}{xp_j + (1-x)q_j}$$
$$\leq 0 \qquad (4.57)$$

となるので，等号成立が $\{p_i\}$ と $\{q_i\}$ が等しい場合に限ることも含めて，証明が完了する．■

凹性の意味を例で述べよう．p タイプと q タイプという 2 種類の歪みのあるコインがあるとする．そして p タイプのコインは，確率 p_0 ($0 \leq p_0 \leq 1$) で表が出て，確率 $p_1 = 1 - p_0$ で裏が出るとし，q タイプのコインは確率 q_0 ($0 \leq q_0 \leq 1$) で表が出て，確率 $q_1 = 1 - q_0$ で裏が出るとしよう．

このタイプのコインを各々 Nx 個と $N(1-x)$ 個準備して，箱の中に一緒に入れた後，その箱の中からランダムに 1 個ずつコインを取り出してコイン投げをする．このとき，その場合の数が (4.56) の左辺に対応する．一方，2 種類のコインを別々の箱に入れてコイン投げをする場合の数に対応するのが (4.56) の右辺である．

直観的にいえば，前者の方が 2 種類のコインを混ぜたために後者よりも

場合の数が多くなり、それが不等号に反映されている。

特に、$p_0 = 1$, $q_0 = 1$ とすれば、2つのタイプのコインは表しか出ないので、$S(p) = 0$, $S(q) = 0$ となり、(4.56) の右辺はゼロとなる。一方、(4.56) の左辺は2種類のコインの混ぜ方の場合の数の対数になり、それを (4.6) のシャノン情報量 $H(p)$ を用いて表せば、$NH(p)$ になる。

(2) **相対エントロピーの正値性**

2つの確率分布 $\{p_i\}$ と $\{q_i\}$ の間の相対エントロピー $S(p||q)$ の式 (4.36) に対して

$$S(p||q) \geq 0 \tag{4.58}$$

が成り立つ。等号成立は、2つの分布 $\{p_i\}$ と $\{q_i\}$ が同一の場合に限る。

【証明】 相対エントロピーの定義 (4.36) より

$$\begin{aligned} S(p||q) &= \sum_j p_j \log_2 \frac{p_j}{q_j} \\ &\geq \frac{1}{\log 2} \sum_j p_j \left(1 - \frac{q_j}{p_j}\right) = 0 \end{aligned} \tag{4.59}$$

となる。ここで、$\log \frac{1}{x} \geq 1 - x$ $(0 \leq x)$ を用いた。■

(3) **結合エントロピーの劣加法性**

系として、劣加法性

$$S(X, Y) \leq S(X) + S(Y) \tag{4.60}$$

がいえる。ここで $X = \{p_x\}$, $Y = \{p_y\}$ は、確率分布を表す。(4.60) の左辺を右辺に移行すると

$$S(X) + S(Y) - S(X, Y) \geq 0 \tag{4.61}$$

となるが、これは相互情報量の定義

$$S(X:Y) := S(X) + S(Y) - S(X,Y) \tag{4.62}$$

から，相互情報量の正定値性と等価である．

また，結合確率分布 p_{xy} と X, Y を独立事象としたときの確率分布 $p_x p_y$ の間の相対エントロピーが相互情報量に等しいので[7]，相対エントロピーの正定値性からも，相互情報量の正定値性を示すことができる．

以上をまとめると，相互情報量の正定値性の特殊なケースとして，結合エントロピーの劣加法性が証明できたことになる．

(4) **シャノン情報量の強劣加法性 (strong subadditivity)**

$$S(X,Y,Z) + S(Y) \leq S(X,Y) + S(Y,Z) \tag{4.63}$$

これは，3 つの事象 X, Y, Z の結合エントロピーと 1 つの事象のシャノン情報量の和は，2 つの事象の結合エントロピーの和よりも小さいことを意味する．

(4.63) は，(4.40) を用いて $S(X|Y,Z) \leq S(X|Y)$ と書き換えると，「条件を増やすと条件付きエントロピーは減少する」という意味になる．

【証明】 対数関数の凹性を用いれば示せる．定義 (4.63) と脚注 [7] と類似の計算により

$$S(X,Y) + S(Y,Z) - S(X,Y,Z) - S(Y)$$
$$= \sum_{x,y,z} p_{xyz} \log\left[\frac{p_{xyz} p_y}{p_{xy} p_{yz}}\right] \tag{4.64}$$

---

[7] $\sum_{x,y} p_{xy} \log \frac{p_{xy}}{p_x p_y} = \sum_{x,y} p_{xy} \log p_{xy} - \sum_{x,y} p_{xy} \log p_x - \sum_{x,y} p_{xy} \log p_y$
$= \sum_{x,y} p_{xy} \log p_{xy} - \sum_{x} p_x \log p_x - \sum_{y} p_y \log p_y$
$= -S(X,Y) + S(X) + S(Y)$

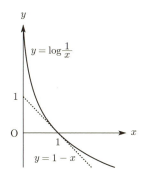

図 4.3 対数関数の凹性

が示せる．対数関数の凹性から

$$\log\left[\frac{p_{xyz}p_y}{p_{xy}p_{yz}}\right] \geq 1 - \frac{p_{xy}p_{yz}}{p_{xyz}p_y}$$

がいえる（図 4.3）．

したがって，(4.64) の右辺は次式のようになる．

$$((4.64) \text{ の右辺}) \geq \sum_{x,y,z} p_{xyz}\left[1 - \frac{p_{xy}p_{yz}}{p_{xyz}p_y}\right] = 0 \quad (4.65)$$

∎

（5）相対エントロピーの単調性

確率分布 $\{p_i\}$ と $\{q_i\}$ に対して，同じ線形写像

$$\left.\begin{array}{rcl} p_i & \to & p'_i = \sum_j A_{ij} p_j \\ q_i & \to & q'_i = \sum_j A_{ij} q_j \end{array}\right\} \quad (4.66)$$

を考えよう．ただし，$A_{ij} \geq 0$，$\sum_i A_{ij} = 1$ である．このとき A_{ij} を**確率的** (stochastic) であるといい，そのような線形写像を**確率線形写像** (**stochastic linear maps**) という．

そのココロは，写像された結果の確率分布 p'_i において

$$\sum_i p'_i = \sum_i \left(\sum_j A_{ij} p_j \right) = \sum_j \left(\sum_i A_{ij} \right) p_j$$
$$= \sum_j p_j = 1 \tag{4.67}$$

が保証されるからである．

以上の前提のもとに，相対エントロピーの単調性

$$S(p||q) \geq S(p'||q') \tag{4.68}$$

が成り立つ．

【(4.68) の証明】 (4.66) の $A_{ij} p_j$ と $A_{ij} q_j$ は，それぞれ結合確率 p_{ij}, q_{ij} の特別な場合とみなすことができることに注意しよう．そして，その場合には $S(p_{ij}||q_{ij}) = S(p||q)$ が成り立つことを確認しよう．

$$\begin{aligned} S(p_{ij}||q_{ij}) &= \sum_{i \in I, j \in J} p_{ij} \log \frac{p_{ij}}{q_{ij}} \\ &= \sum_{i \in I, j \in J} p_j A_{ij} \log \frac{p_j A_{ij}}{q_j A_{ij}} \\ &= \sum_{i \in I, j \in J} p_j A_{ij} \log \frac{p_j}{q_j} \\ &= \sum_{j \in J} p_j \log \frac{p_j}{q_j} \\ &= S(p||q) \end{aligned} \tag{4.69}$$

ここで，結合確率 $p_{ij} = A_{ij} p_j$ をイベント j について足し上げると p'_i になることに注意して，条件付き確率 $p'(i||j) := p_{ij}/p'_i$ を定義し，同様に $q'(i||j) := q_{ij}/q'_i$ を定義する．

次に，$S(p_{ij}||q_{ij})$ を書き換えて，図 4.3 の対数関数の凹性（イェンセンの不等式[†8]）を用いると次式のようになる．

[†8] 関数 $f(x)$ の凹性の一般形 $f(\sum_i p_i x_i) \geq \sum_i p_i f(x_i)$ を**イェンセンの不等式** (Jensen's inequality) という．これは凹性の定義 $f(px_1 + (1-p)x_2) \geq pf(x_1) + (1-p)f(x_2)$ を繰り返し用いると証明できる．例えば，

$$\begin{aligned}
S(p_{ij}||q_{ij}) &= \sum_{i \in I, j \in J} p'_i p'(i|j) \log \frac{p'_i p'(i|j)}{q'_i q'(i|j)} \\
&= -\sum_{i \in I} p'_i \sum_{j \in J} p'(i|j) \log \frac{q'_i q'(i|j)}{p'_i p'(i|j)} \\
&\geq -\sum_{i \in I} p'_i \log \left(\sum_{j \in J} p'(i|j) \frac{q'_i q'(i|j)}{p'_i p'(i|j)} \right) \\
&= -\sum_{i \in I} p'_i \log \left(\sum_{j \in J} \frac{q'_i q'(i|j)}{p'_i} \right) \\
&= -\sum_{i \in I} p'_i \log \frac{q'_i}{p'_i} \\
&= S(p'||q') \qquad\qquad (4.70)
\end{aligned}$$

ここで，$\sum_j q'(i|j) = 1$ を用いた．

(4.69) の等式と (4.70) の不等式を合わせると，相対エントロピーの単調性 $S(p||q) \geq S(p'||q')$ が証明されたことになる．■

(4.66) の確率線形写像の意味をコイン投げの例で述べよう．

10円玉で表が出る確率を p_0，裏が出る確率を p_1 としよう．10円玉の表が出た場合には，その次に50円玉を投げることにし，それの表が出る確率を a，裏が出る確率を b としよう．一方，はじめに10円玉で裏が出たら，その次に100円玉を投げることにし，それの表が出る確率を c，裏が出る確率を d としよう．また，最後の50円玉と100円玉を込みにして，2回目のコイン投げで，ともかく表が出る確率を p'_0 と p'_1 としよう．

このとき，次の2式が成り立つ．

$$\begin{aligned}
f(p_1 x_1 + \underline{p_2 x_2 + p_3 x_3}) &\geq p_1 f(x_1) + (1-p_1) f\left(\frac{p_2}{p_2+p_3} x_2 + \frac{p_3}{p_2+p_3} x_3 \right) \\
&\geq p_1 f(x_1) + (1-p_1) \frac{p_2}{p_2+p_3} f(x_2) + (1-p_1) \frac{p_3}{p_2+p_3} f(x_3) \\
&= p_1 f(x_1) + p_2 f(x_2) + p_3 f(x_3)
\end{aligned}$$

とする．

$$p'_0 = ap_0 + cp_1, \qquad p'_1 = bp_0 + dp_1 \tag{4.71}$$

これは行列

$$A = \begin{pmatrix} a & c \\ b & d \end{pmatrix} \tag{4.72}$$

を用いて書き表せば，次式のようになる．

$$\begin{pmatrix} p'_0 \\ p'_1 \end{pmatrix} = A \begin{pmatrix} p_0 \\ p_1 \end{pmatrix} = \begin{pmatrix} a & c \\ b & d \end{pmatrix} \begin{pmatrix} p_0 \\ p_1 \end{pmatrix} \tag{4.73}$$

(4.71) と同様なことは，p_i とは異なる確率分布 q_i についてもいえて，このときの式は，(4.71) において単に p を q に置き換えたものになっている．

相対エントロピーの単調性 (4.68) は，線形な確率過程を次々に行うと 2 つの分布の区別がつきにくくなることを述べている．コイン投げの例では，最初に投げる 10 円玉の裏表の割合が，途中の操作でかき混ぜられて，結果に反映されにくくなる．

これを見るには，極端な場合 $A = \begin{pmatrix} 1/2 & 1/2 \\ 1/2 & 1/2 \end{pmatrix}$ を考えるとよいかもしれない．このとき，

$$\begin{pmatrix} p'_0 \\ p'_1 \end{pmatrix} = \begin{pmatrix} 1/2 & 1/2 \\ 1/2 & 1/2 \end{pmatrix} \begin{pmatrix} p_0 \\ p_1 \end{pmatrix} = \begin{pmatrix} 1/2 \\ 1/2 \end{pmatrix} \tag{4.74}$$

なので，最初に投げる 10 円玉の裏と表の割合に関係なく，次から半々になる．

4.5 鍵探しのパラドックス

「確率」「不確かさ」「知識」などは間違い易い概念なので，この節で練習

のためにペレス考案の「鍵探しのパラドックス」[5] を紹介しよう.

鍵は 1/2 の確率でポケットの中にあり，1/2 の確率で 16 個の引き出しの中の何処かにあるとする．その 16 個の引き出しはどれも同等として，鍵を探索する前の不確かさをシャノン情報量で表すと，(4.4) より

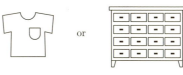

図 4.4　鍵探しのパラドックス

$$S(\text{before}) = -\frac{1}{2}\log_2\frac{1}{2} + 16 \cdot \left(-\frac{1}{32}\log_2\frac{1}{32}\right) = 3 \quad (4.75)$$

となる．

ポケットを探って，鍵がないと分かったとしよう．そのときには，鍵は引き出しの何処かにあるはずなので，シャノン情報量は

$$S(\text{after},引き出し) = 16 \cdot \left(-\frac{1}{16}\log_2\frac{1}{16}\right) = 4 \quad (4.76)$$

となり，ポケットを探る前よりも不確かさは増えてしまう．これは実験をしたために不確かさが増えたことになるので，おかしい．これがパラドックスといわれる所以である．

この問題は，ポケットを探ったことによる変化も考慮して，全体の平均的不確かさ

$$\begin{aligned}S(\text{after}) &= \frac{1}{2}S(\text{after}, \text{pocket}) + \frac{1}{2}S(\text{after},引き出し) \\ &= \frac{1}{2} \times 0 + \frac{1}{2} \times 4 = 2 \end{aligned} \quad (4.77)$$

を計算すれば解消する．(4.77) より，不確かさは「実験後」に 1 だけ減少していることが分かる．それは，鍵がポケットの中にあるかないかの 2 択の実験で「ない」という確定的な結果が得られ，1 ビットの情報を得たことの裏返しである．

鍵探しの問題における情報操作にメモリを導入すると，別の観点が見えてくる．まず，鍵を探してポケットの中にあった場合に $P0$，なかった場合に $P1$ と記録する．その記録に基づいて，$P0$ ならば何もせず，$P1$ なら引き出しを1つずつ探す．

　この鍵探しを多数回行えば，ポケット探索結果のメモリにあるシャノン情報量は1となり，同様に，引き出し探索結果のメモリのシャノン情報量は，(4.76) より4となる．そして全体の平均をとれば，メモリのシャノン情報量は $1 + \frac{1}{2} \times 0 + \frac{1}{2} \times 4 = 3$ である．

　最後に，鍵が見つかると系の情報エントロピーはゼロになるので，系とメモリのもつシャノン情報量の合計は3となる．これは，系が測定前にもっていたシャノン情報量3に等しい．

　この「鍵探しのパラドックス」は，確率現象において，事前の不確かさが事後に獲得し得る情報量であることを端的に例示している．確率論を適用する際に，間違いやすい例としては，この他にも有名なモンティ・ホール問題がある．知っている人向けに書くと，そのストーリーの中で空の箱を見せるところと，鍵がポケットの中にあるかどうかの判定が対応しているので，考えてみてほしい．

　このように，「知識」を得ることは，「不確かさ」が減少することである．その「不確かさ」は確率概念を使って，シャノン情報量で定量化できる．結局，獲得された「知識」は，シャノン情報量で表すことができる．

不 等 式

　筆者である私自身は，不等式が苦手である．人が書いた証明を辿ることはできても，自力で証明できないし，ましてや新しい不等式を見つけることなどできそうもない．少し試みても，ゆるゆるのものしかできない．本書の不等式の証明は，若干工夫をしたところもあるが，他人の証明を確認しただけのものであることを告白しておく．

　現在と違って，私が大学院受験した頃は数学も受験科目にあり，不運なことにその年は不等式のオンパレードだったので，成績は良くなかった．面接のときに久保亮五先生に，「数学ができなくて素粒子理論ができるのかね？」といわれて悔しい思いをした．

　その後，大学の書籍部で名著，G. H. ハーディ，J. E. リトルウッド，G. ポーヤ 著，細川尋史 訳「数学クラシックス 11 不等式」（丸善出版）を見つけて，驚嘆した．不等式を系統的に分類している．私もいくつかの不等式は，相加相乗平均，コーシー–シュワルツ，三角不等式などのグループがあるとは感じていたが，綺麗に整理されている．また，第 2 版の序文に，第 1 版を出版した後に世界中の数学者から不等式についての情報が寄せられて，それを取り入れたと書かれている．その意味で，この本は不等式についての人類の叡智が凝縮されているといっても過言でない．

第5章 熱力学のエントロピー

シャノン情報量 (4.4) は，その形が統計力学におけるエントロピーの公式によく似ている．ただ似ているだけではなく，より深いところで結びついていることをこの章で見よう．そのために，統計力学の前提となる熱力学に立ち返り，エントロピーが統計力学以前の熱力学の言葉であることを思い出そう．

さらに，熱力学は物理学の中で唯一，操作主義的であるといわれる．例えば，ピストンを押して気体を圧縮し，次にそれを断熱膨張させて仕事をさせるなどの物理操作を想定するからである．一方，シャノンの情報理論が操作主義的であることは，前章ですでに見た．熱力学と情報理論は，ともに操作主義的で相性が良い．

熱力学系を測定して，その結果の情報処理をすることまで考えると，両者の融合が見えてくる．この熱力学と情報理論との関係については，5.3節のマクスウェルの悪魔のところで詳細に述べるが，まずは熱力学を復習しよう．

5.1 熱とエントロピー

この節では，統計力学に頼らずに熱力学を組み立て直そう [13]．

温度 T の熱浴に接している系が状態 i から f まで変化して，外界に対して $W(\mathrm{i} \to \mathrm{f})$ の仕事をしたとしよう．これは，一般には途中の状態に依存するので，単純に系の初期状態のエネルギー U_i と終状態のエネルギー U_f の差 $U_\mathrm{i} - U_\mathrm{f}$ にはならないだろう．

ここで，エネルギー保存則が成り立つとすると，$W(\mathrm{i} \to \mathrm{f})$ と $U_\mathrm{i} - U_\mathrm{f}$ の

差は熱浴から供給されたに違いない．巨視的な理論として，そのエネルギーの正体を明示的に示さずに，単に**熱 (heat)** $Q(\mathrm{i} \to \mathrm{f})$ とよぼう．そうすると，U を内部エネルギーとして次式のように表せる．

$$W(\mathrm{i} \to \mathrm{f}) = U_\mathrm{i} - U_\mathrm{f} + Q(\mathrm{i} \to \mathrm{f}) \tag{5.1}$$

カルノーの定理によれば，熱浴から取り出せる最大のエネルギー $Q_\mathrm{max}(\mathrm{i} \to \mathrm{f})$ は，熱浴の温度 T に比例する．その係数を S_th と書き，**熱力学的エントロピー (thermodynamic entropy)** とよぼう．

$$Q_\mathrm{max} = T S_\mathrm{th} \tag{5.2}$$

ここで，$\mathrm{i} \to \mathrm{f}$ の途中の過程をいろいろ変えて，その中の最大値を Q_max とする．通常は，ミクロなプロセスに比べてマクロなパラメータ（例えば体積）を充分ゆっくり変化させる準静的過程がそれを実現する．したがって，系が外界に対してなし得る最大仕事 W_max によって，熱力学的エントロピー S_th は次式のように定義される．

$$W_\mathrm{max} = U_\mathrm{i} - U_\mathrm{f} + T S_\mathrm{th} \tag{5.3}$$

5.2 理想気体に対するボイル‐シャルルの法則

熱力学を操作的に構成するために，理想気体を用いたエンジンのモデルをこの章では多用する．理想気体は，実際に，絶対温度を実験的に定義する場合など，今日でも熱力学の標準である．説明を簡単にするため，空間1次元の**1分子熱機関**を考えよう（図 5.1）．

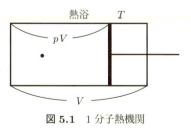

図 5.1 1分子熱機関

ここで，**ボイル‐シャルルの法則** (**combined gas law**) は，ピストンに掛かる圧力を P，シリンダーの体積を V として

$$PV = k_\mathrm{B} T \tag{5.4}$$

と書ける．T はシリンダーと接触している熱浴の（絶対）温度で，k_B はボルツマン定数である．

前節の一般論を，この1分子熱機関に応用しよう．系の初期状態として，図 5.1 に示すように，ピストンが端から pV $(0 \leq p \leq 1)$ の位置にあり，その中に分子が1個ある場合を考えよう．そして，分子に押されながらピストンが右端 V に達したときを終状態とする．その際に，ピストンの動きをゆっくりにすることで，分子がしっかりと仕切りを押して，それが外界に対してなす仕事を最大にしていることに注意しよう（ピストンの動きが速すぎると，分子は仕切りに追いつかず，その運動エネルギーを仕切りに与えることができない）．

このときの仕事（すなわち最大仕事）は，

$$\begin{aligned} W_\mathrm{max} &= \int_{pV}^{V} P\, dV = \int_{pV}^{V} PV \frac{dV}{V} \\ &= -k_B T \log p \end{aligned} \tag{5.5}$$

となる．内部エネルギーは温度 T だけで決まっていて，いまの場合，初期状態と終状態で温度が変わらないから，$U_\mathrm{i} = U_\mathrm{f}$ である．また (5.3) から，熱力学的エントロピーは

$$S_\mathrm{th} = -k_\mathrm{B} \log p \tag{5.6}$$

となる．仕切りのはじめの位置が $p = 1/2$ のときには，対数の底を 2 にとれば $S_\mathrm{th} = k_\mathrm{B}$ となる．

いうまでもないことだが，以上は，分子がはじめに仕切りの左側にあることが前提になっている．ここで，議論を先走りして，はじめに分子の位置が

仕切りのどちらにあるか分からなかったとしよう．そして，分子の位置を測定して左にあることが分かったら上記と同様にピストンを動かすことにして，反対に右にあったときには，ピストンの向きを変えて，動きを逆向きにすることとしよう．こうすれば，図5.1を左右反転したものが考えられ，分子が仕切りの左にある場合と同じ議論ができる．

このとき，分子の存在する確率は体積に比例するので，左にある確率が p，右にある確率が $1-p$ であることに注意しよう．そうすると，最大仕事とエントロピーの平均値 $\overline{W_{\max}}, \overline{S_{\text{th}}}$ は，

$$\overline{W_{\max}} = k_B T[-p\log p - (1-p)\log(1-p)] \tag{5.7}$$

$$\overline{S_{\text{th}}} = k_B[-p\log p - (1-p)\log(1-p)] \tag{5.8}$$

となる．本質的でないボルツマン定数 k_B を除いて，エントロピーの表式が2択の場合のシャノン情報量 (4.6) と一致するところが示唆的である．その理解をこれから深めていこうと思う．

5.3 マクスウェルの悪魔とシラードエンジン

1867年に，マクスウェルがテートに宛てた手紙の中ではじめて言及し，1871年のテキスト「Theory of Heat」の末尾でも触れている，熱力学第2法則を破るかもしれない，かの有名な**マクスウェルの悪魔** (Maxwell's demon) について語ろう．この悪魔についての理解が深まったのは，1929年

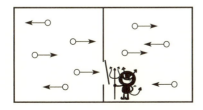

図 5.2 マクスウェルの悪魔．悪魔は，左の部屋から速い分子が来たときにだけ小窓を開けて右の部屋に通す．そうすると，充分に時間が経つと右の部屋の温度が上がり，熱力学第2法則に反するように見える．

のシラードの論文 [14] からである[†1]．マクスウェルの悪魔のオリジナルバージョンについては，文献 [15] を見てほしい．

シラードは，マクスウェルの悪魔について考えるために，前節と同様に問題を簡単化して，（1分子の）**シラードエンジン (Szilard engine)** とよばれる，分子が1個だけ入っている温度 T の熱浴と接触しているシリンダーを考えた．ただし，シリンダーの真ん中には，必要に応じて仕切りを取り付けることができるとする．その仕切りにはひもを取り付け，そのひもの先には重りがぶら下がっているとしよう（図 5.3）．

この設定のもとで，以下の操作を考えよう．

(1) 温度 T の熱浴と接触している，長さ V，単位断面積 S のシリンダーに分子が1個だけ入っている状態を初期状態とする．

(2) 真ん中に仕切りを挿入する．

(3) 悪魔が，仕切りのどちら側に分子があるかを観測して判定する．

(4) その判定が右とあれば，仕切りを左の方向に準静的に動かし，左の端まで移動させる．一方，左とあれば，反対に仕切りを右の方向に準

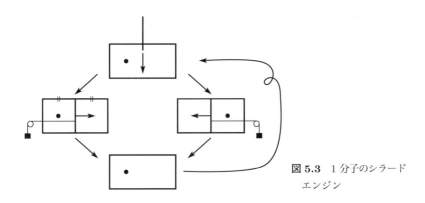

図 5.3 1分子のシラードエンジン

[†1] アインシュタインと共同で冷蔵庫に関する特許を取得したこともあるシラードは，彼を説得してルーズベルト大統領宛てに原爆製造を促す手紙を書かせた人物としても歴史に名を留めている．

静的に動かし，右の端まで移動させる．

言い換えると，分子が仕切りをたたくことによる圧力が仕切りを押し，重りを持ち上げる仕事をするのである．

(5) いずれの場合にも，仕切りは端まで移動するので，シリンダーの状態は (1) に戻る．

一見すると，上の (1) から (5) のサイクルを繰り返すと，1 つの熱源により外部に対して仕事ができるので，「熱源が 1 つの等温サイクルでは，正の仕事ができない」というケルビンの原理（すなわち熱力学第 2 法則）に反するような気がする．このパラドックスを解く鍵は，等温過程 (4) による仕事を計算すると得られ，これは次式のようになる．

$$W = \int_{V/2}^{V} P\, dV = k_B T \log 2 \tag{5.9}$$

ここで，圧力 P に対する温度 T の理想気体の状態方程式

$$PV = k_B T \tag{5.10}$$

を用いた．

シラードは，熱力学第 2 法則を救うためには，悪魔の操作が $k_B T \log 2$ 以上の仕事を要するはずだと考えた．これを情報科学を多少わきまえた現代的な言い方にすれば，分子が左右どちらにあるかは悪魔が観測するまで未知であるので，そのシャノン情報量は $k_B \log 2$ である[†2]．そして，1 ビットの観測をすると 0 か 1 かに定まり，シャノン情報量が $k_B \log 2$ だけ減少するので，それに温度を掛けた $k_B T \log 2$ だけ悪魔が系に対して仕事をしなければならなくなる．

[†2] シャノン情報量の式 (4.6) において，対数の底を 2 ではなく，自然対数の底 e とする．分子が仕切りの左右のどちらにあるか判定する確率を $p = 1/2$ とすると，シャノン情報量 $\log 2$ を得る．ボルツマン定数 k_B は単なる定数なので，気にしなくてよい．

5. 熱力学のエントロピー

その後，1947年にブリリアン (L. Brillioun) [16, 17, 18] が，物理的なエントロピーとシャノン情報量を大胆にも同一視して，悪魔の行う観測にはエントロピーの増大が伴うという主張をして，賛否を含めて多くの物理学者の間に議論を引き起こした．その中で，ランダウアー (R. Landauer) [19] とベネット (C. H. Bennett) [20, 21] の仕事により，**悪魔の行う判定は可逆であり，エントロピーの発生を伴わないが，判定を行った悪魔の記憶（メモリ）を消去するためにエントロピーの発生が起こる**ことを明らかにして，問題の核心がピンポイントされた．

それを見るために，悪魔のメモリをシラードエンジンと同じ構造のものでモデル化しよう．つまり，図5.3のように，シリンダーの真ん中に仕切りを入れるモデルを考える．そして，分子が左側にあるときには0，右側にあるときには1という2つのメモリの状態があるとする．0と1をエネルギーを消費することなしに交換するためには，例えば仕切りの位置を軸にして，シリンダーを180度回転することにすればよい．

はじめに，シリンダーの左側に分子がある状態0にしておこう．そこに0を書き込む場合は何もしないで，1を書き込む場合には，そのシリンダーを180度回転させて，分子の位置を右側にもってくればよい．そして，シラードエンジンを駆動する (3) のステップで分子の位置を測定して，それが左（右）側にあると確認した場合には0 (1) と記憶する．

マクスウェルの悪魔のパラドックスの解消のポイントは，エンジンの1サイクルでは，**メモリも含めて初期状態に戻らなくてはいけない**，という点にある．メモリに1が書き込まれていようが0が書き込まれていようが，どちらも初期状態の0に戻す（リセットする）にはどうしたらいいだろうか？

ナイーブには，測定して0ならば，そのままにし，1ならばシリンダーをひっくり返せばいいと思うかもしれない．しかし，この測定結果次第で操作を変えるためには，さらに新たなメモリが必要になる．つまり，情報はどこ

5.3 マクスウェルの悪魔とシラードエンジン

かに残っていることになり，リセットしたことにならない．

リセットするには，分子の位置を測定した後，まずシリンダーから仕切りをゆっくり抜きとる．このためにエネルギーは必要ないが，エントロピーは前節の計算 (5.6) から $k_\mathrm{B} \log 2$ だけ増大する．この段階は，いわばメモリが 0 か 1 か分からなくなるという意味で "忘却" 過程である．

次に，メモリをリセットするために，仕切りを右端に挿入して，ゆっくりと真ん中まで押す．そうすれば，分子は左側にあるので 0 となる．この等温過程に必要な仕事は，$k_\mathrm{B} T \log 2$ である．

よって，メモリをリセットするために外界がする仕事は，シラードエンジンが外界に対してする仕事を相殺する．同様に，シラードエンジンにおけるエントロピーの減少は，メモリの消去（忘却）による増加と相殺する．これでマクスウェルの悪魔のパラドックスは解消した．

〈**問題**〉 仕切りの位置を，左から $V/3$ のところに置いた場合に，上の議論を再論せよ．（ヒント：そのときの悪魔のシャノン情報量は

$$\frac{S}{k_\mathrm{B}} = -\frac{2}{3} \log \frac{2}{3} - \frac{1}{3} \log \frac{1}{3} \approx 0.64$$

である．）

ここで肝心なことは，悪魔が**物理的に**情報処理あるいは計算を行っていることである．後で述べるように，計算そのものは可逆であり得る．ただ，サイクルとして繰り返す目的で初期状態に戻る必要があれば，その段階でメモリをリセットする（頭を冷やす）ためにエントロピーを外界に放出する必要がある．ここで，情報という「こと」が熱という「もの」に転換されていることは興味深い．そして，観測者としての悪魔も，物理系の中に組み込まれている．

結局，悪魔が知的な作業をするときにも，仕事をする必要があるというのが，この思考実験の「落ち」になっている．「管理職」も情報処理の労働をしているのである．

5. 熱力学のエントロピー

ここで誰しも考えつくのは，悪魔の作業を自動化することである．そうすれば知的な労働を省くことができ，熱力学第 2 法則を破ることができそうである．例えば，シラードエンジンを少し改造して，ひもの先にラチェット（片側にしか回らない歯車で，テニスのネットを張るときなどに使う）をつけておこう（図 5.4）．そして，エンジンを動かす（4）のステップで仕切りが左に動くときにだけ回るようにする．こうすると，仕切りが右に動くときには仕事をしないので半分損をするが，メモリのリセットなどという情報処理に頭を悩ます必要はない．

図 5.4　ファインマンが提案したラチェット [22]．爪がついていて，順方向にしか回らないようになっている．テニスのネットを張るときに使うので知っている方も多いだろう．

しかし，ラチェットの構造を少し深く考えると，これはうまくいかないことが分かる．ラチェットには爪がついていて，歯車が順方向に回るときには，爪がはね上がって回る．一方で，逆方向のときには爪が歯に引っかかって回らないようになっている．つまり，ラチェットが順方向に回り爪がはね上がるためには，分子が爪のポテンシャルエネルギー U に比べて充分な熱エネルギー $k_\mathrm{B}T$ を与えるために，次式を充たす必要がある．

$$k_\mathrm{B} T > U \tag{5.11}$$

一方，歯車と爪の温度 T_0 が高過ぎて，爪がランダムに上がったり下がったり振動していたのでは，歯車は逆回りしてラチェットとして機能しないので，そうならないように爪の温度 T_0 が充分低いこと

$$U > k_\mathrm{B} T_0 \tag{5.12}$$

を要求する．

したがって，

$$T > T_0 \tag{5.13}$$

と，ならなければならない．すなわち，シラードエンジンとラチェットには温度差があることになり，このオートマチックシステムは普通の熱機関に過ぎないことが分かる．つまり，エネルギーすなわち熱が，温度の高いところから低いところに流れたと解釈できるのである．このことは，ファインマンの教科書 [22] にもあるので知っている諸君も多いだろう．

5.4 熱力学的エントロピーとシャノン情報量

5.4.1 非対称シラードエンジン

前節のシラードエンジンを少し一般化して，仕切りの入れる位置を真ん中ではなくて，$p:1-p$ $(0 \leq p \leq 1)$ と非対称にしよう．ただし，悪魔のメモリのモデルは，仕切りを真ん中に置いた対称なものとしよう．それは，可逆な演算を実行するのに便利だからである．

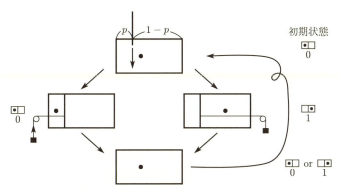

図 5.5　1 分子の非対称シラードエンジン

5. 熱力学のエントロピー

　この非対称シラードエンジンを N 回動作させよう．ただし，その間の分子の位置についてのメモリは，リセットせずに保存しておく（つまり，最終的に 0 と 1 の N 文字分の羅列ができる）．そうすると，非対称シラードエンジンが1回の動作で外界に対してする仕事の平均 $\overline{W}$ は，(5.7) の計算から

$$\overline{W} = k_{\mathrm{B}} T [-p \log p - (1-p) \log(1-p)] = k_{\mathrm{B}} T S(p) \tag{5.14}$$

となる（$S(p)$ はシャノン情報量）．

　ここでサイクルを閉じるために，メモリのリセットを単純に行えば，そのために $k_{\mathrm{B}} T$ のエネルギーが必要になる．これは，非対称シラードエンジンがせっかく稼いだエネルギーよりも大きい．

　実は，もっと賢いメモリリセットの方法がある．それは，メモリに書き込まれた 0 と 1 の羅列をデータ圧縮して，データを短くしてからリセットする方法である．設定から，0 の数は Np で，1 の数が $N(1-p)$ であるから，最大圧縮率はシャノン情報量 $H(p) = -p \log_2 p - (1-p) \log_2 (1-p)$ である．

　したがって，圧縮後のメモリの長さは $NH(p)$ になるので，このリセットに必要な仕事量は

$$\overline{W} = N H(p) k_{\mathrm{B}} T \log 2 = N S(p) k_{\mathrm{B}} T \tag{5.15}$$

となる．これは，非対称シラードエンジンがせっかく稼いだエネルギーをちょうど相殺する．エントロピーの方も同様で，圧縮した後にメモリを消去 (erasure) すると

$$S_{\mathrm{th}}(\mathrm{erasure}) = k_{\mathrm{B}} S(p) \tag{5.16}$$

となり，非対称シラードエンジンにおける減少分と相殺する．

　以上を振り返ると，情報圧縮が最適な場合には，熱力学的エントロピー S_{th} とシャノン情報量 S は，ボルツマン定数 k_{B} を除いて一致することが示された．

5.4.2 孤立系に対する熱力学第2法則

熱力学第2法則は（等価ではあるけれども）いろいろな形で述べられる．代表的なものは以下の2つである．

(a) 孤立系のエントロピーは減少しない．

(b) 熱源が1つの等温サイクルでは，正の仕事ができない（**ケルビンの原理** (Kelvin principle)）．

(b) の例については，すでにシラードエンジンによるものがあり，解消のポイントはメモリの消去だった．これからは，(a) について考えたい．以下，熱力学的エントロピー S と体積 V の関係式 $S = k_B \log V$ を用いて[†3]，次のような操作を考えてみよう．

(1) 断熱壁で囲った体積 V_0 のシリンダーに1個の分子が入っているとする．この段階でのエントロピーは，$S_1 = k_B \log V_0$ である．

(2) シリンダーを $p : 1-p \, (0 \leq p \leq 1)$ に分割するところに仕切りを挿入し，エントロピーを計算する．p 側で分子が測定されたときの熱力学的エントロピーは $k_B \log(pV_0)$ で，$1-p$ 側に分子が測定されたときの熱力学的エントロピーは $k_B \log[(1-p)V_0]$ である．

また，p 側で分子が測定される割合は p で，$1-p$ 側で分子が測定される割合は $1-p$ だから，エントロピーの平均は

$$\begin{aligned} S_2 &= k_B p \log(pV_0) + k_B \{(1-p) \log[(1-p)V_0]\} \\ &= S_1 - k_B S(p) \end{aligned} \quad (5.17)$$

となる．ここで，$S(p)$ はシャノン情報量

$$S(p) = -p \log p - (1-p) \log(1-p) \quad (5.18)$$

である．$S(p) \geq 0$ により $S_2 \leq S_1$ だから，測定によりエントロピー

[†3] 体積 V の単位が気になるかもしれないが，その違いは定数であるので気にしなくてよい．

が減少することになり，一見すると熱力学第2法則が破れるように見える．

(3) (ここから先がパラドックスの解消)

(2)の測定を記録するメモリのもつシャノン情報量はちょうど $S(p)$ だから，シリンダーの熱力学的エントロピーとメモリのシャノン情報量の和は $S_3 = S_2 + S(p) = S_1$ となり，エントロピーは変わらない（簡単のため，メモリは断熱壁で囲まれた対称メモリとする）．

この操作が(b)の等温サイクルの場合と違うところは，メモリのリセットの必要がないことである．シラードエンジンのときには，たまたま，ケルビンの原理がサイクルを前提としているので，1サイクルの終わりにメモリのリセットが必要になっただけである．

(a)と(b)をまとめる．情報理論的な熱力学においては「システムとメモリの合成系」に対して熱力学第2法則が成り立っている．(a)において，システムとメモリのエントロピーの和が減少しないことが直接示され，(b)においては，シラードエンジンのなす仕事がメモリの消去に要する仕事と相殺することから，ケルビンの原理に反さないことが示されている．(a)は前章で紹介した鍵探しのパラドックスと同じ解消の仕方である．

エントロピーを漢字で書くと？

　江戸時代から，先人たちは科学用語をヨーロッパの言語から翻訳するのに苦労した．引力，天動説，地動説などの天体力学用語は，1800年ごろの志筑忠雄による「暦象新書」が初出といわれている．明治になってからは，西周らの貢献が大きい．それらは，中国と韓国でも採用されている．

　しかし，苦労したのがエネルギーとエントロピーで，結局はカタカナで訳されている．それでは，中国ではエネルギーとエントロピーをどう漢字で書くのであろうか？

　エネルギーは「能」で，高能物理学などと使う．エネルギアというギリシャ語に，「潜在的な能力」という意味があるので適訳と思う．エントロピーに対して中国人は，なんと新しい漢字を発明した．火偏に商と書く．商は割算の意味で，$\delta S = \delta Q/T$ に由来する．いうまでもなく，火は熱 δQ を意味する．

　エンタングルメントの訳語は，ほぼ「量子もつれ」で定まっていると思う．しかし，動詞にするとうまく使えなくて，「エンタングルさせる」などといわざるを得ず，イマイチの感がある．私はかつて，意味と音を兼ねて「縁担（えんたん）」を提案したが，反響はほぼゼロだった（笑）．

第6章 量子情報エントロピー

　この章では，第4章で述べた情報エントロピーを量子系に拡張しよう．量子情報エントロピーに対して成立する関係式の意味は，古典情報エントロピーに対応するものから知ることができる．

6.1　フォンノイマン・エントロピー

　古典情報は，$0, 1$ を n 個並べた列たち，すなわち $\{0, 1\}$ のテンソル積 $\{0, 1\}^{\otimes n}$ に関するものであるが，量子情報は，第3章で詳しく述べた密度演算子 ρ のテンソル積 $\rho^{\otimes n}$ を扱う[†1]．

　古典情報理論において，情報量はシャノン情報量であり，これは典型的なデータの最適な圧縮率として定量的に定義された．量子的な情報量も，同様にして操作的に圧縮することができる．ここでは，**シューマッハ圧縮 (Schumacher's compression)** とよばれる，シューマッハによる量子データ圧縮の定理の概要を述べよう．定理の厳密な表現と証明は技術的になるので，例えばニールセン–チャンの教科書 [23] の該当箇所を見ていただきたい．

[†1] ここでは，暗々裏に同一の密度演算子で表される状態のコピーをいくつでも用意できると仮定する．これは，古典の場合と同様に，i.i.d. (independent and identically distributed) 仮説とよばれる．

6.1.1　フォンノイマン・エントロピーの定義

量子データの典型的な状態に対して最適な圧縮をした場合，小さくなったヒルベルト空間を T としたときに

$$\dim T \approx 2^{nS(\rho)} \tag{6.1}$$

が成り立つ．ただし，$S(\rho)$ は**フォンノイマン・エントロピー (von Neumann entropy)** [24] とよばれる量で，密度演算子 ρ を用いて

$$S(\rho) := -\mathrm{Tr}[\rho \log \rho] \tag{6.2}$$

と定義される．また (6.1) の n は，テンソル積 $\rho^{\otimes n}$ に現れる数である．

密度演算子 ρ を，その固有状態 $|a\rangle$（a は固有状態のラベル）と固有状態の確率分布 $p(a)$ で表すと，

$$\rho = \sum_a p(a)|a\rangle\langle a|, \qquad \rho|a\rangle = p(a)|a\rangle \tag{6.3}$$

となる（3.1 節を参照）．これを用いると，(6.2) は跡の定義から直ちに

$$S(\rho) = -\sum_a p(a) \log p(a) \tag{6.4}$$

となり，このことからフォンノイマン・エントロピーは，ρ の固有状態の確率分布 $\{p(a)\}$ に対するシャノン情報量と等しいことが分かる．

ここで，フォンノイマン・エントロピー $S(\rho)$ の数学的性質を掲げよう．それぞれの証明は自明だろう．

（1）正定値性

$$S(\rho) \geq 0 \tag{6.5}$$

（2）加法性

$$S(\rho \otimes \sigma) = S(\rho) + S(\sigma) \tag{6.6}$$

(3) ユニタリー不変性

$$S(U\rho U^\dagger) = S(\rho) \tag{6.7}$$

繰り返しになるが，状態 $\{|0\rangle, |1\rangle\}^{\otimes n}$ が密度演算子 ρ のときには，フォンノイマン・エントロピーの意味は，シャノン情報量と同じである．したがって，ρ の固有状態でない一般の場合に，どう拡張するかが問題となる．

ここでは，具体的なシューマッハ圧縮の例を用いて，量子状態が ρ の固有状態でないときのフォンノイマン・エントロピーの意味を，情報圧縮の観点から見てみよう．大まかにいうと，量子状態をユニタリー変換で ρ の固有状態にもっていき，そこでシャノン圧縮すれば，シューマッハ圧縮ができる．

6.1.2 シューマッハ圧縮の簡単な例 [24]

具体的に，1 qubit の状態を表す密度演算子 ρ とユニタリー変換 U で密度演算子 ρ を対角化した $\bar{\rho}$

$$\left.\begin{array}{c} \rho(\theta) = U(\theta)\bar{\rho}U^\dagger(\theta) = \begin{pmatrix} \frac{3}{4}c^2 + \frac{1}{4}s^2 & \frac{1}{2}cs \\ \frac{1}{2}cs & \frac{1}{4}c^2 + \frac{3}{4}s^2 \end{pmatrix} \\ U(\theta) = \begin{pmatrix} c & -s \\ s & c \end{pmatrix}, \bar{\rho} = \begin{pmatrix} \frac{3}{4} & 0 \\ 0 & \frac{1}{4} \end{pmatrix}, U^\dagger(\theta) = \begin{pmatrix} c & s \\ -s & c \end{pmatrix} \\ (\text{ただし，} c := \cos\frac{\theta}{2}, s := \sin\frac{\theta}{2}) \end{array}\right\} \tag{6.8}$$

に対して，4個の i.i.d. である $\rho^{\otimes 4}$ をシューマッハ圧縮してみよう．手順は次の通りである．

(1) $U^{\otimes 4}$ を行って，$\rho^{\otimes 4}$ の固有状態をつくる

ρ の固有状態は $\bar{\rho}^{\otimes 4}$ になるので，(6.8) より $|0\rangle$ の状態になる確率

が $p = 3/4$, $|1\rangle$ の状態になる確率が $1 - p = 1/4$ になる．シャノン圧縮に倣って，符号化を行おう．

（2）**符号化を行う**

表 6.1 の文字に対して符号化を行う（符号化の手順は，4.1.2 項を参照）．ここで量子通信では，q_i の 2 進数表示の代わりに辞書式[†2]を用いる．

表 6.1 符号化

文字	p_i	$-\log_2 p_i$	$[-\log_2 p_i]$	辞書式	符号
0000	$p^4 = 0.316$	1.66	1	0000	[0]
0001	$p^3(1-p) = 0.105$	3.35	3	0001	[001]
0010	同上	同上	3	0010	[010]
0100	同上	同上	3	0011	[011]
1000	同上	同上	3	0100	[100]
0011	$p^2(1-p)^2 = 0.035$	4.83	4	0101	[0101]
0101	同上	同上	4	0110	[0110]
0110	同上	同上	4	0111	[0111]
1001	同上	同上	4	1000	[1000]
1010	同上	同上	4	1001	[1001]
1100	同上	同上	4	1010	[1010]

また，表 6.1 に現れない，1 が 3 個以上出る文字は打ち切って，そもそも送らないことにする．そうすると，この圧縮法による平均的圧縮率は

$$R = -\sum_i p_i \log_2 p_i = 2.90 \tag{6.9}$$

となり，これは理想的なシューマッハ圧縮率 $4S(\rho) = 3.245$ より少し小さい．

---

†2 **辞書式並べ方**とは，同じ桁の数字に順序をつける方法の 1 つである．2 進法だと，2 つの数字を比較したとき左から読んで，はじめて異なる数字が 0 のものを先に，1 のものを後に並べる．より一般的な例としては，日付の書式に関する ISO 8601 規格が挙げられる．この規格では日付は YYYYMMDD（Y は年，M は月，D は日を表す）という書式によって表され，アインシュタインの誕生日は，18790314 となる．

（３）**復号化を行う**

表 6.1 の一番右にある「符号」のうち，符号が 1 〜 3 桁のものに対して，はじめに 0 を追加してすべて 4 ビットにする．その後，辞書を逆向きに引いて，表の 1 番左の文字を再現する．

ここで，本質的ではないが注意が必要になる．符号に要するビット数については，古典通信で別途送る必要がある．例えば [010] なら (3)[010] のように，[010] を量子通信で送る前に 3 ビットの塊を送ると宣言する必要がある．そうしないと，符号の切れ目が分からなくなり，複合化できない．

（４）$(U^\dagger)^{\otimes 4}$ **を行う**

(6.8) からはじめの密度演算子に戻して復号化を完了する．

ここで，シューマッハ圧縮の本質が，密度演算子の固有状態におけるシャノン圧縮であることを喝破すれば，その最大圧縮率がフォンノイマン・エントロピー $S(\rho)$ で与えられることが理解できる．

6.1.3　シューマッハ圧縮の定理

第 4 章で述べたシャノンの最適符号化定理の証明と同様に，シューマッハ圧縮の定理も考えられる．まずは，典型列の定理 (4.29) の量子版を見てみよう．

【定理】　典型列の定理の量子版

密度演算子 ρ の固有状態を $|a_1\rangle, |a_2\rangle, \cdots, |a_N\rangle$ とし，その固有値を $p(a_1), p(a_2), \cdots, p(a_N)$ としよう．その列 $a_1, a_2, \cdots, a_N$ が実現する確率は，それぞれの確率の積 $p(a_1)p(a_2)\cdots p(a_N)$ であることに留意して，その列の中で次の不等式を充たすものを ϵ - **典型列** (ϵ - **typical sequences**) とよぶ．

6.1 フォンノイマン・エントロピー

$$\left| -\frac{\log[p(a_1)p(a_2)\cdots p(a_N)]}{N} - S(\rho) \right| \leq \epsilon \tag{6.10}$$

ここで $S(\rho)$ は，フォンノイマン・エントロピー，ϵ は正の小さい実数である．

ϵ-典型列に対応したヒルベルト空間の部分空間 $T(N,\epsilon)$ を ϵ-**典型部分空間** (ϵ-**typical subspace**) とよぼう．そして，ϵ-典型部分空間への射影演算子 $P(N,\epsilon)$ を次のように定義する．

$$P(N,\epsilon) := \sum_{a_1, a_2, \cdots, a_N \in T(N,\epsilon)} |a_1\rangle\langle a_1| \otimes |a_2\rangle\langle a_2| \otimes \cdots \otimes |a_N\rangle\langle a_N| \tag{6.11}$$

$\mathrm{Tr}[P(N,\epsilon)\rho^{\otimes N}] = p(a_1)p(a_2)\cdots p(a_N)$ であることに注意すると，次の (1)〜(3) の不等式が証明できる．シャノン圧縮のときと同様に，それぞれの不等式は，任意の $\epsilon > 0$ と $\delta > 0$ ($N \gg 1$) に対して成り立つ．

(1)
$$\mathrm{Tr}[P(N,\epsilon)\rho^{\otimes N}] \geq 1 - \delta \tag{6.12}$$

(2)
$$(1-\delta)2^{N[S(\rho)-\epsilon]} \leq |T(N,\epsilon)| \leq 2^{N[S(\rho)+\epsilon]} \tag{6.13}$$

ただし，ここで $|T(N,\epsilon)| := \dim[T(N,\epsilon)] = \mathrm{Tr}[P(N,\epsilon)]$ である．

(3) シューマッハ圧縮率を R として，$R < S(\rho)$ の場合を考えよう．ρ が作用するヒルベルト空間を $\mathcal{H}$ として，$\mathcal{H}^{\otimes N}$ の中のたかだか 2^{NR} 次元の部分空間への射影演算子を $Q(N)$ とすると，次式が成り立つ．

$$\mathrm{Tr}[Q(N)\rho^{\otimes N}] \leq \delta \tag{6.14}$$

つまり，少なすぎるキュービット数では，シューマッハ圧縮は成立しない．逆に $R > S(\rho)$ の場合に，それは成立する．

フォンノイマン・エントロピー $S(\rho)$ とシャノン情報量 H は，各々圧縮されたヒルベルト空間の次元 $|T(N,\epsilon)|$ や典型列の数とよく対応している．以上により，フォンノイマン・エントロピー $S(\rho)$ の情報操作的な意味付けができたことになる．

【定理】 雑音のない場合のシューマッハ最適圧縮の定理

与えられた密度演算子 ρ に対して，$R(>S(\rho))$ の割合で圧縮する信頼できる符号化が存在し，$R(<S(\rho))$ の割合の場合には存在しない．

証明は，7.4.2 項の「エンタングルメント忠実度の応用例」で与える．

6.2 量子相対エントロピー

相対エントロピー (4.36) の量子版を

$$S(\rho||\sigma) := \mathrm{Tr}[\rho\log\rho - \rho\log\sigma] \tag{6.15}$$

と定義し，これを**量子相対エントロピー** (quantum relative entropy) とよぶ．これは，古典情報における相対エントロピーと同様に，現実の状態 ρ が告知された状態 σ とどれだけ違うかを表す指標である．ρ と σ の役割は，古典情報のときと同様に，情報理論的な意味においても数式においても対等ではないので注意してほしい．

量子相対エントロピーは梅垣壽春によって導入され，その後重要な量であることが広く認識された．ここで $S(\rho||\sigma)$ の数学的性質を3つ述べよう．

（1） 正定値性

$$S(\rho||\sigma) \geq 0 \tag{6.16}$$

【証明】 密度演算子 ρ と σ を，それぞれの固有状態 $|i\rangle$，$|j\rangle$ と確率 p_i, q_j を用いて次のようにおく．

$$\left.\begin{array}{l}\rho = \sum_i p_i|i\rangle\langle i|, \quad \rho|i\rangle = p_i|i\rangle \\ \sigma = \sum_j q_j|j\rangle\langle j|, \quad \sigma|j\rangle = q_j|j\rangle\end{array}\right\} \quad (6.17)$$

このとき，量子相対エントロピーは次式のように表せる．

$$\begin{aligned}S(\rho||\sigma) &= \sum_i \langle i|\rho \log \rho|i\rangle - \sum_i \langle i|\rho \log \sigma|i\rangle \\ &= \sum_i p_i \log p_i - \sum_i \log q_j |\langle j|i\rangle|^2\end{aligned} \quad (6.18)$$

ここで，

$$\langle i|\rho \log \sigma|i\rangle = \sum_j \langle i|\log \sigma|j\rangle\langle j|i\rangle = \sum_j \log q_j |\langle j|i\rangle|^2 \quad (6.19)$$

である．

次に行列 P_{ij} を導入して，$P_{ij} = |\langle j|i\rangle|^2$ と書くと，対数関数の凹性（図 4.3 を参照）から (6.18) は

$$\begin{aligned}S(\rho||\sigma) &= \sum_i p_i \left(\log p_i - \sum_j P_{ij} \log q_j\right) \\ &\geq \sum_i p_i \left[\log p_i - \log\left(\sum_j P_{ij} q_j\right)\right]\end{aligned} \quad (6.20)$$

を得る．$P_{ij} = |\langle j|i\rangle|^2$ が正であり，かつ $\sum_i P_{ij} = \sum_i |\langle j|i\rangle|^2 = 1$ であるので，P_{ij} は確率行列である．

したがって，古典相対エントロピーに対する混合定理（3.3 節を参照）を適用することができる．合成確率を $r_i = \sum_j P_{ij} q_j$ とおくと，

$$S(\rho||\sigma) = \sum_i p_i \log \frac{p_i}{r_i} \geq 0 \quad (6.21)$$

となり，確かに量子相対エントロピーが正定値であることが証明された．等号成立は $r_i = p_i$ の場合，言い換えると $P_{ij} = \delta_{ij}$ かつ $p_i = q_i$，すなわち $|i\rangle = |j\rangle$ かつ $\rho = \sigma$ の場合に限る．∎

（2）**加法性**

量子系 A (B) の密度行列を ρ_A (ρ_B) などと表すと，

$$S(\rho_A \otimes \rho_B || \sigma_A \otimes \sigma_B) = S(\rho_A || \sigma_A) + S(\rho_B || \sigma_B) \quad (6.22)$$

が成り立つ．

(3) **ユニタリー不変性**

$$S(U\rho U^\dagger || U\sigma U^\dagger) = S(\rho||\sigma) \tag{6.23}$$

(2)と(3)は自明だろう．その他の重要な性質については，次節で述べる．

> **演習問題 6** 温度の異なるボルツマン分布に対する量子相対エントロピーを計算せよ．

【解答例】 宣告された量子状態 $\sigma = \dfrac{e^{-\beta H}}{Z} \cdot Z = \mathrm{Tr}[e^{-\beta H}]$ と実際の量子状態 ρ の間の量子相対エントロピー $S(\rho||\sigma) = \dfrac{e^{-\beta_0 H}}{Z_0} \cdot Z_0 = \mathrm{Tr}[e^{-\beta_0 H}]$ は

$$\begin{aligned}
S(\rho||\sigma) &:= \mathrm{Tr}[\rho(\log\rho - \log\sigma)] \\
&= \mathrm{Tr}\left[\frac{e^{-\beta H}}{Z}\left(\log\frac{e^{-\beta H}}{Z} - \log\frac{e^{-\beta_0 H}}{Z_0}\right)\right] \\
&= \mathrm{Tr}\left[\log\frac{e^{-\beta H}}{Z}(-\beta H - \log Z + \beta_0 H) + \log Z_0\right] \\
&= -\beta E - \log Z + \beta_0 E + \log Z_0
\end{aligned}$$

となる．ただし，$E := \mathrm{Tr}\left[\dfrac{e^{-\beta H}}{Z}H\right]$ は内部エネルギーである．

ここで，自由エネルギー F は，$F = -\dfrac{1}{\beta}\log Z$ などと書けるから，上式の右辺は

$$\begin{aligned}
S(\rho||\sigma) &= -\beta E + \beta F + \beta_0(E - F_0) \\
&= \beta(F - E) - \beta_0(F_0 - E_0) + \beta_0(E - E_0) \\
&= -S + S_0 + \beta(E - E_0)
\end{aligned}$$

と書き換えられる．さらに温度の差が小さいときに，上式の右辺は，$\dfrac{\partial E}{\partial T}\dfrac{1}{2}\left(\dfrac{E - E_0}{T}\right)^2$ となるから，比熱 $\dfrac{\partial E}{\partial T}$ が正であれば，右辺も正となる．よって，すでに示した量子相対エントロピーの正値性と整合する．□

6.3 結合エントロピー

系 A と系 B を合わせた合成系を AB と書き，その密度演算子を ρ^{AB} としよう．この場合，合成系のフォンノイマン・エントロピーは

$$S(A,B) := -\text{Tr}[\rho^{AB} \log \rho^{AB}] \tag{6.24}$$

と定義するのが適切だろう．これを**結合エントロピー (joint entropy)** という．このとき，ρ^A を ρ^{AB} の B についての部分跡

$$\rho^A = \text{Tr}_B[\rho^{AB}] \tag{6.25}$$

とすると，そのフォンノイマン・エントロピーは

$$S(A) = -\text{Tr}[\rho^A \log \rho^A] \tag{6.26}$$

である．$S(B)$ も同様に定義できる．

このとき，次の不等式が成り立つ．

（1）劣加法性

$$S(A,B) \leq S(A) + S(B) \tag{6.27}$$

（2）三角不等式（**Araki - Lieb の不等式**）

$$S(A,B) \geq |S(A) - S(B)| \tag{6.28}$$

（3）凹性

p_i を $0 \leq p_i \leq 1$, $\sum_i p_i = 1$ としたとき，$\rho = \sum_i p_i \rho_i$ に対して，次式が成り立つ．

$$\sum_i p_i S(\rho_i) \leq S(\sum_i p_i \rho_i) \tag{6.29}$$

（4） **強い劣加法性**

系 A, B, C の3つの合成系を考えたとき，次式が成り立つ．

$$S(A, B, C) + S(B) \leq S(A, B) + S(B, C) \tag{6.30}$$

これらの証明は込みいっているので，巻末の付録を参照してほしい [26]．

古典情報理論における条件付きエントロピー (4.40) と相互情報量 (4.41) と類似のものは，量子情報理論では以下のように定義できるが，操作的な意味は明らかでない．

（1） **条件付きエントロピー**

$$S(A|B) = S(A, B) - S(B) \tag{6.31}$$

（2） **相互情報量**

$$S(A : B) = S(A) + S(B) - S(A, B)$$
$$= S(A) - S(A|B) \tag{6.32}$$

（2）の相互情報量は，古典の場合，すなわち，(4.42) と同様に，量子相対エントロピー (6.15) を用いて

$$S(A : B) = S(\rho^{AB} || \rho^A \otimes \rho^B) \tag{6.33}$$

と書くことができる．つまり，相互情報量は合成系の状態 ρ^{AB} が独立な状態 ρ^A と ρ^B の単なる積からどれだけかけ離れているかを表す量である．

また，単調性とよばれる次の2つの不等式があり，条件が増えると不確かさが減るという直観に合致している（証明は巻末の付録を参照）．

（1）
$$S(\rho^A || \sigma^A) \geq S(\rho^{AB} || \sigma^{AB}) \tag{6.34}$$

(2) $$S(\mathrm{A}:\mathrm{BC}) \leq S(\mathrm{A}:\mathrm{B}) \tag{6.35}$$

いろいろな不等式が紹介されたので，最後にそれらの論理的関係を整理して，フローチャートにしてまとめる．上にあるのが一般的な不等式で，その下は上から導かれる．いわば，上ほど強い不等式で，下ほど弱い不等式ということになる．

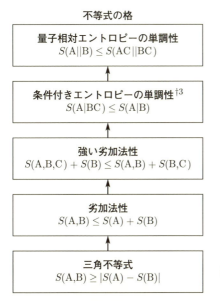

図 6.1 不等式の格についてのフローチャート

---

†3 これは相互情報量の定義 (6.32) のもととなる (6.35) と等価である．

第7章 量子測定理論

　第2章において，測定に関する公理（3）として「波束の収縮と確率解釈」という，コペンハーゲン解釈とよばれる標準的なものを掲げた．実験的に全て再現されているという意味でそれは正しいのだが，いつ，どうやって波束が収縮したのかという物理的な過程を考えると不自然さが残る．このことは，量子力学の創設以来問題になっていて，波動関数の解釈問題として論じられてきた．

　初期状態が純粋状態の場合に，測定に関する公理が述べていることを実験に即してイメージするには，同じく第2章で述べたシュテルン－ゲルラッハの実験が一番良いように思う．ある粒子のスピンの量子状態を準備し，それを測定するために粒子を非一様磁場に通して，スピンのアップの状態とダウンの状態のビームに分離させる．上向きに進むビームを検出すれば，状態はアップスピンに定まり，波束の収縮の特別な場合と解釈できる．

　ここで，上向きのビームにはアップスピン，下向きのビームにはダウンスピンの量子状態が乗っているので，全体はエンタングルした状態になっていることに留意しよう．シュテルン－ゲルラッハの実験において，測定とは非一様磁場によってエンタングルした状態をつくり，最後に重ね合わせ状態のうちの1つを物理的に選択することであるといえる．

　それでは，初期状態が純粋状態でない場合に，状態はどのように変化するのか考えてみよう．単純には，ある確率で純粋状態を打ち出す装置を想定して，それぞれの場合に上記の測定に関する公理を適用すればよいので，問題は単純なものの繰り返しに過ぎないように思える．しかし，3.3節の「シュレーディンガーの混合定理」のところで述べたように，同一の密度演算子 ρ を与える確率分布 $\{p_i\}$ と初期状態 $|i\rangle$ の組は無数にあるので，上記のように単純な方法で測定による量子状態の変化を記述することはできない．

ここで仕切り直しをして，測定による密度演算子 ρ の変化を最も一般的な形で特徴づけることを考えよう．それが終わった段階で，波束の収縮を改めて考えると，極めて強い特別な測定の場合であることが分かり，それを**射影測定**とよぶ．その他の場合は，いわば，より柔らかく状態を変化させる測定になっている．また，一般化された測定理論においては，被測定系と測定器系の状態がエンタングルする．

この章では，量子測定理論の一般論を述べる．そして第2章で述べた公理（3）の「波束の収縮」を修正する．まず，かなり一般性があると思われる**測定モデル**を立て，それから一般化測定の**クラウス表示**を示す．最後に，これらの測定が**完全正写像**から導出されることを示す [27]．

7.1　測定モデル

測定しようとする物理系（被測定系）をAとして，測定器系をBとよぼう．そして，その合成系ABは孤立系としよう．このような**測定モデル** (measurement model) を考えると，その合成系の時間発展は，第2章で述べた公理（2）によりユニタリー発展である．

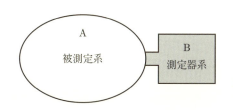

図 7.1 被測定系と測定器系の相互作用

測定前の被測定系の量子状態（密度演算子）を ρ_A とし，測定器系の初期状態を $|0\rangle_B \langle 0|$ としよう．そうすると，合成系の初期状態は $\rho_A \otimes |0\rangle_B \langle 0|$ となるだろう．

測定器のスイッチを入れると，被測定系と測定器系の相互作用がはたらく．その後，測定器のスイッチが切られ，測定が完了したときの合成系の量子状態は，そのユニタリー変換

$$\rho'_{AB} = U(\rho_A \otimes |0\rangle_B \langle 0|)U^\dagger \tag{7.1}$$

になる．

ここで，測定器系の状態は，測定によって $|0\rangle_B$ から $|n\rangle_B$ に遷移するとして，$\{|n\rangle_B\}$ は完全系をなすとしよう．我々が測定される物理系の状態にのみ興味があるとすると，その状態変化 $\Lambda : \rho_A \to \rho'_A$ は，ρ'_{AB} の部分跡を B についてとって

$$\rho'_A = \Lambda(\rho) = \mathrm{Tr}_B[U(\rho_A \otimes |0\rangle_B \langle 0|)U^\dagger] \tag{7.2}$$

と与えられる．

これを実用的な形に書き直そう．B についての跡を明示的に表せば，$\{|n\rangle_B\}$ の完全性を用いて，

$$\begin{aligned}\rho'_A &= \mathrm{Tr}_B[U(\rho_A \otimes |0\rangle_B \langle 0|)U^\dagger] \\ &= \sum_n [{}_B\langle n|U|0\rangle_B \rho_A {}_B\langle 0|U^\dagger|n\rangle_B] \\ &= \sum_n A_n \rho_A A_n^\dagger \end{aligned} \tag{7.3}$$

となる．これを**クラウス表示 (Kraus representations)** とよぶ．ここで**クラウス演算子 (Kraus operator)**

$$A_n := {}_B\langle n|U|0\rangle_B \tag{7.4}$$

は，合成系に対するユニタリー演算子の（B 系についての）部分的行列要素をとったもので，A 系に対しては演算子である．

また，U のユニタリー性から

$$\sum_n A_n^\dagger A_n = \mathbf{1} \tag{7.5}$$

を見てとれる[†1]. これを「**1の分割**」とみなすと,

$$E_n = A_n^\dagger A_n \tag{7.6}$$

は, 正値演算子に値をもつ測度とみなせる. これを **POVM** (**Positive Operator Valued Measure**) とよんでいる.

ここで,

$$p_n = \mathrm{Tr}[E_n \rho_A] \tag{7.7}$$

を計算しよう. A系の密度演算子を $\rho_A = \sum_a p_a |a\rangle_A \langle a|$ と表示すれば,

$$\begin{aligned}
\mathrm{Tr}[E_n \rho_A] &= \sum_a p_a [{}_A\langle a | A_n^\dagger A_n | a\rangle_A] \\
&= \sum_a p_a [{}_A\langle a |{}_B\langle 0| U^\dagger |n\rangle_{BB}\langle n| U |0\rangle_B |a\rangle_A]
\end{aligned} \tag{7.8}$$

となる. そして, 完全系の関係 $\sum_{a'} |a'\rangle_A \langle a'| = 1$ を (7.8) の真ん中に挿入して整理すると

$$p_n = \sum_{a,a'} |{}_A\langle a'|{}_B\langle n| U |a\rangle_A |0\rangle_B|^2 p_a \tag{7.9}$$

となる. 第2章で述べた公理 (3) である確率解釈を採用すれば, これは (被測定系の状態変化はどうであれ) 測定器の「メーター」が

$$|0\rangle_B \quad \to \quad |n\rangle_B \tag{7.10}$$

と遷移する確率を表す.

[†1] $\sum_n A_n^\dagger A_n = \sum_n [{}_B\langle 0| U^\dagger |n\rangle_B \langle n| U |0\rangle_B] = {}_B\langle 0|\mathbf{1}|0\rangle_B = \mathbf{1}$

7.2 量子操作に対するクラウス表示

7.2.1 量子操作

ここで，前節で述べた測定理論を改めて定式化し直そう．**量子操作** (**quantum operation**) Λ とは量子状態 ρ から $\Lambda(\rho)$ への写像であり，(7.3) で定義したクラウス表示をすれば次式のようになる．

$$\Lambda : \quad \rho \quad \mapsto \quad \rho' = \sum_n A_n \rho A_n^\dagger \tag{7.11}$$

ただし，クラウス演算子 A_n はユニタリティに起因する関係式

$$\sum_n A_n^\dagger A_n = \mathbf{1} \tag{7.12}$$

を充たすものとする．このために，写像 Λ は跡を保存する．

$$\mathrm{Tr}[\Lambda(\rho)] = 1 \tag{7.13}$$

このとき，POVM

$$E_n = A_n^\dagger A_n \tag{7.14}$$

を用いて，測定結果 n を得る確率は

$$p_n = \mathrm{Tr}[E_n \rho] \tag{7.15}$$

で与えられる．

ここまでを第 2 章で述べた公理 (3) の代わりとして採用し，**一般化測定** (**generalized measurement**) とよぼう．こうすると，いわゆる波束の収縮なるものは登場しなくて済む．もちろん，測定によって量子状態は変化するが，それは次章で述べる．

この抽象化した測定の記述は，実験結果を比較するのにも有用である．

例えば，ある人は磁場を用いて量子系を測定して，別の人は電場を用いて同じ量子系を測定したとする．そのクラウス演算子が同じものならば，本質的に同じ測定ということができる．

> **演習問題7** 被測定系 A の量子状態が ρ_A のとき，測定器系 B の測定後の状態 ρ'_B を求めよ．

【解答例】 A と B の合成系はユニタリー発展をするので，$\rho_A |0\rangle_B \langle 0|$ は $U\rho_A |0\rangle_B \langle 0| U^\dagger$ と変化する．A について部分跡をとれば，測定後の B の量子状態が得られる．すなわち次式のようになる．

$$\rho'_B = \mathrm{Tr}_A [U\rho_A |0\rangle_B \langle 0| U^\dagger] = \sum_{n,m} |n\rangle p_{nm} \langle m|$$

ここで，$p_{nm} = \mathrm{Tr}_A [\rho_A A_n^\dagger A_m]$ である．□

7.2.2 1キュービット系のクラウス表示

この章のはじめに，一般化測定は波束の収縮を伴う強い測定（**射影測定**(projective measurement)）と違って，柔らかい測定であると述べた．それを1キュービット系に対する一般化測定の例で見よう．以下，初期状態を

$$\rho = \frac{1}{2} \begin{pmatrix} 1+z & x-iy \\ x+iy & 1-z \end{pmatrix} := \frac{1}{2}(1 + \boldsymbol{r} \cdot \boldsymbol{\sigma}) \tag{7.16}$$

とする．ここで $\boldsymbol{r} = (x, y, z)$ は，大きさが1より小さい3次元実ベクトルであり，$\boldsymbol{\sigma}$ はパウリ行列 $\boldsymbol{\sigma} = (\sigma_x, \sigma_y, \sigma_z)$ である．

【ビットフリップ (bit flip)】 確率 p ($0 \leq p \leq 1$) で何もしなくて，確率 $1-p$ で $|0\rangle$ と $|1\rangle$ をひっくり返す（フリップする）操作を考えよう．すなわち，クラウス演算子を

$$A_0 = \sqrt{p} \begin{pmatrix} 1 & 0 \\ 0 & 1 \end{pmatrix} \quad : 何もしない \tag{7.17}$$

$$A_1 = \sqrt{1-p} \begin{pmatrix} 0 & 1 \\ 1 & 0 \end{pmatrix} \quad : |0\rangle と |1\rangle をフリップする \tag{7.18}$$

と選ぶ．ユニタリティ $A_0^\dagger A_0 + A_1^\dagger A_1 = \mathbf{1}$ は容易に確かめられるだろう．

このとき，測定後の状態は (7.11) より

$$\begin{aligned} \rho' &= A_0 \rho A_0^\dagger + A_1 \rho A_1^\dagger \\ &= \frac{1}{2} \begin{pmatrix} 1 + (2p-1)z & x - i(2p-1)y \\ x + i(2p-1)y & 1 - (2p-1)z \end{pmatrix} \end{aligned} \tag{7.19}$$

となる．すなわち，y, z 方向に $2p-1$ 倍になり，その方向にブロッホ球（図 3.1 を参照）は縮む（図 7.2）．

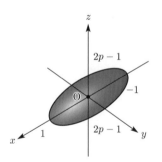

図 7.2 ビットフリップによる状態変化

【**位相フリップ (phase flip)**】 確率 p $(0 \leq p \leq 1)$ で何もしなくて，確率 $1-p$ で状態 $|1\rangle$ にのみマイナスを掛ける操作（これを**位相フリップ**とよぶ）を考えよう．すなわち，クラウス演算子を

$$A_0 = \sqrt{p} \begin{pmatrix} 1 & 0 \\ 0 & 1 \end{pmatrix} \quad : 何もしない \tag{7.20}$$

7.2 量子操作に対するクラウス表示　119

$$A_1 = \sqrt{1-p} \begin{pmatrix} 1 & 0 \\ 0 & -1 \end{pmatrix} : |1\rangle \text{にマイナスを掛ける} \quad (7.21)$$

と選ぶ．ユニタリティ $A_0^\dagger A_0 + A_1^\dagger A_1 = \mathbf{1}$ は容易に確かめられるだろう．

測定後の状態は (7.11) より

$$\begin{aligned}\rho' &= A_0 \rho A_0^\dagger + A_1 \rho A_1^\dagger \\ &= \frac{1}{2} \begin{pmatrix} 1+z & (2p-1)(x-iy) \\ (2p-1)(x+iy) & 1-z \end{pmatrix}\end{aligned} \quad (7.22)$$

となる．すなわち，x,y 方向に $2p-1$ 倍になり，その方向にブロッホ球は縮む (図7.3)．

(7.22) のように，量子状態の非対角成分が小さくなると，古典の状態に近くなる．これを**位相緩和 (dephasing)** ともよぶ．特に $p = 1/2$，つまり半分の確率でフリップしたりしなかったりすると，完全に古典化する．

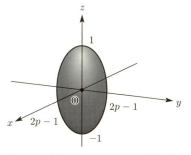

図 7.3 位相フリップによる状態変化

ここで述べた古典の状態については，説明が必要かもしれない．密度行列が対角型

$$\rho = \begin{pmatrix} p_0 & 0 \\ 0 & p_1 \end{pmatrix} \quad (0 \le p_0, p_1 \le 1, \quad p_0 + p_1 = 1) \quad (7.23)$$

の場合は，確率 p_0 で状態 $|0\rangle$，確率 p_1 で状態 $|1\rangle$ であることを意味するので，古典的な確率分布と同じことになる．ただし，これは基底ベクトルのとり方によるので，注意が必要である．

7.3 完全正写像 [27]

以上，測定モデルと測定のクラウス表示について述べた．前者については物理的な描像が明らかであり，後者は数式で明示的に与えられているので，使いものになる．7.1 節で示したように，この 2 つは同値であるが，問題は，これが量子測定の最も一般的な形であろうか，ということである．測定モデルの設定から相当一般性がありそうだという気がするが，厳密には次に述べる**完全正写像** (CP map, Completely Positive map) の議論によって一般性が担保される．

以下では，量子操作が完全正写像であるという，まず疑い得ないところから出発してクラウス表示を導出しよう．これがあるために，「どんな測定をしても○○の限界は越えられない」という類いの定理を述べることができるようになる．

7.3.1 完全正写像の定義と反例

まず言葉の定義からはじめよう．演算子 A が**正値演算子** (positive operator) であるとは，その固有値の全てが正またはゼロであるものをいい，$A \geq 0$ と書く．また，写像 Λ が**正写像** (positive map) であるとは，全ての正値演算子 A に対して $\Lambda(A) \geq 0$ である場合をいい，記号として $\Lambda \geq 0$ と書く．その意味で，**量子操作は，正値の密度演算子から密度演算子への写像なので，正写像**である．

正写像の例としては，転置がある．転置は固有値を変えないので，当然，正写像である．

しかし正写像というだけでは，量子操作に対して縛りが弱く，特に顕著な性格付けはできない．ここで，通常の実験での物理的な設定を考えてみよう．一般には，実験室の外の世界があり（それは隣の実験室かもしれない），それに影響を与えないように実験はなされる．言い換えると，外の世界に

対して量子操作は恒等作用素としてはたらく．それでも，確率解釈を考えれば，外の世界に対して自明に拡張された量子操作も正写像でなければならないだろう．

このことを厳密に述べるために数式で表現しよう．考えている量子系のヒルベルト空間を $\mathcal{H}_A$ とし，外の世界の量子状態全体は $\mathcal{H}_B$ であるとしよう．

> 【定義】 完全正写像
>
> 物理系 A にはたらく正写像 Λ_A を拡張して物理系 B にも作用させる．ただし，B に対しては恒等写像 $\mathbf{1}_B$ としてはたらくとする．このような写像の拡張を**自明な拡張** (trivial extention) とよぶ．
>
> このときヒルベルト空間の方も，物理系 A に対するヒルベルト空間 $\mathcal{H}_A$ は拡張されて，物理系 B に対するヒルベルト空間 $\mathcal{H}_B$ とのテンソル積のヒルベルト空間 $\mathcal{H}_A \otimes \mathcal{H}_B$ になる．
>
> このような状況で，正写像 Λ_A が全ての自明な拡張をしても正写像である場合に**完全正写像**とよぶ．すなわち，
>
> $$\Lambda_A \otimes \mathbf{1}_B \geq 0, \quad \forall \mathcal{H}_B \tag{7.24}$$
>
> の場合に完全正写像である．

ここで，「正写像ではあるが，完全正写像ではない例」として転置を挙げる．それを，1 キュービット系 A で説明しよう．1 キュービット系の転置は，先ほど述べたように，もちろん正写像である．これに，さらに 1 キュービット系 B を追加して，2 qubit としたとしよう．新たなキュービットについては，恒等作用とする．

以下，この 2 キュービット系 A, B に対する密度演算子の部分転置が正写像かどうかを調べて，反例を 1 つ挙げる．

純粋状態

$$|\psi\rangle = \frac{1}{\sqrt{2}}(|0\rangle_A \otimes |0\rangle_B + |1\rangle_A \otimes |1\rangle_B) \tag{7.25}$$

を，密度演算子の行列で表すと，次式のようになる．

$$\rho = \frac{1}{2} \underset{ii'}{\downarrow} \overbrace{\begin{pmatrix} 1 & 0 & 0 & \overline{1} \\ 0 & 0 & 0 & 0 \\ 0 & 0 & 0 & 0 \\ \underline{1} & 0 & 0 & 1 \end{pmatrix}}^{jj'} \tag{7.26}$$

ただし，基底を $(ii'), (jj') = (00), (01), (10), (11)$ にとり，上記の行列要素を $\rho_{ii',jj'}$ とした．なお，1 につけた上線・下線は，部分転置によって移動する行き先が分かり易いようにつけた，ここだけの印である．

A のキュービットについて部分転置をとれば[†2]，(7.26) の上（下）線のついた 1 が，次式の上（下）線のついた 1 に部分転置で移動する．

$$\Lambda \otimes \mathbf{1}_B(\rho) = \frac{1}{2} \begin{pmatrix} 1 & 0 & 0 & 0 \\ 0 & 0 & \underline{1} & 0 \\ 0 & \overline{1} & 0 & 0 \\ 0 & 0 & 0 & 1 \end{pmatrix} \tag{7.27}$$

この行列の固有値は，簡単な計算で分かるように $\frac{1}{2}, \frac{1}{2}, \frac{1}{2}, -\frac{1}{2}$ となり，負の固有値を 1 個含んでいる．したがって，転置は完全正写像でない．

この事実が，物理的に何を意味するかは定かでないが，強いていえば次のようにいえようか．転置は初期状態と終状態を取り換えることを意味するので，時間反転に対応するだろう．そのように考えると，部分転置は部分的時間反転というあり得ないことを意味するので，非物理的だろう．

[†2] 数式で表すと，$\rho_{ii',jj'} \to \rho_{ji',ij'}$ となる．

7.3.2 完全正写像とクラウス表示

これから完全正写像の具体的な表式としてクラウス表示を導く予定であるが，その準備として次の補題を証明しよう．

【補題】 基底を $|i\rangle_A \in \mathcal{H}_A$, $|i\rangle_B \in \mathcal{H}_B$ とし，以後重要な役割をする演算子 σ を

$$\sigma := \Lambda_A \otimes \mathbf{1}_B(|\alpha\rangle\langle\alpha|) \tag{7.28}$$

と定義する．ただし，ここで便宜的に導入した状態 $|\alpha\rangle$ は

$$|\alpha\rangle := \sum_i |i\rangle_A \otimes |i\rangle_B \tag{7.29}$$

である（$|i\rangle_A$ と $|i\rangle_B$ は規格化されていない）．

状態 $|\psi\rangle_A \in \mathcal{H}_A$ を，基底 $\{|i\rangle_A\}$ で複素係数 c_i として展開しよう．すなわち，数式で表すと次式のようになる．

$$|\psi\rangle_A = \sum_i c_i |i\rangle_A \tag{7.30}$$

これに対応して，状態 $|\psi\rangle_B \in \mathcal{H}_B$ を

$$|\psi\rangle_B = \sum_i c_i^* |i\rangle_B \tag{7.31}$$

と定義しよう．

大分，前置きが長くなったが，補題の内容は

$$\exists \sigma, \quad \langle\psi|_B \sigma |\psi\rangle_B = \Lambda(|\psi\rangle_A \langle\psi|) \tag{7.32}$$

である．

【証明】 (7.32) の左辺に，(7.28) と (7.29) を代入すると

$$\begin{aligned}
\langle\psi|_{\mathrm{B}}\sigma|\psi\rangle_{\mathrm{B}} &= \sum_{i,j}\langle\psi|i\rangle_{\mathrm{B}}\,\Lambda(|i\rangle_{\mathrm{A}}\langle j|)\langle j|\psi\rangle_{\mathrm{B}} \\
&= \sum_{i,j} c_i c_j^* \,\Lambda(|i\rangle_{\mathrm{A}}\langle j|) \\
&= \Lambda(|\psi\rangle_{\mathrm{A}}\langle\psi|) \quad\quad\quad\quad (7.33)
\end{aligned}$$

となる．よって (7.32) が示せた．■

ここで，Λ の完全正値性の仮定を用いると，密度演算子

$$\sigma = \Lambda_{\mathrm{A}} \otimes \mathbf{1}_{\mathrm{B}}(|\alpha\rangle\langle\alpha|) \quad\quad\quad\quad (7.34)$$

は正値演算子であることが分かる．したがって，σ の固有値は正であるので，規格化定数を含めた固有状態 $|s_i\rangle \in \mathcal{H}_{\mathrm{A}} \otimes \mathcal{H}_{\mathrm{B}}$ を定義することができて，

$$\sigma = \sum_i |s_i\rangle\langle s_i| \quad\quad\quad\quad (7.35)$$

と書ける[†3]．

ここで演算子 A_i を

$$A_i|\psi\rangle_{\mathrm{A}} = \langle\psi|_{\mathrm{B}}|s_i\rangle \quad\quad\quad\quad (7.36)$$

で定義しよう．これを用いると

$$\begin{aligned}
\langle\psi|_{\mathrm{B}}\,\sigma|\psi\rangle_{\mathrm{B}} &= \sum_i A_i|\psi\rangle_{\mathrm{A}}\langle\psi|_{\mathrm{A}}\,A_i^\dagger \\
&= \langle\psi|_{\mathrm{B}}\sum_i |s_i\rangle\langle s_i|\psi\rangle_{\mathrm{B}} \\
&= \sum_i \langle\psi|_{\mathrm{B}}|s_i\rangle\langle s_i|\psi\rangle_{\mathrm{B}} \quad\quad\quad\quad (7.37)
\end{aligned}$$

を得る．

[†3] 固有値 s_i に属する規格化された固有ベクトル $|\hat{s}_i\rangle = |s_i\rangle/\sqrt{s_i}$ を用いると，$\sigma = \sum_i s_i|\hat{s}_i\rangle\langle\hat{s}_i|$ と書ける．これは，固有値 s_i が全て正であることを前提にしている．仮に，負のものがあればクラウス表示に負の符号の項が混じることになる．

(7.37) と補題の結果を合わせると,

$$\Lambda(|\psi\rangle_A \langle\psi|_A) = \sum_i A_i |\psi\rangle_A \langle\psi|_A A_i^\dagger \qquad (7.38)$$

となり, Λ の凸線形性 ($\Lambda(\sum_i p_i \rho_i) = \sum_i p_i \Lambda(\rho_i)$) を仮定すれば, 量子操作 Λ のクラウス表示

$$\Lambda(\rho) = \sum_i A_i \rho A_i^\dagger \qquad (7.39)$$

に到達する.

さらに, 跡の保存

$$\text{Tr}[\Lambda(\rho)] = 1 \qquad (7.40)$$

を全ての ρ に要求すると, ユニタリティの関係

$$\sum_n A_n^\dagger A_n = \mathbf{1} \qquad (7.41)$$

を得る.

ここで述べた3つの表現「測定モデル」「クラウス表示」「完全正写像」は等価である. その中で「完全正写像」は, 写像の自明な拡張に対しても正写像であるという, 確固とした根拠をもっている点に強みがある. クラウス表示は実際的なので便利であり, 測定モデルは物理的描像が分かり易い.

7.4 量子状態間の距離としての忠実度

7.4.1 エンタングルメント忠実度

量子相対エントロピー $S(\rho||\sigma)$ は, 量子状態 ρ が σ からどれだけかけ離れているかを表すという意味で, 状態間の距離に似た概念である. ただし, 引数について非対称なので, 距離の公理を充たしてはいない.

そもそも，状態の違いを定量化する必要に迫られる場合は，与えられた初期状態に対して，何らかの量子操作を加えて終状態を得たときに，初期状態とどの程度違うかを明確にしたい場合であろう．言い換えると，終状態がどの程度，初期状態の情報を忠実に保持しているかの「忠実度 (fidelity)」が欲しい．具体例を挙げると，シューマッハ圧縮をしてから解凍して，どの程度元の状態に戻るかを定量化することが，符号化の効率を定義するために必要である．

一方，忠実度なるものが一意的に決まるはずもなく，目的に応じて便利なものを工夫するしかない．ここでは，**エンタングルメント忠実度 (entanglement fidelity)** を取り上げる．

まず，2つの純粋状態 $|\psi\rangle$ と $|\phi\rangle$ の間の「類似度」を

$$F(|\psi\rangle, |\phi\rangle) := |\langle\psi|\phi\rangle|^2 \tag{7.42}$$

と定義するのは自然だろう．2乗を採用したのは便利のためである．2つの純粋状態 $|\psi\rangle$ と $|\phi\rangle$ が物理的に同一，すなわち位相因子 $e^{i\chi}$ (χ は実数) を除いて等しい ($|\psi\rangle = e^{i\chi}|\phi\rangle$) ならば $F(|\psi\rangle, |\phi\rangle) = 1$ であり，互いに直交していればゼロである．

次にこれを2つの混合状態 ρ と σ の間の類似度に拡張しよう．一意的ではないが，例えば

$$F(\rho, \sigma) = \left(\text{Tr}\left[\sqrt{\rho^{1/2}\sigma\rho^{1/2}}\right]\right)^2 \tag{7.43}$$

が考えられる．これは，ρ が純粋状態 $|\psi\rangle\langle\psi|$ で，σ が混合状態の場合には

$$F(\psi, \sigma) = \langle\psi|\sigma|\psi\rangle \tag{7.44}$$

という簡単な形になり，両方とも純粋状態 $\rho = |\psi\rangle\langle\psi|$, $\sigma = |\phi\rangle\langle\phi|$ の場合には (7.42) に一致する．

このとき，**エンタングルメント忠実度**は，次式のように導入される．

7.4 量子状態間の距離としての忠実度

$$F(\rho, \mathcal{E}) := \sum_i |\text{Tr}[\rho E_i]|^2 \quad (7.45)$$

ここで $\mathcal{E}$ は完全正写像であり，E_i はそれに対応する POVM である．量子操作 $\mathcal{E}$ のはたらきを詳しく書くと，A_i をクラウス演算子として，

$$\mathcal{E}(\rho) = \sum_i A_i \rho A_i^\dagger, \qquad E_i = A_i^\dagger A_i \quad (7.46)$$

となる．

このエンタングルメント忠実度 (7.45) は，密度演算子 ρ の**純粋化 (purification)**[†4]を行い

$$\rho = \text{Tr}_R(|R\psi\rangle\langle R\psi|) \quad (7.47)$$

とすれば，余分に導入した $|R\rangle$ の正体によらずに

$$F(\rho, \mathcal{E}) = F(|R\psi\rangle, \mathcal{E}) \quad (7.48)$$

のように，あるエンタングルした純粋状態 $|R\psi\rangle$ と，それに対して量子操作を行った結果の混合状態 $\mathcal{E}(|R\psi\rangle\langle R\psi|)$ の間の類似度に帰着させることができる．

証明は簡単である．エンタングルメント忠実度 (7.45) の定義から

$$F(|R\psi\rangle, \mathcal{E}) = \sum_i |\langle R\psi|E_i|R\psi\rangle|^2 \quad (7.49)$$

であるが，右辺に現れる量 $\langle R\psi|E_i|R\psi\rangle$ は，$|R\psi\rangle$ にシュミット表示[†5]

[†4] 混合状態 ρ を次元の高いヒルベルト空間に属する純粋状態の部分跡で表す数学的手続きを，"純粋化" とよんでいる．直接的に物理と対応はしない．
[†5] 任意の $2n$ 次元ベクトルは，基底を適切に選べば，同じ n 次元ベクトル 2 つの積を使って (7.49) の形に書くことができる．これを用いると，いろいろな式を証明するのに便利なことがある．

$$|R\psi\rangle = \sum_k \sqrt{p_k}|k\rangle \otimes |k\rangle \tag{7.50}$$

を代入すると,

$$\begin{aligned}
\langle R\psi|E_i|R\psi\rangle &= \sum_k p_k \langle k|E_i|k\rangle = p_k \operatorname{Tr}[|k\rangle\langle k|E_i] \\
&= \operatorname{Tr}\operatorname{Tr}_R\left(\sum_k \sqrt{p_k}|k\rangle\langle k|\right)\left(\sum_{k'}\sqrt{p_{k'}}|k'\rangle\langle k'|\right) \\
&= \operatorname{Tr}[\rho E_i] \tag{7.51}
\end{aligned}$$

になるので，(7.48) を示せる.

エンタングルメント忠実度は，**量子操作前の状態と後の状態の近さを与える 1 つの尺度である**．別の尺度もつくれるが，簡単で便利なので，以後これを採用する．

ここで，エンタングルメント忠実度 $F(\rho,\mathcal{E})$ と初期状態 ρ と終状態 $\mathcal{E}(\rho)$ の類似度

$$F(\rho,\mathcal{E}(\rho)) = \left(\operatorname{Tr}\left[\sqrt{\rho^{1/2}\mathcal{E}(\rho)\rho^{1/2}}\right]\right)^2 \tag{7.52}$$

を混同してはならない．実際，$F(\rho,\mathcal{E})$ は $F(\rho,\mathcal{E}(\rho))$ よりも小さい．このことは，新たに導入した外界の状態 $|R\rangle$ とのエンタングルメントを保持しつつ状態を変えないことの方が，単に該当する状態を変えないことより難しい，と直観的に理解できる．この不等式

$$F(\rho,\mathcal{E}) \leq F(\rho,\mathcal{E}(\rho)) \tag{7.53}$$

の証明は巻末の付録で与える．

演習問題 8 1 qubit の状態において，ビットフリップの操作 σ_x を確率 p で行う量子操作 $\mathcal{E}$ に対するエンタングルメント忠実度を計算せよ．

【解答例】 エンタングルメント忠実度は，密度演算子 ρ を $\rho = \frac{1}{2}(1 + \rho_x x + \rho_y y + \rho_z z)$ とおくと，定義 (7.45) より次式のようになる．

$$F(\rho, \mathcal{E}) = (1-p)|\text{Tr}[\rho]|^2 + p|\text{Tr}[\rho \sigma_x]|^2 = 1 - p + px^2$$

例えば $x = 1$ のときに，状態は純粋状態

$$\rho = \frac{1 + \sigma_x}{2} = |+\rangle\langle +|, \quad |+\rangle = \frac{1}{\sqrt{2}}(|0\rangle + |1\rangle)$$

となるが，この状態でビットフリップを行っても変わらないので，エンタングルメント忠実度は 1 である． □

7.4.2 エンタングルメント忠実度の応用例

応用例として，前章で述べたシューマッハ圧縮における符号化を**シューマッハ符号化** (**Schumacher's compression**) とよび，その信頼度をエンタングルメント忠実度を用いて評価しよう．すなわち，与えられた量子状態 ρ に対してシューマッハ符号化 $\mathcal{C}$ を行い，次に復号化 $\mathcal{D}$ して，どの程度元の状態に戻るかを評価する．

そのために，エンタングルメント忠実度 $F(\rho, \mathcal{D} \circ \mathcal{C})$ を用いて，「最適圧縮の定理」を証明しよう．ここで $\mathcal{D} \circ \mathcal{C}$ は，$\mathcal{C}$ に引き続いて $\mathcal{D}$ を行うことを意味する．

> 【定理】 雑音のない場合のシューマッハ最適圧縮の定理
> 　与えられた量子状態 ρ に対して，$R > S(\rho)$ の割合で圧縮する信頼できる符号化が存在するが，$R < S(\rho)$ の割合の場合には符号化できない．ここで $S(\rho)$ はフォンノイマン・エントロピーである．

【証明】 $R > S(\rho)$ と $R < S(\rho)$ の 2 通りに場合分けして証明しよう．
(前半) $R\ (> S(\rho))$ の場合には，$R > S(\rho) + \epsilon$ であるような正の数 ϵ が存在する．この不等式を充たす部分空間 $T(N, \epsilon)$ への射影演算子を $P(N, \epsilon)$ としよう．

そうすると，6.1.3項で述べた典型列の定理から，充分大きなサンプル数 N に対して，$\text{Tr}[\rho^{\otimes N} P(N,\epsilon)] > 1 - \delta$ かつ $\dim[T(N,\epsilon)] \leq 2^{NR}$ であるような，とある正の数 δ が選べることを思い出そう．

ここで，シューマッハ符号化 $\mathcal{C}$ を次のように構成する．まず，$P(N,\epsilon)$ に対応する射影測定を行うと，固有値1かゼロを得る．1ならば，それ以上は何もせず，ゼロならば $T(N,\epsilon)$ の直交補空間に射影されているはずなので，その基底 $|i\rangle$ を典型部分空間の中の，とある標準状態 $|0\rangle$ に置き換える．この符号化 $\mathcal{C}$ をクラウス表示すると

$$\mathcal{C}(\rho) = P(N,\epsilon)\rho P(N,\epsilon) + \sum_i A_i \rho A_i^\dagger \tag{7.54}$$

となる．ただし，クラウス演算子 A_i は $A_i = |0\rangle\langle i|$ である．$|i\rangle$ が $T(N,\epsilon)$ の直交補空間の正規直交基底であることから，

$$\sum_i |i\rangle\langle i| = 1 - P(N,\epsilon) \tag{7.55}$$

なので，

$$\begin{aligned} P(N,\epsilon)^2 + \sum_i A_i^\dagger A_i &= P(N,\epsilon) + \sum_i |i\rangle\langle i| \\ &= P(N,\epsilon) + (1 - P(N,\epsilon)) \\ &= 1 \end{aligned} \tag{7.56}$$

が成り立ち，ユニタリティが保証される．

$R \, (> S(\rho))$ の場合には，符号化した部分空間が典型部分空間を含むので，復号化 $\mathcal{D}$ は自明に恒等写像と選べば充分である．したがって，エンタングルメント忠実度

$$\begin{aligned} F(\rho, \mathcal{D} \circ \mathcal{C}) &= F(\rho, \mathcal{C}) \\ &= |\text{Tr}[\rho^{\otimes N} P(N,\epsilon)]|^2 + \sum_i |\text{Tr}[\rho^{\otimes N} A_i^\dagger A_i]|^2 \\ &\geq |\text{Tr}[\rho^{\otimes N} P(N,\epsilon)]|^2 > (1-\delta)^2 = 1 - 2\delta \end{aligned} \tag{7.57}$$

を得る．N を充分大きくとれば，それに対応して δ をいくらでも小さくできるので，前半の証明ができたことになる．エンタングルメント忠実度が (7.57) のように表せるということは復号化できることなので，圧縮できる符号化が存在する．

(後半) $R \, (< S(\rho))$ の場合には，典型列定理の後半：$\mathcal{H}^{\otimes N}$ の中のたかだか 2^{NR} 次元の部分空間への射影演算子を $Q(N)$ とすると，

7.4 量子状態間の距離としての忠実度

$$\mathrm{Tr}[Q(N)\rho^{\otimes N}] \leq \delta \tag{7.58}$$

が成り立つ．一方，符号化 $\mathcal{C}_j$ と復号化 $\mathcal{D}_k$ に対して[†6]，エンタングルメント忠実度は

$$F(\rho, \mathcal{D} \circ \mathcal{C}) = \sum_{j,k} |\mathrm{Tr}[\mathcal{D}_k \mathcal{C}_j \rho^{\otimes N}]|^2 \tag{7.59}$$

と書ける．符号化 $\mathcal{C}_j$ たちによって 2^{RN} 次元の部分空間に射影されるが，復号化 $\mathcal{D}_k$ たちによって，さらにその中の部分空間に射影される．その射影演算子を $Q_k(N)$ と表そう．この射影演算子 $Q_k(N)$ を挟み込むと，右辺は明らかに

$$F(\rho, \mathcal{D} \circ \mathcal{C}) = \sum_{jk} |\mathrm{Tr}[Q_k(N)\mathcal{D}_k \mathcal{C}_j \rho^{\otimes N}]|^2 \tag{7.60}$$

とも表せる．

不等式に関するコーシー–シュワルツの定理から，エンタングルメント忠実度を，次のように上からおさえることができる．

$$\begin{aligned} F(\rho, \mathcal{D} \circ \mathcal{C}) &= \sum_{j,k} |\mathrm{Tr}[Q_k(N)\mathcal{D}_k \mathcal{C}_j \rho^{\otimes N}]|^2 \\ &\leq \sum_{j,k} \mathrm{Tr}[Q_k(N)\rho^{\otimes N}] \mathrm{Tr}[\mathcal{D}_k \mathcal{C}_j \rho^{\otimes N} \mathcal{C}_j^\dagger \mathcal{D}_k^\dagger] \end{aligned} \tag{7.61}$$

ここで，典型列定理の後半 (7.58) を本質的に用いると，

$$\begin{aligned} F(\rho, \mathcal{D} \circ \mathcal{C}) &\leq \sum_{j,k} \mathrm{Tr}[Q_k(N)\rho^{\otimes N}] \mathrm{Tr}[\mathcal{D}_k \mathcal{C}_j \rho^{\otimes N} \mathcal{C}_j^\dagger \mathcal{D}_k^\dagger] \\ &\leq \delta \sum_{j,k} \mathrm{Tr}[\mathcal{D}_k \mathcal{C}_j \rho^{\otimes N} \mathcal{C}_j^\dagger \mathcal{D}_k^\dagger] = \delta \end{aligned} \tag{7.62}$$

となる．最後の等式で，符号化と復号化 $\mathcal{D} \circ \mathcal{C}$ を続けて行う量子操作における跡の保存を用いた．

したがって，N が充分大きければ δ をいくらでも小さくとれるので，シューマッハの最適圧縮の定理の後半が証明できたことになる．すなわち $R \ (< S(\rho))$ の場合には，信頼できる圧縮の符号化ができない．

以上をまとめよう．圧縮しすぎると，元の情報が失われ復号化できない．その限界がフォンノイマン・エントロピーで与えられる．また，その情報が失われるかどうかの判定基準を，エンタングルメント忠実度が与える．■

[†6] 前半は復号化できることを主張すればよいので，1つの $\mathcal{C}$ と1つの $\mathcal{D}$ で充分である．後半はどうやっても復号化できないことを示すので，$\mathcal{C}_j, \mathcal{D}_k$ と表し，多数用意した．

7.5 量子状態間の距離

7.5.1 代表的な関係式

いままで，量子操作後の量子状態がどの程度はじめの状態を保っているかを調べた．しかし，一般的に2つの量子状態 ρ, σ 間の距離を必要とすることがあるかもしれない．いくつかのものが提案されているが，ここで代表的なものだけを紹介しよう．

（1）**跡距離** (**trace distance**)

$$D(\rho, \sigma) = \frac{1}{2}\mathrm{Tr}[|\rho - \sigma|] \tag{7.63}$$

ここで，$|A| := \sqrt{A^\dagger A}$ を表す．

（2）**ビュール距離** (**Bures distance**)

$$\begin{aligned}B^2(\rho, \sigma) &= 1 - F(\rho, \sigma) \\ &= 1 - \left(\mathrm{Tr}\left[\sqrt{\rho^{1/2}\sigma\rho^{1/2}}\right]\right)^2\end{aligned} \tag{7.64}$$

ここで，$F(\rho, \sigma)$ は状態 ρ と σ の類似度を表す．

> **演習問題 9** 1 qubit のブロッホベクトル $\boldsymbol{r}$ と $\boldsymbol{s}$ で表せる状態の間の跡距離とビュール距離を求めよ．

【解答例】 跡距離からはじめよう．量子状態 ρ, σ は，(3.6) より

$$\left.\begin{aligned}\rho &= \frac{1}{2}[1 + \boldsymbol{r} \cdot \boldsymbol{\sigma}] \\ \sigma &= \frac{1}{2}[1 + \boldsymbol{s} \cdot \boldsymbol{\sigma}]\end{aligned}\right\}$$

と書けるので，跡距離は

$$D(\rho,\sigma) = \frac{1}{2}\text{Tr}[|\rho-\sigma|] = \frac{1}{2}\text{Tr}\left[\sqrt{(\rho-\sigma)^2}\right]$$
$$= \frac{1}{2}\text{Tr}\left[\sqrt{\frac{1}{2}[(\boldsymbol{r}-\boldsymbol{s})\cdot\boldsymbol{\sigma}]^2}\right]$$
$$= \frac{1}{2}\text{Tr}\left[\frac{1}{2}|\boldsymbol{r}-\boldsymbol{s}|\right]$$
$$= \frac{1}{2}|\boldsymbol{r}-\boldsymbol{s}|$$

となり，ブロッホ球内のユークリッド的距離（の半分）になっている．

ビュール距離は少し面倒であるが，量子状態 ρ として対角行列を選ぶと，$\rho^{1/2}$ を計算しやすいので便利だろう．そのために，$\boldsymbol{r}=(0,0,\cos\psi)$，$\boldsymbol{s}=(s_x,0,s_z)$ とおけば

$$\rho = \frac{1}{2}(1+\cos\psi\cdot\sigma_z) = \begin{pmatrix} \cos^2\dfrac{\psi}{2} & 0 \\ 0 & \sin^2\dfrac{\psi}{2} \end{pmatrix}$$

$$\rho^{1/2} = \begin{pmatrix} \cos\dfrac{\psi}{2} & 0 \\ 0 & \sin\dfrac{\psi}{2} \end{pmatrix}$$

となる．一方，σ の方は

$$\sigma = \frac{1}{2}(1+\boldsymbol{r}\cdot\boldsymbol{\sigma}) = \frac{1}{2}\begin{pmatrix} 1+s_z & s_x \\ s_x & 1-s_z \end{pmatrix}$$

と書けるので

$$\rho^{1/2}\sigma\rho^{1/2} = \frac{1}{2}\begin{pmatrix} (1+s_z)\cos^2\dfrac{\psi}{2} & s_x\cos\dfrac{\psi}{2}\sin\dfrac{\psi}{2} \\ s_x\cos\dfrac{\psi}{2}\sin\dfrac{\psi}{2} & (1-s_z)\sin^2\dfrac{\psi}{2} \end{pmatrix}$$

と明示的に表せる．

行列 $\rho^{1/2}\sigma\rho^{1/2}$ の 2 つの固有値 $\lambda_\pm$ は，2λ に対する固有値方程式

$$0 = \begin{vmatrix} (1+s_z)\cos^2\dfrac{\psi}{2} - 2\lambda & s_x \cos\dfrac{\psi}{2}\sin\dfrac{\psi}{2} \\ s_x \cos\dfrac{\psi}{2}\sin\dfrac{\psi}{2} & (1-s_z)\sin^2\dfrac{\psi}{2} - 2\lambda \end{vmatrix}$$

$$= 4\lambda^2 - 2\lambda(1 + s_z \cos\psi) + \frac{\sin^2\dfrac{\psi}{2}}{4}(1-\bm{s}^2)$$

$$= 4\lambda^2 - 2\lambda(1+\bm{r}\cdot\bm{s}) + \frac{(1-\bm{r}^2)}{4}(1-\bm{s}^2) \qquad (7.65)$$

の解であり，固有値と跡の関係より $\mathrm{Tr}\left[\sqrt{\rho^{1/2}\sigma\rho^{1/2}}\right] = \sqrt{\lambda_+} + \sqrt{\lambda_-}$ なので,

$$\left(\mathrm{Tr}\left[\sqrt{\rho^{1/2}\sigma\rho^{1/2}}\right]\right)^2 = \left(\sqrt{\lambda_+} + \sqrt{\lambda_-}\right)^2$$
$$= \lambda_+ + \lambda_- + 2\sqrt{\lambda_+ \lambda_-}$$
$$= \frac{1+\bm{r}\cdot\bm{s}}{2} + \frac{\sqrt{1-\bm{r}^2}\sqrt{1-\bm{s}^2}}{2}$$

となる．ここで，2 次方程式 (7.65) の根と係数の関係を用いた．

したがって，ビュール距離は次式のようになる．

$$B^2(\rho,\sigma) = 1 - F(\rho,\sigma) = 1 - \left(\mathrm{Tr}\left[\sqrt{\rho^{1/2}\sigma\rho^{1/2}}\right]\right)^2$$
$$= \frac{1-\bm{r}\cdot\bm{s}}{2} - \frac{\sqrt{1-\bm{r}^2}\sqrt{1-\bm{s}^2}}{2} \qquad \square$$

以上述べたように，1 qubit の場合の跡距離については簡単な幾何学的描像があるが，(7.45) に定義したエンタングルメント忠実度については見当たらない．しかし，シューマッハの最適圧縮の定理の証明を代表として，数学的手段として有用である．

ビュール距離は，その表式が複雑なので，なじめないかもしれないが，純粋状態に限ると幾何学的な意味が見えてくる．量子状態をそれぞれ $\rho = |x\rangle\langle x|$, $\sigma = |y\rangle\langle y|$ とおくと，類似度 $F(\rho,\sigma)$ は,

$$\sqrt{\rho^{1/2}\sigma\rho^{1/2}} = |x\rangle\langle x||\langle x|y\rangle|, \qquad \mathrm{Tr}[\sqrt{\rho^{1/2}\sigma\rho^{1/2}}] = |\langle x|y\rangle|$$

より,

$$F(\rho,\sigma) = \text{Tr}[\rho^{1/2}\sigma\rho^{1/2}] = \text{Tr}[|x\rangle\langle x||y\rangle\langle y||x\rangle\langle x|]$$
$$= \text{Tr}[|x\rangle\langle x||\langle x|y\rangle|^2] \qquad (7.66)$$

となる.内積を $\langle x|y\rangle = \cos\frac{\theta}{2}e^{i\phi}$ と表せば $F = \cos\frac{\theta}{2}$ となり,状態 $|x\rangle$ と状態 $|y\rangle$ の一致度になっている.

このとき,ビュール距離 B 自体は

$$B^2 = 1 - F = 1 - \cos\frac{\theta}{2} = 2\left(\sin\frac{\theta}{4}\right)^2 \qquad (7.67)$$

となる.

ビュール距離が純粋状態の場合に簡単な意味付けができたので,混合状態の場合には,その純粋化をすれば見通しが良くなるだろう.量子状態 ρ は $|e_i\rangle$ を ρ の固有状態として,

$$|\psi\rangle_\rho := \sum_i \rho^{1/2}|e_i\rangle \otimes |e_i\rangle_B \qquad (7.68)$$

$$\text{Tr}_B[|\psi\rangle_\rho\langle\psi|_\rho] = \sum_i \rho^{1/2}|e_i\rangle\langle e_i|\rho^{1/2} = \rho \qquad (7.69)$$

と書くことができる.ここで $|e_i\rangle_B$ は,ヒルベルト空間を倍に拡大するときに付け加わる $|e_i\rangle$ と同じ形をした基底である.これにより類似度を

$$F(\rho,\sigma) = \text{Tr}[|\rho^{1/2}\sigma^{1/2}|] \geq |\text{Tr}[\rho^{1/2}\sigma^{1/2}]| = |\langle\psi_\rho|\psi_\sigma\rangle| \qquad (7.70)$$

と下からおさえられる.

したがって,ビュール距離は次式のようになる.

$$B^2 := 1 - \text{Tr}\left[\sqrt{\rho^{1/2}\sigma\rho^{1/2}}\right] \leq 1 - |\langle\psi_\rho|\psi_\sigma\rangle| \qquad (7.71)$$

この不等式が純粋状態における等式に対応している.

7.5.2 スピードリミット

ビュール距離の応用例として，Mandelstam‐Tamm の速度制限 (speed limit) を紹介しよう [28]．

シュレーディンガー方程式 $\hbar \frac{d|\psi(t)\rangle}{dt} = -iH|\psi(t)\rangle$ を微小時間 τ に対して

$$|\psi(t+\tau)\rangle - |\psi(t)\rangle = -iH|\psi(t)\rangle \frac{\tau}{\hbar} \tag{7.72}$$

と書いて，両辺のノルムをとれば，

$$2 - 2\operatorname{Re}[\langle \psi(t+\tau)|\psi(t)\rangle] = (\Delta E)^2 \left(\frac{\tau}{\hbar}\right)^2 \tag{7.73}$$

を得る．ここで，

$$(\Delta E)^2 := \langle \psi(t)|H^2|\psi(t)\rangle - (\langle \psi(t)|H|\psi(t)\rangle)^2 \tag{7.74}$$

はエネルギーの揺らぎ（の 2 乗）である．

(7.73) の左辺は，$2 - 2|\langle \psi(t+\tau)|\psi(t)\rangle|$ と下からおさえられるので

$$2 - 2|\langle \psi(t+\tau)|\psi(t)\rangle| \leq (\Delta E)^2 \left(\frac{\tau}{\hbar}\right)^2 \tag{7.75}$$

を得る．

(7.75) の左辺は，(7.71) より純粋状態 $|\psi(t+\tau)\rangle$ と $|\psi(t)\rangle$ との間のビュール距離（の 2 倍）に他ならないから，

$$B^2(\psi(t+\tau), \psi(t)) = 2 - 2|\langle \psi(t+\tau)|\psi(t)\rangle| \leq (\Delta E)^2 \left(\frac{\tau}{\hbar}\right)^2 \tag{7.76}$$

を得る．τ が有限時間の場合に，積分形で書けば，

$$B(\psi(\tau), \psi(0)) \leq \int_0^\tau \frac{\Delta E}{\hbar} \, dt \tag{7.77}$$

となる．これは状態の変化に要する時間の上限を与えている．

2つの混合状態 ρ, σ の間のビュール距離 $B(\rho, \sigma)$ は，それぞれを純粋化した状態 $|\psi\rangle_\rho, |\psi\rangle_\sigma$ の内積で評価できる[†7]．

したがって，ビュール距離の定義

$$B^2 := 1 - \text{Tr}\left[\sqrt{\rho^{1/2}\sigma\rho^{1/2}}\right] \leq 1 - |\langle\psi_\rho|\psi_\sigma\rangle| \quad (7.78)$$

に注意すると，次式のようになる．

$$B^2 = 1 - \text{Tr}\left[\sqrt{\rho^{1/2}\sigma\rho^{1/2}}\right] \leq 1 - |\langle\psi_\rho|\psi_\sigma\rangle| \leq \left(\frac{\Delta E\,\tau}{\hbar}\right)^2 \quad (7.79)$$

これを積分形で書き表せば，

$$B(\psi(\tau), \psi(0)) \leq \int_0^\tau \frac{\Delta E\,dt}{\hbar} \quad (7.80)$$

となり，純粋状態の場合と同じ形になる．

[†7] 状態 $|\psi\rangle_\rho$ の定義 (7.68) に時間依存性を導入して

$$|\psi\rangle_\rho := U(t)\sum_i \rho^{1/2}|e_i\rangle \otimes |e_i\rangle_\text{B}$$

とすると，$|\psi\rangle_\rho$ にもシュレーディンガー方程式

$$\hbar\frac{d}{dt}|\psi(t)\rangle_\rho = -iH|\psi(t)\rangle_\rho$$

が成り立つ．

ハイゼンベルク表示とシュレーディンガー表示

　素粒子・場の理論の研究者が好むハイゼンベルク描像では，物理量が時間発展をして，状態ベクトル $|\psi\rangle_H$ はその表現として現れる．一方，状態ベクトル $|\psi\rangle_S(t)$ の方が時間発展をするのがシュレーディンガー描像で，物性物理の研究者が慣れ親しんでいる．この2つの描像がユニタリー変換で結ばれて同値であることは，量子力学の標準的なテキストに書かれている．

$$|\psi\rangle_S(t) := e^{-i\frac{Ht}{\hbar}}|\psi\rangle_H$$

ここで，H はハミルトニアン演算子である．

　本書で採用しているように，量子情報分野ではシュレーディンガー表示を用いる人たちが多数派である．というか，ハイゼンベルク表示の記述はやりにくいが，なぜだろうか？　多分，状態ベクトルが情報を担っているので，その変化に興味をもつからだろう．

第8章

量子測定理論の応用

　前章で述べた量子測定理論は数学的であるので，物理的なイメージが掴みにくかったかもしれない．この章では，量子操作の重要な応用例をいくつか挙げよう．具体例から入って，それを一般化すると，数学的な理論の本質も見えるだろう．

8.1 量子操作のまとめ

　まず，前章で述べた量子操作をまとめておこう．

　量子操作 Λ とは量子状態 ρ から $\Lambda(\rho)$ への写像で，クラウス表示をすれば

$$\Lambda: \quad \rho \quad \mapsto \quad \rho' = \sum_n A_n \rho A_n^\dagger \tag{8.1}$$

と表せる．ただし，クラウス演算子 A_n はユニタリティに起因する関係式

$$\sum_n A_n^\dagger A_n = \mathbf{1} \tag{8.2}$$

を充たすものとする．このために，写像 $\Lambda: \rho \to \Lambda(\rho)$ は跡を保存する．

$$\mathrm{Tr}[\Lambda(\rho)] = 1 \tag{8.3}$$

　このとき，POVM

を用いて，測定結果 n を得る確率は

$$E_n = A_n^\dagger A_n \tag{8.4}$$

$$p_n = \text{Tr}[E_n \rho] \tag{8.5}$$

で与えられる．

ここで，重要な項目を追加しよう．測定前に測定器の目盛りが $|0\rangle$ を指していて，測定後に $|n\rangle$ を指していたのであれば，量子状態は

$$\rho \quad \to \quad \rho' = A_n \rho A_n^\dagger \tag{8.6}$$

に遷移する．さらに跡の保存 (8.3) を要請すれば，(8.6) は次式のようになる．

$$\rho \quad \to \quad \rho' = \frac{A_n \rho A_n^\dagger}{\text{Tr}[A_n \rho A_n^\dagger]} \tag{8.7}$$

この最後の式 (8.7) が波束の収縮仮説に近いので，この量子測定理論もコペンハーゲン解釈の範疇にあるのだろう．(8.7) の右辺の状態は，測定器の目盛り $|n\rangle$ を条件とした状態と解釈できるが，A_n が射影測定以外の場合は，右辺が純粋状態になっていないので波束の収縮とは異なる．

そこで，標準的な量子力学のテキストに書かれている射影測定の例を一般化測定理論の中に見つける目的で，射影測定に対応するクラウス演算子の具体例として

$$A_0 = \begin{pmatrix} 1 & 0 \\ 0 & 0 \end{pmatrix}, \quad A_1 = \begin{pmatrix} 0 & 0 \\ 0 & 1 \end{pmatrix} \tag{8.8}$$

を挙げることにしよう．ユニタリティ $A_0^\dagger A_0 + A_1^\dagger A_1 = \mathbf{1}$ は容易に確かめられるだろう．いまの例では，測定器の目盛り $|0\rangle$ に対応するクラウス演算子が A_0 なので，系の終状態は (8.6) より

$$\rho' = A_0 \rho A_0^\dagger \propto \begin{pmatrix} 1 & 0 \\ 0 & 0 \end{pmatrix} \qquad (8.9)$$

すなわち，純粋状態 $|0\rangle\langle 0|$ になる．これは，波束が $|0\rangle$ に収束したことを示す．

敷衍すれば，第 2 章で述べた公理 (3) の波束の収縮を，一般測定理論では，**測定器の目盛りの読みを条件付けとしてクラウス演算子が限定されること**としている．

8.2 量子操作に関する不等式

量子操作 Λ に対して，次の 3 つの不等式が成り立つ．

(1) 量子相対エントロピー $S(\rho||\sigma)$ は，量子操作 Λ をすると減少する．つまり，量子操作を行うと 2 つの状態 ρ と σ の区別がつきにくくなる．

$$S(\Lambda(\rho)||\Lambda(\sigma)) \leq S(\rho||\sigma) \qquad (8.10)$$

【証明】　A 系の密度演算子を ρ_A，B 系のそれを ρ_B，さらに AB 全体の密度演算子を ρ_{AB} などと表そう．そして，巻末の付録で証明した量子相対エントロピーの単調性

$$S(\mathrm{Tr}_B[\rho_{AB}]||\mathrm{Tr}_B[\sigma_{AB}]) \leq S(\rho_{AB}||\sigma_{AB}) \qquad (8.11)$$

において，

$$\rho_{AB} \quad \rightarrow \quad \rho'_{AB} = U(\rho_A \otimes |0\rangle_B\langle 0|)U^\dagger \qquad (8.12)$$
$$\sigma_{AB} \quad \rightarrow \quad \sigma'_{AB} = U(\sigma_A \otimes |0\rangle_B\langle 0|)U^\dagger \qquad (8.13)$$

と選ぼう．

(8.11) の左辺は，量子測定モデルから

8. 量子測定理論の応用

$$\mathrm{Tr}_\mathrm{B}[\rho'_\mathrm{AB}] = \Lambda(\rho_\mathrm{A}), \qquad \mathrm{Tr}_\mathrm{B}[\sigma'_\mathrm{AB}] = \Lambda(\sigma_\mathrm{A}) \tag{8.14}$$

なので，$S(\Lambda(\rho_\mathrm{A})||\Lambda(\sigma_\mathrm{A}))$ に等しい．次に (8.11) の右辺を計算すると，

$$S(\rho'_\mathrm{AB}||\sigma'_\mathrm{AB}) = S(\rho'_\mathrm{A}||\sigma'_\mathrm{A}) \tag{8.15}$$

となるので証明が完了する．■

（2）相互情報量 $S(\rho:\sigma)$ は量子操作 Λ をすると減少するので，情報は劣化する．これは，量子操作の悲観的側面を表す．

$$S(\Lambda(\rho):\Lambda(\sigma)) \leq S(\rho:\sigma) \tag{8.16}$$

【証明】 3つの量子系 A, B, C に対して成り立つ強い劣加法性[†1]

$$S(\mathrm{A},\mathrm{B},\mathrm{C}) + S(\mathrm{B}) \leq S(\mathrm{A},\mathrm{B}) + S(\mathrm{B},\mathrm{C}) \tag{8.17}$$

から出発する．(8.17) の両辺に $S(\mathrm{A})$ を加えると

$$S(\mathrm{A},\mathrm{B},\mathrm{C}) + S(\mathrm{B}) + S(\mathrm{A}) \leq S(\mathrm{A},\mathrm{B}) + S(\mathrm{B},\mathrm{C}) + S(\mathrm{A}) \tag{8.18}$$

となる．ここで，相互情報量の定義式 (4.41) を一部移項して得られる式

$$S(\mathrm{A}) + S(\mathrm{B}) = S(\mathrm{A}:\mathrm{B}) + S(\mathrm{A},\mathrm{B}) \tag{8.19}$$

と，そこにおいて B を B,C に置き換えた

$$S(\mathrm{A}) + S(\mathrm{B},\mathrm{C}) = S(\mathrm{A}:\mathrm{B},\mathrm{C}) + S(\mathrm{A},\mathrm{B},\mathrm{C}) \tag{8.20}$$

の2式を (8.18) に代入すると

$$S(\mathrm{A},\mathrm{B},\mathrm{C}) + S(\mathrm{A}:\mathrm{B}) + S(\mathrm{A},\mathrm{B})$$
$$\leq S(\mathrm{A},\mathrm{B}) + S(\mathrm{A}:\mathrm{B},\mathrm{C}) + S(\mathrm{A},\mathrm{B},\mathrm{C}) \tag{8.21}$$

を得る．そして，両辺にある同じ量を相殺すれば，相互情報量の単調性

[†1] $S(\mathrm{A},\mathrm{B},\mathrm{C})$ のように，引数が3つあるときは，2つの場合 $S(\mathrm{A},\mathrm{B})$ の B に B,C を代入したものとみなすとよい．以下同様．

$$S(\mathrm{A} : \mathrm{B}) \leq S(\mathrm{A} : \mathrm{B}, \mathrm{C}) \tag{8.22}$$

を得る．

ここから後は，(1) の量子相対エントロピーに関する定理の証明と同様である．C の状態 $\rho_\mathrm{C} = |0\rangle_\mathrm{C}\langle 0|$ に限定すれば，$S(\mathrm{A} : \mathrm{B}) = S(\mathrm{A} : \mathrm{B}, \mathrm{C})$ が成り立ち，相互情報量がユニタリー変換 U に対して不変であること

$$S(\mathrm{A}' : \mathrm{B}', \mathrm{C}') = S(\mathrm{A} : \mathrm{B}, \mathrm{C}) \tag{8.23}$$

に注意すれば，次式のようになる．

$$S(\mathrm{A}' : \mathrm{B}') \leq S(\mathrm{A}' : \mathrm{B}', \mathrm{C}') = S(\mathrm{A} : \mathrm{B}, \mathrm{C}) = S(\mathrm{A} : \mathrm{B}) \tag{8.24}$$

よって，$\mathrm{A}' = \Lambda(\rho)$, $\mathrm{B}' = \Lambda(\sigma)$, $\mathrm{A} = \rho$, $\mathrm{B} = \sigma$ と置き換えれば，証明が完了する．■

（3） (1) の量子相対エントロピーの単調性から直ちに導ける不等式

$$\chi(\Lambda(\rho)) \leq \chi(\rho) \tag{8.25}$$

について述べよう．ただし，$\chi(\rho)$ は**ホレボ量 (Holevo quantity)** とよばれるもので，密度演算子 ρ を，部分系 i の密度演算子 ρ_i が確率 p_i で得られるとした確率混合で表して，$\rho = \sum_i p_i S(\rho_i)$ としたとき，

$$\chi(\rho) := S(\rho) - \sum_i p_i S(\rho_i) \tag{8.26}$$

と定義される（$S(\rho)$ はフォンノイマン・エントロピー）．

ホレボ量は量子系を測定することによって得られる最大の古典情報量である（次節を参照）．

【証明】 ホレボ量の量子操作に対する単調性 (8.25) を見るには，ホレボ量を量子相対エントロピーの形に書き換えて

$$\chi(\rho) = S(\rho) - \sum_i p_i S(\rho_i) = \sum_i p_i \operatorname{Tr}[\rho_i \log \rho_i - \rho_i \log \rho]$$
$$= \sum_i p_i S(\rho_i \| \rho) \tag{8.27}$$

とすれば，相対エントロピーの単調性 (8.10) から直ちに導くことができる．∎

2つの不等式 (8.10), (8.16) は，量子操作によって，より状態の区別がつかなくなることを意味する．図 8.1 にその気持ちを描いてみた．

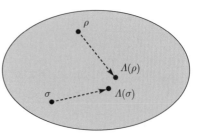

図 8.1 量子操作と状態区別

8.3 ホレボ限界

アリスが確率 p_x で状態 ρ_x を用意して，それをボブに送る．ボブはそれに対して POVM$\{E_y\}$ を与える量子操作を行い，古典情報 $Y = \{y\}$ を得る．そのとき，Y を知ることによる $X = \{x\}$ についての古典的知識量，すなわち**古典的相互情報量**[†2] $S_{\mathrm{cl}}(X:Y)$ の上限がホレボ量で与えられ，これを**ホレボ限界 (Holevo bound)** とよぶ．

実験によって得られる情報量 $S_{\mathrm{cl}}(X:Y)$ が大きい程良い実験ということになるので，それがホレボ限界に近ければ，満足すべき実験といえる．

まずは，ホレボ限界を数式で表してみよう．

【定理】 ホレボ限界

$$S_{\mathrm{cl}}(X:Y) \leq \chi(\rho) \tag{8.28}$$

[†2] これは (4.41) の相互情報量が「古典」であると明示したものである．S_{cl} の添字 cl は classical，すなわち古典的な量であることを示す．

等号成立は，状態たち ρ_x が全ての $x \in X$ に対して同時に用意できる場合に限る．

ここで，(8.28) の左辺は Y に依存するが，右辺のホレボ限界は Y に依存しないことに注意しよう．

【証明】 指標 x の集合を X とし，ρ をそれに対応する密度演算子 $|x\rangle\langle x|$ 全体とする．この部分は，指標 x をレジスターすることも量子的に記述すれば便利なので導入した，やや技巧的なものである．

また，実際の量子状態に対応する密度演算子の空間を Q としよう．そして，確率 p_x で量子状態 $\rho_x \in Q$ を用意して，初期状態

$$\rho = \sum_x p_x \rho_x \tag{8.29}$$

を用意する．さらに，メーターの指す値を技巧的に密度演算子で表し，その全体を M，メーターの初期状態を $|0\rangle\langle 0| \in M$ としよう．

そうすると，以上を合わせて，全系の初期状態を

$$\rho^{PQM} = \sum_x p_x |x\rangle\langle x| \underline{\rho_x |0\rangle\langle 0|} \in P \otimes Q \otimes M \tag{8.30}$$

と表すことができるだろう．ここで確率分布 $\{p_x\}$ は，初期状態を設定するために必要な古典情報であることに留意しよう．

次に，クラウス演算子 A_y で特徴付けられる測定 Λ を行う．これは，レジスター系 P には作用せず，(8.30) でアンダーラインを引いた Q と M だけに作用するとすれば，

$$\rho^{PQM} \xrightarrow{\Lambda} \sum_x p_x |x\rangle\langle x| \sum_y A_y \rho_x A_y^\dagger |y\rangle\langle y| \in P \otimes Q \otimes M \tag{8.31}$$

となる．これから，メーターの読みが y になる確率 p_y を計算することができる．

以下，レジスターの状態 P，被測定系の状態 Q と測定器の状態 M は，測定後にそれぞれ P', Q', M' に変わるものとする．初期設定の確率分布 $\{p_x\}$ と測定後のメーターの読みの確率 $\{p_y\}$ から計算できる古典相互情報量 $S(P, M')$ が，測定の有効性の指標を与えている．特に $S(P, M') = 0$ なら，メーターの読みが初期状態の設定と無関係であり，実験は無意味だったという極端なことになる．

初期状態 (8.29) を準備するために必要な P に関する情報と，測定値 M' から得

られる情報の間の相互情報量 $S(P:M')$ の理論的上限を求めよう．方針として，相互情報量の条件に関する単調性を使って，評価すべき量を初期設定 P, Q, M の間の相互情報量に置き換える．

具体的には，$S(P':Q',M') \geq S(P':M')$ として，左辺 $S(P':Q',M')$ の上限を求める．そのために相互情報量の量子操作についての単調性，$S(P:Q,M) \geq S(P':Q',M')$ を利用する．被測定系と測定器系を合わせた全体系の初期状態の設定から，測定器系 M の初期状態は $|0\rangle\langle 0|$ なので，自明に $S(P:Q) = S(P:Q,M)$ となる．

これらの不等式と等式をつなぎ合わせると，

$$S(P:Q) = S(P:Q,M) \geq S(P':Q',M') \geq S(P':M') \quad (8.32)$$

となる．最左辺が初期状態だけに依存して，量子測定 Λ に依存しない量であることに注意しよう．このことは，$S(P:Q)$ が全ての測定に対して，測定前の状態設定に必要な古典情報と測定によって得られたデータの間の相互情報量の上限であることを意味する．

ただし，(8.32) における $S(P':Q',M')$ などは，量子操作後の密度演算子 $\rho^{P'Q'M'}$ を用いて定義したものである．すなわち，

$$\rho^{P'Q'M'} = \Lambda(\rho^{PQM}) = \sum_{x,y} p_x |x\rangle\langle x| \otimes A_y \rho_x A_y^\dagger \otimes |y\rangle\langle y| \quad (8.33)$$

となる．これから

$$\begin{aligned}\rho^{P'M'} = \mathrm{Tr}_Q[\rho^{P'Q'M'}] &= \sum_{x,y} p_x\, p(y|x)|x\rangle\langle x| \otimes |y\rangle\langle y| \\ &= \sum_{x,y} p(x,y)|x\rangle\langle x| \otimes |y\rangle\langle y| \end{aligned} \quad (8.34)$$

を得る．ただし，POVM $E_y = A_y^\dagger A_y$ に対して，

$$p(y|x) = \mathrm{Tr}[E_y \rho_x] \quad (8.35)$$

は，状態が x であるときに y という測定結果を得る「条件付き確率」である．

ベイズ則 $p_x\, p(y|x) = p(x,y)$ を用いると，結合確率 p_{xy} と関係がついて (8.34) の最右辺を得る．したがって，次式のようになる．

$$\begin{aligned}S(P',M') = S(\rho^{P'M'}) &= -\sum_{x,y} p_{xy} \log p_{xy} \\ &= S_{\mathrm{cl}}(X,Y) \end{aligned} \quad (8.36)$$

以上の準備のもとに定理 (8.28) を証明しよう．不等式 (8.32) の最右辺は (8.36)

より $S(P':M') = S_{\mathrm{cl}}(X:Y)$ となる．一方，不等式 (8.32) の最左辺は，定義 (6.32) より

$$\begin{aligned}
S(P:Q) &= S(P) + S(Q) - S\left(\sum_x p_x |x\rangle\langle x| \otimes \rho_x\right) \\
&= S(\{p_x\}) + S(\rho) - \left(S(\{p_x\}) + \sum_x p_x S(\rho_x)\right) \\
&= S(\rho) - \sum_x p_x S(\rho_x) =: \chi(\rho)
\end{aligned} \quad (8.37)$$

のようになる．

以上より，$\chi(\rho) \geq S_{\mathrm{cl}}(X:Y)$ となり (8.28) が示せた．■

8.3.1 ホレボ限界の例題

具体例を用いて，ホレボ限界が成り立っていることを確認しよう．

初期状態が，確率 p_0, p_+ を用いて，密度演算子

$$\rho = p_0 |0\rangle\langle 0| + p_+ |+\rangle\langle +| \quad (8.38)$$

$$|+\rangle = \frac{|0\rangle + |1\rangle}{\sqrt{2}}, \qquad p_0 + p_+ = 1 \quad (8.39)$$

によって与えられるとしよう．ここで $|+\rangle$ は，もう 1 つの状態 $|0\rangle$ と直交していないところが，この状況設定のミソである．そして，この量子系の測定を行う POVM を

$$E_0 = |0\rangle\langle 0|, \qquad E_1 = |1\rangle\langle 1| \quad (8.40)$$

と選ぼう．この演算子の添字 0, 1 は，それぞれ測定器の読みに対応している．

状態準備に要する古典情報は，状態 $|0\rangle$ を用意する確率 p_0 と状態 $|+\rangle$ を用意する確率 p_+ を合わせた $X = \{p_0, p_+\}$ である．他方，測定を行って情報を得られる確率は，(8.5) から

$$\mathrm{Tr}[E_0 \rho] = p_0 + \frac{p_+}{2}, \qquad \mathrm{Tr}[E_1 \rho] = \frac{p_+}{2} \quad (8.41)$$

であるので，まとめて $Y = \left\{p_0 + \frac{p_+}{2}, \frac{p_+}{2}\right\}$ と書こう．さらに，用意され

た状態 $|0\rangle, |+\rangle$ それぞれに対応して，測定器の読みが $0,1$ である結合確率は，

$$XY = \left\{ p_{00} = p_0,\ p_{01} = 0,\ p_{+0} = \frac{p_+}{2},\ p_{+1} = \frac{p_+}{2} \right\} \tag{8.42}$$

である[†3]．

このとき，入力 X と出力 Y に関するシャノン情報量とそれらを合わせた結合事象に対応する結合エントロピーは，次のように与えられる．

$$\left.\begin{aligned}
S(X) &= -p_0 \log_2 p_0 - p_+ \log_2 p_+ \\
S(Y) &= -\left(p_0 + \frac{p_+}{2}\right) \log_2 \left(p_0 + \frac{p_+}{2}\right) - \frac{p_+}{2} \log_2 \frac{p_+}{2} \\
S(X,Y) &= -p_0 \log_2 p_0 - \frac{p_+}{2} \log_2 \frac{p_+}{2} - \frac{p_+}{2} \log_2 \frac{p_+}{2}
\end{aligned}\right\} \tag{8.43}$$

したがって，この測定で獲得し得る相互情報量は

$$\begin{aligned}
S(X:Y) &= S(X) + S(Y) - S(X,Y) \\
&= -p_+ \log_2 p_+ + \frac{p_+}{2} \log_2 \frac{p_+}{2} - \left(p_0 + \frac{p_+}{2}\right) \log_2 \left(p_0 + \frac{p_+}{2}\right) \\
&= -p_+ \log_2 p_+ + \frac{p_+}{2} \log_2 \frac{p_+}{2} - \left(1 - \frac{p_+}{2}\right) \log_2 \left(1 - \frac{p_+}{2}\right)
\end{aligned} \tag{8.44}$$

となる．

この相互情報量がホレボ量：

$$\left.\begin{aligned}
\chi &= -\mathrm{Tr}[\rho \log \rho] = -\lambda_+ \log \lambda_+ - \lambda_- \log \lambda_- \\
\lambda_\pm &= \frac{1 \pm \sqrt{1 - 2p_0 p_+}}{2} \quad \text{（密度演算子の固有値）}
\end{aligned}\right\} \tag{8.45}$$

[†3] $p_{00} = p_0 \mathrm{Tr}[|0\rangle\langle 0| E_0] = p_0$, $p_{01} = p_0 \mathrm{Tr}[|0\rangle\langle 0| E_1] = 0$, $p_{10} = p_+ \mathrm{Tr}[|+\rangle\langle +| E_0] = \frac{p_+}{2}$, $p_{11} = p_+ \mathrm{Tr}[|+\rangle\langle +| E_1] = \frac{p_+}{2}$

より確かに小さいことから，ホレボ限界が確認される．

演習問題 10 POVM を $E_0 = A_0^\dagger A_0$, $E_1 = A_1^\dagger A_1$ とし，クラウス演算子を $A_0 = |0\rangle\langle 0|$, $A_1 = |1\rangle\langle 1|$ としたとき，直交した2状態の混合

$$\rho = p_0|0\rangle\langle 0| + p_1|1\rangle\langle 1|, \qquad p_0 + p_1 = 1$$

の場合に相互情報量を計算し，それがホレボ限界に達していることを確認せよ．

【解答例】 量子状態が $\rho = p_0|0\rangle\langle 0| + p_1|1\rangle\langle 1|$ だから，入力情報は $X = \{p_0, p_1\}$．出力情報 Y は，量子状態 ρ に対し量子操作 $A_0 = |0\rangle\langle 0|$, $A_1 = |1\rangle\langle 1|$ を行って得られるデータが

$$\mathrm{Tr}[\rho E_0] = p_0, \qquad \mathrm{Tr}[\rho E_1] = p_1$$

だから，$Y = \{p_0, p_1\}$．さらに，結合確率は

$$XY = \{p_{00} = p_0,\ p_{01} = 0,\ p_{10} = 0,\ p_{11} = p_1\}$$

となる．これらから，シャノン情報量 $S(X), S(Y)$ と結合エントロピー $S(X,Y)$ は，次式のようになる．

$$S(X) = S(Y) = S(X,Y) = -p_0 \log p_0 - p_1 \log p_1$$

したがって，X, Y の相互情報量は

$$S(X : Y) = -p_0 \log p_0 - p_1 \log p_1$$

であり，これはホレボ限界 $\chi = -\mathrm{Tr}[\rho \log \rho]$ に等しい．□

演習問題 10 で見たように，最適な測定の POVM が量子状態 ρ のものと一致することは，直観的にも理解できる．逆にいえば，初期状態と POVM

に食い違いが生じるときに，相互情報量がホレボ限界より小さくなる．

この事実は，極端な例を考えるとピンとくるかもしれない．例えば，量子状態は $\rho = p_0|0\rangle\langle 0| + p_1|1\rangle\langle 1|$ のままとして，量子操作を $A_0 = |+\rangle\langle +|$, $A_1 = |-\rangle\langle -|$ としてみよう．ここで状態 $|\pm\rangle = \dfrac{1}{\sqrt{2}}(|0\rangle \pm |1\rangle)$ である．

そうすると，古典情報は

$$X = \{p_0, p_1\}, \quad Y = \left\{\frac{1}{2}, \frac{1}{2}\right\}, \quad XY = \left\{\frac{p_0}{2}, \frac{p_0}{2}, \frac{p_1}{2}, \frac{p_1}{2}\right\} \tag{8.46}$$

となる．演習問題 10 と同様の計算で，シャノン情報量と結合エントロピーは

$$\left.\begin{aligned} S(X) &= -p_0 \log p_0 - p_1 \log p_1 \\ S(Y) &= 1 \\ S(X, Y) &= 1 - p_0 \log p_0 - p_1 \log p_1 \end{aligned}\right\} \tag{8.47}$$

となるから，相互情報量 $S(X:Y)$ はゼロになる．つまり，$|0\rangle$ と $|1\rangle$ の混合状態をそれと直交する基底で測定すれば，状態の区別がつかなくなり，情報はまったく得られないだろう．

8.3.2 シュテルン-ゲルラッハの実験を測定モデルと対応させる

第 7 章の冒頭で指摘したように，第 2 章で紹介したシュテルン-ゲルラッハの実験は量子測定の典型である．ここで，具体的なシュテルン-ゲルラッハの実験を一般的な量子測定理論の観点から記述すると，抽象的な概念であるクラウス演算子，POVM の具体的なイメージが湧くだろう．

スピンの初期状態 $|\psi\rangle = \alpha|0\rangle + \beta|1\rangle$ が準備されたとしよう（α と β は複素数で，$|\alpha|^2 + |\beta|^2 = 1$ と規格化されている）．シュテルン-ゲルラッハ装置において，経路の状態（上，下）を測定器の状態とみなして，終状態に $|0\rangle$ を選ぶクラウス演算子を A_0，$|1\rangle$ を選ぶクラウス演算子を A_1 とすれば

$$A_0 = |0\rangle\langle 0|, \qquad A_1 = |1\rangle\langle 1| \tag{8.48}$$

であり，それぞれの POVM は

$$E_0 = A_0^\dagger A_0 = |0\rangle\langle 0|, \qquad E_1 = A_1^\dagger A_1 = |1\rangle\langle 1| \tag{8.49}$$

となる．ユニタリティは，次式から容易に見てとれる．

$$A_0^\dagger A_0 + A_1^\dagger A_1 = E_0 + E_1 = \mathbf{1} \tag{8.50}$$

シュテルン–ゲルラッハ装置のはたらきによる状態の変化 $\rho = |\psi\rangle\langle\psi| \to \rho'$ は

$$\rho' = A_0 \rho A_0^\dagger + A_1 \rho A_1^\dagger = \mathrm{diag}(|\alpha|^2, |\beta|^2) \tag{8.51}$$

となる．クラウス演算子 A_0 (A_1) は $|0\rangle$ ($|1\rangle$) への射影演算子なので，上（下）の経路のうち，上（下）を選びとるはたらきをしている．ここで diag は対角行列を表し，その対角成分だけを ( ) の中に表示している．一方，測定器の読み（経路の上下）の確率は

$$p_\text{上} = |\alpha|^2, \qquad p_\text{下} = |\beta|^2 \tag{8.52}$$

となる．

このときホレボ量は，初期状態が純粋状態であることから次のようになる．

$$\chi = -\mathrm{Tr}[\rho \log \rho] = 0 \tag{8.53}$$

また，相互情報量は，

$$\left.\begin{aligned} S(X) &= 0 \\ S(Y) &= -|\alpha|^2 \log |\alpha|^2 - |\beta|^2 \log |\beta|^2 \\ S(X,Y) &= -|\alpha|^2 \log |\alpha|^2 - |\beta|^2 \log |\beta|^2 \end{aligned}\right\} \tag{8.54}$$

から，

$$
\begin{aligned}
S(X:Y) &= S(X) + S(Y) - S(X,Y) \\
&= 0 + \left(-|\alpha|^2 \log |\alpha|^2 - |\beta|^2 \log |\beta|^2\right) \\
&\quad - \left(-|\alpha|^2 \log |\alpha|^2 - |\beta|^2 \log |\beta|^2\right) \\
&= 0 \quad\quad\quad\quad\quad\quad\quad\quad\quad\quad\quad\quad (8.55)
\end{aligned}
$$

となり，いまの場合，ホレボ量と相互情報量は一致する．

8.4 量子テレポーテーション

量子テレポーテーション (**quantum teleportation**) とは，ある場所にある量子状態と全く同じ状態を別の場所に実現することである．ベネットが，テレビドラマ「スタートレック」に出てくる空想上の装置になぞらえたものである．

ここでは，位置 A にいるアリスの状態 $\alpha|0\rangle_A + \beta|1\rangle_A$ を，($\alpha, \beta \in \mathbb{C}$ の値を知ることなしに）別の場所にいるボブの位置 B で再現することを目標とする．そのために，アリスとボブは **EPR 対** (**EPR pair**) とよばれるエンタングルした状態

$$\frac{1}{\sqrt{2}}(|0\rangle_A \otimes |1\rangle_B - |1\rangle_A \otimes |0\rangle_B) \quad (8.56)$$

を共有する．このとき，全体の状態は

$$\frac{1}{\sqrt{2}}(\alpha|0\rangle_A + \beta|1\rangle_A)(|0\rangle_A \otimes |1\rangle_B - |1\rangle_A \otimes |0\rangle_B) \quad (8.57)$$

となり，この状態を $|\psi\rangle$ とすると，簡単な式変形で，

8.4 量子テレポーテーション

$$|\psi⟩ := |\psi_1⟩(\alpha|1⟩_B - \beta|0⟩_B) + |\psi_2⟩(\alpha|1⟩_B + \beta|0⟩_B)$$
$$+ |\psi_3⟩(-\alpha|0⟩_B + \beta|1⟩_B) + |\psi_4⟩(-\alpha|0⟩_B - \beta|1⟩_B)$$
(8.58)

と書き直せる．ここで,

$$\left.\begin{array}{l} |\psi_1⟩ = \dfrac{1}{\sqrt{2}}(|0⟩_A|0⟩_A + |1⟩_A|1⟩_A) \\ |\psi_2⟩ = \dfrac{1}{\sqrt{2}}(|0⟩_A|0⟩_A - |1⟩_A|1⟩_A) \\ |\psi_3⟩ = \dfrac{1}{\sqrt{2}}(|1⟩_A|0⟩_A + |0⟩_A|1⟩_A) \\ |\psi_4⟩ = \dfrac{1}{\sqrt{2}}(|0⟩_A|1⟩_A - |1⟩_A|0⟩_A) \end{array}\right\} \quad (8.59)$$

は**ベル状態 (Bell state)** とよばれる互いに直交する状態である．

ここで，アリスがベル状態を測定するとし（これを**ベル測定 (Bell measurement)** という），例えば，$|\psi_1⟩$ であったとしよう．すると，第 2 章で述べた公理 (3) より，全体の状態は

$$|\psi⟩ \quad \to \quad |\psi_1⟩(\alpha|1⟩_B - \beta|0⟩_B) \quad (8.60)$$

となり，ボブの状態は

$$\alpha|1⟩_B - \beta|0⟩_B \quad (8.61)$$

に移行する．アリスはその結果をボブに古典通信（例えば電話）で知らせる．

いまの例だと，$|\psi_1⟩$ であったとボブに知らせると，ボブは，その情報に基づいてユニタリー変換 $\sigma_z\sigma_x$ を行う（ベル測定の結果が $|\psi_1⟩ \sim |\psi_4⟩$ のとき，どのユニタリー変換をするか，あらかじめ決めている）．そうすると，ボブの状態は

154   8. 量子測定理論の応用

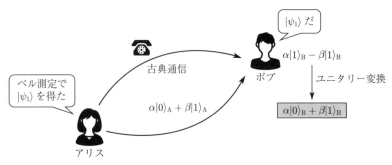

図 8.2 量子テレポーテーション

$$\alpha|0\rangle_B + \beta|1\rangle_B \tag{8.62}$$

となり，アリスのところにあった初期状態と同じ形をしている．ここで σ_z, σ_x はパウリ行列である．他のベル状態 $|\psi_2\rangle \sim |\psi_4\rangle$ の場合も同様である．

　このプロトコルのポイントは，アリスが行ったベル測定の結果を，ボブへ古典通信で知らせるところにある．この情報がなければ，ボブの状態を正しく $\alpha|0\rangle_B + \beta|1\rangle_B$ にすることはできない．

　量子テレポーテーションのプロトコルをクラウス演算子 A_i $(i = 1, 2, 3, 4)$ で表現しよう．

$$\left.\begin{array}{l} A_1 = |\psi_1\rangle\langle\psi_1| \otimes \sigma_z\sigma_x \\ A_2 = |\psi_2\rangle\langle\psi_2| \otimes \sigma_x \\ A_3 = |\psi_3\rangle\langle\psi_3| \otimes \sigma_z \\ A_4 = |\psi_1\rangle\langle\psi_4| \otimes \mathbf{1} \end{array}\right\} \tag{8.63}$$

このとき，アリスによる測定後の全系の状態は

$$\sum_i A_i |\psi\rangle\langle\psi| A_i^\dagger = \mathbf{1}_A \otimes (\alpha|0\rangle_B + \beta|1\rangle_B)(\alpha^*\langle 0|_B + \beta^*\langle 1|_B) \tag{8.64}$$

となる（ここで，α^*, β^* は α, β の複素共役である）．量子テレポーテーションの結果，アリスの状態は完全混合状態 $\mathbf{1}_A$ になることに注目しよう．ボブに量子情報が正確に送られた代償に，アリスの状態は分からなくなる．また，ユニタリティ

$$\sum_i A_i^\dagger A_i = \mathbf{1}_A \tag{8.65}$$

も容易に確認できるだろう．

量子テレポーテーションのように，局所的なユニタリー変換と大局的な古典通信の組み合わせを，**LOCC (Local Operation and Classical Communication)** という．

8.5 ベル測定

量子テレポーテーションの中で重要なベル測定の実装について簡単に述べておこう．

8.5.1 ベル状態

図 8.3 のように，ビームスプリッターに水平偏光 $|H\rangle$ と垂直偏光 $|V\rangle$ が左方と上方から入射するときに，次の 4 つの，互いに直交する最大にエンタングルした状態があり，これを**ベル状態**とよぶ．慣例によってそれを

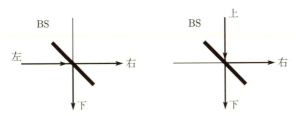

図 8.3 左方あるいは上方から水平偏光 ($|H\rangle$) あるいは垂直偏光 ($|V\rangle$) をもった光がビームスプリッター (BS) を通過し，右方あるいは下方に向かう．

8. 量子測定理論の応用

$$\left.\begin{array}{l}\Phi^{\pm} = \dfrac{1}{\sqrt{2}}(|H\rangle_{左}|H\rangle_{上} \pm |V\rangle_{左}|V\rangle_{上}) \\ \Psi^{\pm} = \dfrac{1}{\sqrt{2}}(|H\rangle_{左}|V\rangle_{上} \pm |H\rangle_{上}|V\rangle_{左})\end{array}\right\} \quad (8.66)$$

と書こう．ここでは，それら4つのベル状態を，ビームスプリッターを用いて判定する実験を紹介する．

ビームスプリッター BS を，図 8.3 のように光が通過すると，$|H\rangle_{左}, |V\rangle_{左},$ $|H\rangle_{上}, |V\rangle_{上}$ は，次式のようになる（左辺の添字は入射してくる光の方向，右辺の添字は出ていく光の方向を表す）．

$$\left.\begin{array}{rcl}|H\rangle_{左} & \to & \dfrac{1}{\sqrt{2}}(|H\rangle_{右} + |H\rangle_{下}) \\ |V\rangle_{左} & \to & \dfrac{1}{\sqrt{2}}(|V\rangle_{右} + |V\rangle_{下}) \\ |H\rangle_{上} & \to & \dfrac{1}{\sqrt{2}}(|H\rangle_{右} - |H\rangle_{下}) \\ |V\rangle_{上} & \to & \dfrac{1}{\sqrt{2}}(|V\rangle_{右} - |V\rangle_{下})\end{array}\right\} \quad (8.67)$$

8.5.2 Ψ^- を同定する

ここでは，(8.66) の 4 つの状態から，Ψ^- だと同定する方法を考えよう．(8.67) を (8.66) の Ψ^- の表式に代入すると，

$$\begin{aligned}\Psi^- &= \dfrac{1}{\sqrt{2}}(|H\rangle_{左}|V\rangle_{上} - |H\rangle_{上}|V\rangle_{左}) \\ &\to \dfrac{1}{\sqrt{2}}(|H\rangle_{下}|V\rangle_{右} - |H\rangle_{右}|V\rangle_{下})\end{aligned} \quad (8.68)$$

となる．ちなみに Ψ^+ は

$$\begin{aligned}\Psi^+ &= \dfrac{1}{\sqrt{2}}(|H\rangle_{左}|V\rangle_{上} + |H\rangle_{上}|V\rangle_{左}) \\ &\to \dfrac{1}{\sqrt{2}}(|H\rangle_{右}|V\rangle_{右} - |H\rangle_{下}|V\rangle_{下})\end{aligned} \quad (8.69)$$

となる．

　これからすぐ分かるように，Ψ^- の場合には，右と下に置いた検出器が両方鳴る．他方，Ψ^+ の場合は，右か下のどちらかの検出器だけが鳴る．$\Phi^\pm$ も同様である．まとめると，ビームスプリッターを通して，右と下に置いた検出器が両方鳴ったら，状態は Ψ^- と断定してよい．

　Ψ^- 以外の他のベル状態を同定するためには，もっと工夫を要する必要がある．文献 [29] では，Ψ^- だけの同定を行うという限られた量子テレポーテーションを実証している．

　Ψ^- を同定するために，ビームスプリッターの右と下で同時測定することを別の観点から見ると，これは光が粒子でもあることを端的に示している．

　よく，光電効果が光の粒子性を意味するといわれる．しかし，光電効果は光を粒子として扱っても説明できるが，原子に離散的なエネルギー準位があれば電磁波として扱っても説明できる．例えば，基底状態と第 1 励起状態のエネルギー差に対応した振動数の電磁波を一定時間照射すれば，電子を基底状態から第 1 励起状態に遷移させることができ，これは一種の光電効果といえる．詳細は 11.8.1 項の「ラビ振動の量子力学」を参照してほしい．

　一方，光を入射してから一定の時間間隔を空けて次の光を入射するときに，その時間間隔が短すぎると検出器が鳴らないことが起こる．これを**アンチバンチング (anti - bunching)** といい，光の粒子性を実証するときに標準的に用いられる．

　上記のベル状態 Ψ^- の測定では，右と下のカウンターが同時に鳴るときしか光を検出しない，というのが光の粒子性の証拠の 1 つになっている．

8.6　マスター方程式

　統計力学において，密度演算子の時間発展を問題するときによく用いられるものに Lindblad 型の**マスター方程式 (master equation)** がある．これ

は，相互作用のはたらく時間が短く，ある量子操作と次の操作が独立であるという意味で，マルコフ的[†4]であることを仮定している．これを，クラウス表示の観点から導出しよう．

クラウス演算子 A_k $(k \geq 0)$ が与えられたとき，Lindblad 演算子 L_k を

$$L_k := \frac{A_k}{\sqrt{\tau}} \qquad (k \geq 1) \tag{8.70}$$

と定義しよう．ただし，τ は小さな正の定数とする．

クラウス演算子 A_0 はユニタリティの関係

$$A_0^\dagger A_0 + \sum_i A_i^\dagger A_i = \mathbf{1} \tag{8.71}$$

から，Lindblad 演算子 L_k $(k \geq 1)$ で近似的に表せて，次式のようになる．

$$A_0 = 1 - \frac{\tau}{2} \sum_{k=1} L_k^\dagger L_k + O(\tau^2) \tag{8.72}$$

時間 τ 後の状態 $\rho(\tau)$ は，量子操作によって

$$\begin{aligned}\rho(\tau) &= \sum_{i=0} A_i \rho(0) A_i^\dagger \\ &= \rho(0) + \tau \sum_{i=1} L_i \rho(0) L_i^\dagger - \frac{\tau}{2} \sum_{i=1} \{L_i^\dagger L_i, \rho(0)\} + O(\tau^2)\end{aligned} \tag{8.73}$$

となるので，$O(\tau^2)$ は無視して，マスター方程式

$$\frac{d\rho}{d\tau} = \sum_{i=1} \left[L_i \rho L_i^\dagger - \frac{1}{2} \{L_i^\dagger L_i, \rho\} \right] \tag{8.74}$$

を得る．ここで $\{\ \}$ は対称積，$\{A, B\} := AB + BA$ を表す．系に内在する時間発展がある場合は，系固有のハミルトニアン H を用いて，上記の方程式 (8.74) は

[†4] 現象の起こり方がその直前の状態だけにより，それ以前の経緯に無関係な現象を，一般に**マルコフ過程** (**Markov process**) とよぶ．

$$\frac{d\rho}{d\tau} = -i[H, \rho] + \sum_{i=1} \left[L_i \rho L_i^\dagger - \frac{1}{2} \{ L_i^\dagger L_i, \rho \} \right] \tag{8.75}$$

に変更される．

ここで，クラウス演算子と，被測定系と測定器系の間の相互作用によるユニタリー演算子 U の関係が

$$A_i = \langle i|U|0\rangle = \sqrt{\tau} L_i \tag{8.76}$$

であったこと思い出そう（7.1 節を参照）．$U = 1 - iH\tau$ から，$L_i = -i\sqrt{\tau}\langle i|H|0\rangle$ なので，相互作用ハミルトニアンとしては，$O(\frac{1}{\sqrt{\tau}})$ 程度の強いものを考えていることに注意してほしい．Lindblad 演算子 L_i の具体的な形については，物理系毎に考えなければならない．

マスター方程式の応用として 1 qubit の場合を考えよう．簡単のためにハミルトニアンをゼロとし，Lindblad 演算子 L_i を $L_i = \sqrt{\kappa}\sigma_i$ と選ぶ．そして，短い時間間隔 τ に対して得られたマスター方程式 (8.74) が，一般の時間 t にも成り立つとして

$$\frac{d\rho}{dt} = \sum_{i=1} \left[L_i \rho L_i^\dagger - \frac{1}{2} \{ L_i^\dagger L_i, \rho \} \right] \tag{8.77}$$

を立てて，初期条件 $\rho(0) = |0\rangle\langle 0|$ のもとに解いていこう．

1 qubit の状態のブロッホ表示

$$\rho = \frac{1}{2}[1 + \boldsymbol{r} \cdot \boldsymbol{\sigma}] \tag{8.78}$$

をマスター方程式に代入すると，

$$\frac{d\boldsymbol{r}}{dt} = -\kappa \boldsymbol{r} \tag{8.79}$$

となる．積分すると，

$$\boldsymbol{r}(t) = e^{-\kappa t} \boldsymbol{r}(0) \tag{8.80}$$

160   8. 量子測定理論の応用

となり，与えられた初期条件のもとでは

$$x = y = 0, \qquad z = e^{-\kappa t} \tag{8.81}$$

となる．

よって，1 qubit の量子状態は，ブロッホ球面の北極から中心までの経路を辿るので，純粋状態から完全な混合状態で終わるプロセスを表す．

8.7　不確定性関係

1927 年にハイゼンベルクは，ガンマ線顕微鏡の思考実験から，粒子の位置の測定の誤差 Δq とそれによる運動量への反跳 Δp には，トレードオフの関係

$$\Delta q \Delta p > \hbar \tag{8.82}$$

があるとして，この相補性を量子力学創設の指導原理としようと提案した．その後，量子力学の標準的なテキストでは，よく似た形をしているが内容的には全く異なる，運動量 p の標準偏差 $\sigma(p)$ と位置 q の標準偏差 $\sigma(q)$ に対する不等式

$$\sigma(p)\sigma(q) \geq \frac{\hbar}{2} \tag{8.83}$$

が不確定性関係として紹介されてきた．しかし，これは初期状態に関する性質であり，測定とは無関係である．したがって，もともとハイゼンベルクが考えた測定の誤差と反跳の関係を与える厳密な不等式を測定理論から導くことは意味がある．ここでは，小澤正直によるハイゼンベルクの不確定性関係の見直しを紹介しよう [27, 30, 31]．

まず，測定前の物理量 A の値を（測定後の）メータ量 M の値で評価するときの**誤差** (error) $\epsilon(A)$ の 2 乗を

$$\epsilon^2(A) := \langle [U^\dagger(\mathbf{1} \otimes M)U - A \otimes \mathbf{1}]^2 \rangle \tag{8.84}$$

と定義しよう[†5]．ここで $\langle\ \rangle$ は，測定前の対象系の状態を $|\psi\rangle$，測定器系の状態を $|\xi\rangle$ とした場合の全系の状態 $|\Psi\rangle = |\psi\rangle|\xi\rangle$ についての期待値である．同様に，この測定に伴う別の物理量 B の擾乱 $\eta(B)$ の 2 乗を

$$\eta^2(B) := \langle [U^\dagger(B \otimes \mathbf{1})U - B \otimes \mathbf{1}]^2 \rangle \tag{8.85}$$

と定義しよう．

このとき，

$$\left.\begin{aligned} E &:= U^\dagger(\mathbf{1} \otimes M)U - A \otimes \mathbf{1} \\ D &:= U^\dagger(B \otimes \mathbf{1})U - B \otimes \mathbf{1} \end{aligned}\right\} \tag{8.86}$$

とおけば，次式を得る．

$$\begin{aligned} 0 = U^\dagger[B \otimes \mathbf{1}, \mathbf{1} \otimes M]U &= [B \otimes \mathbf{1} + D, A \otimes \mathbf{1} + E] \\ &= [B \otimes \mathbf{1}, A \otimes \mathbf{1}] + [D, A \otimes \mathbf{1}] + [B \otimes \mathbf{1}, E] + [D, E] \end{aligned} \tag{8.87}$$

さらに，三角不等式を用いると

$$\langle \Psi|[D, A \otimes \mathbf{1}]|\Psi\rangle + \langle \Psi|[B \otimes \mathbf{1}, E]|\Psi\rangle + \langle \Psi|[D, E] \geq [A, B]|\Psi\rangle \tag{8.88}$$

を得る．

一方，コーシー–シュワルツの不等式から得られる，**ロバートソンの不等式**とよばれる不等式

$$\sigma(D)\sigma(E) \geq \frac{1}{2}\langle \Psi|[D, E]|\Psi\rangle \tag{8.89}$$

などを用いると

[†5] ある物理量を測定するということは，その物理量の測定直前の値を知る目的で行う．したがって誤差とは，測定値と物理量の測定直前の値の差であろう．

162   8. 量子測定理論の応用

$$\sigma(D)\sigma(A) + \sigma(B)\sigma(E) + \sigma(A)\sigma(B) \geq \frac{1}{2}\langle\Psi|[A,B]|\Psi\rangle \quad (8.90)$$

を得る.定義から,$\epsilon(A) \geq \sigma(E)$, $\eta(B) \geq \sigma(D)$ であることに注意すると,**ハイゼンベルク‒小澤の不確定性関係** (**Heisenberg‒Ozawa uncertainty relation**)

$$\epsilon(A)\eta(B) + \eta(B)\sigma(A) + \epsilon(A)\sigma(B) \geq \frac{1}{2}\langle\Psi|[A,B]|\Psi\rangle \quad (8.91)$$

に到達する.ここで $\sigma(A)$ と $\sigma(B)$ は,対象系の状態 $|\psi\rangle$ についての物理量 A と B に対する標準偏差である.

(8.91) において,左辺の第 1 項だけだとオリジナルなハイゼンベルクの不等式 [32] になる.(8.91) は,誤差と擾乱の他に,測定前の状態のもつ量子揺らぎ $\sigma(A), \sigma(B)$ に依存する.またハイゼンベルク‒小澤の不等式においては,測定における誤差と擾乱の関係に関心があるので,初期状態は所与としている.

この 3 項からなる不等式 (8.91) は,(三角不等式 1 回,コーシー‒シュワルツ不等式を 3 回用いていることからも分かるように) 緩い不等式で,等号成立は自明の場合しかない.

その後,物理量 A と B がスピンの場合に,中性子実験あるいは光学実験でオリジナルなハイゼンベルクの不等式は破れていて,ハイゼンベルク‒小澤の不等式が成立していることを示す実験が行われた [33, 34].また,等号成立の場合を含むような,精緻かつ,より包括的な不等式も得られている [35].

国際量子年

　国際連合 UNESCO は，2025 年を "International Year of Quantum Science and Technology" とすることを決議した．

　これは，1925 年から始まるハイゼンベルク，シュレーディンガー，ディラックによる怒涛の時代から 100 年経った年を記念したものである．この年に，1900 年のプランクの黒体放射の理論とド・ブロイの物質波，ボーアの原子模型の「前期量子論」から飛躍して，本格的な量子力学が始まったのだ．

　その記念行事の名前に "Science and Technology" が付せられたのは，量子力学に基づく情報技術が社会を変えたことを指しているのだろう．

図 8.4　1933 年のノーベル賞受賞式のため，ストックホルム駅を訪れた際の写真．写真中央から右側にいる男性は，左からディラック，ハイゼンベルク，シュレーディンガー．

第9章

量子エンタングルメント

前章で述べた量子テレポーテーションでは，エンタングルメントが有用な役割をした．この章では，量子エンタングルメントを取り上げ，一般の量子情報処理において2者のエンタングルメントの度合いを定量化する方法について述べる．エンタングルメントの度合いは，2者が共有するEPR対の数に帰着されるため，そのEPR対の数は，量子情報処理の有効性のための資源ともいえる．

9.1 エンタングルメントの定義

純粋状態 $|\psi_{AB}\rangle$ が，何らかの状態の積で書けるとき，すなわち

$$|\psi_{AB}\rangle = |\psi_A\rangle \otimes |\psi_B\rangle \tag{9.1}$$

と書けるとき，その状態を**分離可能 (separable)** という．一方で，(9.1) のような積で書けないときに，その状態は**エンタングル (entangle)** しているという．

例えば，

$$|\psi\rangle = \frac{1}{\sqrt{2}}(|0\rangle \otimes |0\rangle + |1\rangle \otimes |1\rangle) \tag{9.2}$$

はエンタングルした状態である．この状態 (9.2) と，

$$|\psi\rangle = \sqrt{0.999}|0\rangle \otimes |0\rangle + \sqrt{0.001}|1\rangle \otimes |1\rangle \qquad (9.3)$$

を比較してみよう．直観的に，(9.3) は分離可能状態 $|0\rangle \otimes |0\rangle$ に近い．言い換えると，エンタングルしてはいるが，その度合いは小さいだろう．

この**エンタングルメント (entanglement)** の度合いを定量化しよう．まず，結論を述べる．

A 系と B 系の合成系 AB での純粋状態

$$|\psi_{AB}\rangle = a|0\rangle_A \otimes |0\rangle_B + b|1\rangle_A \otimes |1\rangle_B, \qquad a, b \in \mathbb{C} \qquad (9.4)$$

に対応する密度演算子 $|\psi_{AB}\rangle\langle\psi_{AB}|$ の B について部分跡をとり，有効密度演算子

$$\rho_A = \mathrm{Tr}_B |\psi_{AB}\rangle\langle\psi_{AB}| = |a|^2 |0\rangle_A\langle 0| + |b|^2 |1\rangle_A\langle 1| \qquad (9.5)$$

を考える．そしてエンタングルメントの度合い E として，この ρ_A のフォン・ノイマン・エントロピー

$$E = S(\rho_A) = -|a|^2 \log_2 |a|^2 - |b|^2 \log_2 |b|^2 \qquad (9.6)$$

を採用する．

この定義は，局所的な（A と B に，別々にはたらく）ユニタリー変換に対して不変になっているので，エンタングルメントが A,B に固有の性質ではなく，A と B の 2 者の間の関係であることに合致している．次節で，この定義に操作的な意味を与えよう．

9.2　エンタングルメント抽出 [36]

エンタングルした状態

$$|\phi_{\mathrm{AB}}\rangle = \left(\frac{|0\rangle_{\mathrm{A}} \otimes |0\rangle_{\mathrm{B}} + |1\rangle_{\mathrm{A}} \otimes |1\rangle_{\mathrm{B}}}{\sqrt{2}}\right)^{\otimes n} = |e\rangle^{\otimes n} \tag{9.7}$$

を, eビット

$$|e\rangle = \frac{|0\rangle_{\mathrm{A}} \otimes |0\rangle_{\mathrm{B}} + |1\rangle_{\mathrm{A}} \otimes |1\rangle_{\mathrm{B}}}{\sqrt{2}} \tag{9.8}$$

が n 個ある状態とみなす.

それでは, 純粋状態 $|\psi_{\mathrm{AB}}\rangle = a|0\rangle_{\mathrm{A}} \otimes |0\rangle_{\mathrm{B}} + b|1\rangle_{\mathrm{A}} \otimes |1\rangle_{\mathrm{B}}$ が n 個ある状態はeビット何個分にあたるだろうか? それを調べるために $|\psi_{\mathrm{AB}}\rangle^{\otimes n}$ を2項展開しよう.

$$\begin{aligned}|\psi_{\mathrm{AB}}\rangle^{\otimes n} = &\, a^n |0\rangle_{\mathrm{A}} \otimes |0\rangle_{\mathrm{A}} \otimes \cdots \otimes |0\rangle_{\mathrm{A}} \otimes |0\rangle_{\mathrm{B}} \otimes \cdots \otimes |0\rangle_{\mathrm{B}} \\ &+ a^{n-1}b|0\rangle_{\mathrm{A}} \otimes |0\rangle_{\mathrm{A}} \otimes \cdots \otimes |0\rangle_{\mathrm{A}} \otimes |1\rangle_{\mathrm{A}} \otimes |0\rangle_{\mathrm{A}} \otimes \cdots \otimes |0\rangle_{\mathrm{A}} \\ &\otimes |0\rangle_{\mathrm{B}} \otimes |0\rangle_{\mathrm{B}} \otimes \cdots \otimes |0\rangle_{\mathrm{B}} \otimes |1\rangle_{\mathrm{B}} \\ &+ \cdots + a^{n-k}b^k (k \text{個の} |1\rangle_{\mathrm{A}} \text{個を含む} \binom{n}{k} \text{項の状態}) + \cdots \\ &+ b^n |1\rangle_{\mathrm{A}} \otimes |1\rangle_{\mathrm{A}} \otimes \cdots \otimes |1\rangle_{\mathrm{A}} \otimes |1\rangle_{\mathrm{B}} \otimes \cdots \otimes |1\rangle_{\mathrm{B}} \end{aligned} \tag{9.9}$$

ここで, Aのキュービットを射影測定して得られる, k 個の $|1\rangle_{\mathrm{A}}$ を含む状態は

$$\begin{aligned}a^{n-k}b^k |0\rangle_{\mathrm{A}} \otimes |0\rangle_{\mathrm{A}} \otimes \cdots \otimes \underbrace{|1\rangle_{\mathrm{A}} \otimes \cdots \otimes |1\rangle_{\mathrm{A}}}_{k} \\ \otimes |0\rangle_{\mathrm{B}} \otimes \cdots \otimes |0\rangle_{\mathrm{B}} \otimes \underbrace{|1\rangle_{\mathrm{B}} \otimes \cdots \otimes |1\rangle_{\mathrm{B}}}_{k} \end{aligned} \tag{9.10}$$

を代表として $\binom{n}{k}$ 個の項からなる. そのどれかを得る確率は

$$P_k = \binom{n}{k} |a^{n-k}b^k|^2 = \binom{n}{k} |a|^{2(n-k)} |b|^{2k} \tag{9.11}$$

であることに注意しよう. n が大きい極限でスターリングの公式を用いる

と，この確率分布関数は

$$P_k \approx \exp\left\{n\left[-\left(1-\frac{k}{n}\right)\log\left(1-\frac{k}{n}\right) - \frac{k}{n}\log\frac{k}{n} \right.\right.$$
$$\left.\left. + \left(1-\frac{k}{n}\right)\log|a|^2 + \frac{k}{n}\log|b|^2\right]\right\} \tag{9.12}$$

となり，$\frac{k}{n} = |b|^2$ に鋭いピークをもつことが分かる．

(9.10) のように k 個の $|1\rangle_\mathrm{A}$ を含む状態は，後で例示するように，局所的な (A,B 別々にはたらく) ユニタリー変換をすれば，$\log_2\binom{n}{k}$ 個の e ビットと表すことができる．これを**エンタングルメント抽出** (entanglement distillation) とよぶ．

したがって，k に対して確率 P_k の重みをつけて足し上げると，平均的な e ビット数は

$$E = \sum_{k=0}^{n} P_k \log_2\binom{n}{k} = \sum_{k=0}^{n}\binom{n}{k}|a|^{2(n-k)}|b|^{2k}\log_2\binom{n}{k} \tag{9.13}$$

となる．n が大きい極限でスターリングの公式を用いると

$$\log_2\binom{n}{k} \approx n\left[\left(1-\frac{k}{n}\right)\log_2|a|^2 + \frac{k}{n}\log_2|b|^2\right] \tag{9.14}$$

となり，同じ極限で，分布関数が $\frac{k}{n} = |b|^2$ に鋭いピークをもつことから

$$E \quad \to \quad n[-a^2\log_2|a|^2 - b^2\log_2|b|^2] = nS(\rho_\mathrm{A}) \tag{9.15}$$

に近づくことが分かる．ここで，左辺から右辺に移る際に (9.6) を用いた．

言い換えると，上記のプロトコルにより，状態

$$|\psi_\mathrm{AB}\rangle = a|0\rangle_\mathrm{A}\otimes|0\rangle_\mathrm{B} + b|1\rangle_\mathrm{A}\otimes|1\rangle_\mathrm{B} \tag{9.16}$$

が n 個あるときに，e ビットを $E = nS(\rho_A)$ 個抽出できることが分かった．このことから，(9.15) はエンタングルメントの度合いを抽出できる e ビットの数と，操作的に理解することができ，同じ記号 E を用いたことが正当化される．

エンタングルした状態から e ビットを抽出するプロトコルについて，一般の場合を説明するのが面倒なので，$n = 2$, $k = 1$ の場合のプロトコルを具体的に示して納得することにしよう．このとき

$$|\psi_{AB}\rangle^{\otimes 2} = a^2|0\rangle_A \otimes |0\rangle_A \otimes |0\rangle_B \otimes |0\rangle_B + b^2|1\rangle_A \otimes |1\rangle_A \otimes |1\rangle_B \otimes |1\rangle_B$$
$$+ ab|0\rangle_A \otimes |1\rangle_A \otimes |0\rangle_B \otimes |1\rangle_B + ab|1\rangle_A \otimes |0\rangle_A \otimes |1\rangle_B \otimes |0\rangle_B$$
(9.17)

だから，$|1\rangle$ が A,B とも 1 個である状態を射影測定で選択すると，

$$|0\rangle_A \otimes |1\rangle_A \otimes |0\rangle_B \otimes |1\rangle_B + |1\rangle_A \otimes |0\rangle_A \otimes |1\rangle_B \otimes |0\rangle_B \quad (9.18)$$

の状態に移行する．そして，A,B の両方に対して，第 1 qubit を制御ビットに，第 2 qubit を標的ビットにする制御 NOT[†1] を実行する．

結果は

$$|\psi_{AB}\rangle^{\otimes 2} \to ab[|0\rangle_A \otimes |1\rangle_A \otimes |0\rangle_B \otimes |1\rangle_B + |1\rangle_A \otimes |1\rangle_A \otimes |1\rangle_B \otimes |1\rangle_B]$$
$$= \sqrt{2}ab \frac{|0\rangle_A \otimes |0\rangle_B + |1\rangle_A \otimes |1\rangle_B}{\sqrt{2}} \otimes |1\rangle_A \otimes |1\rangle_B$$
(9.19)

となり，確かに e ビット 1 個 ($\log_2 \binom{2}{1}$) が抽出される．このとき，(9.19) の遷移が起こる確率は

[†1] 2 つの入力ビットのうち，一方を**制御ビット (control bit)**，他方を**標的ビット (target bit)** とよぶ．制御ビットが $|0\rangle$ のときには標的ビットは遷移を起こさないが，制御ビットが $|1\rangle$ のときは NOT ゲートとしてはたらく．詳細は，第 11 章で述べる量子回路の節を参照してほしい．

$$|\sqrt{2}ab|^2 = 2 \times |a|^2|b|^2 \tag{9.20}$$

で与えられる．

9.3 混合状態の純粋化（再論）

第7章では，混合状態を，拡張されたヒルベルト空間における純粋状態の部分跡で表す**純粋化**（**purification**）を技巧的に用いた．ここでは，純粋化をエンタングルメントの観点から再論する．

任意の状態 $|\psi_{AB}\rangle \in \mathcal{H}_A \otimes \mathcal{H}_B$ のシュミット分解

$$|\psi_{AB}\rangle = \sum_i d_i |i\rangle_A \otimes |i\rangle_B, \qquad d_i \in \mathbb{C} \tag{9.21}$$

を思い出そう（巻末の付録を参照）．ここで，A の状態 $|i\rangle_A$ と B の状態 $|i\rangle_B$ が揃っているところがミソである．そして，$\mathcal{H}_B$ について部分跡をとると

$$\rho^A := \mathrm{Tr}_B[|\psi_{AB}\rangle\langle\psi_{AB}|] = \sum_i |d_i|^2 |i\rangle_A\langle i|_A \tag{9.22}$$

という密度演算子 ρ^A を得る．

この手順を逆にして，混合状態

$$\rho^A = \sum_i p_i |i\rangle_A\langle i|_A \qquad \left(0 \leq p_i \leq 1, \quad \sum_i p_i = 1\right) \tag{9.23}$$

に対応する純粋状態

$$|\psi_{AB}\rangle = \sum_i \sqrt{p_i} |i\rangle_A \otimes |i\rangle_B \tag{9.24}$$

を ρ^A の**純粋化**とよぶのであった．明らかに，純粋化された状態がエンタングルしていることと，その部分跡をとった状態が混合状態であることは等価である．

9.4 混合状態のエンタングルメント [37]

9.1節では，純粋状態についてのエンタングルメントを定義した．ここでは，混合状態の場合について考えよう．はじめに，混合状態についての**分離可能状態** (separable state) を「密度演算子が積状態の混合で書ける場合である」と定義しよう．すなわち，数式で表すと次のようになる．

$$\rho_{AB} = \sum_i p_i |i\rangle_A \langle i|_A \otimes |i\rangle_B \langle i|_B \quad \left(0 \leq p_i \leq 1, \ \sum_i p_i = 1\right) \quad (9.25)$$

そして，(9.25) で表せない場合を**エンタングルした（混合）状態** (entangled mixed state) とよぶ．混合状態のエンタングルメントについては，部分的なことしか分かっていない．

要となるのが，ホロデッキ (1996) による次の定理である．

【定理】 密度演算子 ρ が分離可能である必要十分条件は，量子操作 Λ を用いて次式のように表せる [38]．

$$(\mathbf{1} \otimes \Lambda)\rho \geq 0, \quad \forall \Lambda > 0 \quad (9.26)$$

この定理の証明は省略するが，必要十分条件に「全ての $\Lambda > 0$」という条項があるので，有限の操作だけで実行できる判定条件ではない．しかしながら，対偶をとって，

$$(\mathbf{1} \otimes \Lambda_0)\rho < 0, \quad \exists \Lambda_0 > 0 \quad (9.27)$$

ならば，すなわち，正写像 Λ_0 を1つ見つけて $(\mathbf{1} \otimes \Lambda_0)\rho < 0$ を確認できれば，ρ はエンタングルしていると主張できる．

正写像 Λ_0 として，特に部分転置 (PT：Partial Transposition) を考えよう．そうすると，上記の定理の系として，エンタングルメントに関する「ペ

レスの判定基準 (Peres' criterion)」[39] とよばれる便利な十分条件を得る．

$$\rho^{PT} \text{ is not neccesarily} \geq 0 \quad \Rightarrow \quad \rho : \text{entangled} \tag{9.28}$$

ペレスの判定基準だけならば，簡単に証明できる．
【証明】 密度演算子 ρ が分離可能とすると，ρ_A^i, ρ_B^i をそれぞれ A 系と B 系の密度演算子（したがって正演算子）として，

$$\rho = \sum_i p_i \rho_A^i \otimes \rho_B^i \tag{9.29}$$

の形に書ける．もちろん，(9.29) 全体としても正演算子である．ここで B 系に対してだけ転置をとれば，次式のようになる．

$$\rho^{\text{PT}} = \sum_i p_i \rho_A^i \otimes (\rho_B^i)^{\text{PT}} \tag{9.30}$$

$(\rho_B^i)^{\text{PT}}$ は正演算子であるから，ρ^{PT} も正演算子である．この結果の対偶をとれば，ペレスの判定基準を得る．

特に，A 系と B 系のヒルベルト空間の次元が，2×2, 2×3 のときには必要十分であることが知られている [38]．■

9.4.1 エンタングルメント証人

与えられた混合状態 ρ がエンタングルした状態かどうかを判定する定理を紹介しよう [38]．

【定理】 密度演算子 ρ がエンタングルした状態であるための必要十分条件は，

$$\left.\begin{array}{l} \text{Tr}[W\rho] < 0 \\ \text{s.t.} \quad \text{Tr}[W\sigma] \geq 0 \quad \forall \text{ 分離可能な状態 } \sigma \end{array}\right\} \tag{9.31}$$

のような物理量 W が存在することである．

この W はエンタングルメント証人 (entanglement witness) とよばれ

ている. 定理の証明は，より広範な Hahn–Banach の定理から与えられる. 詳細とそれを理解するための数学の論文については，原論文を見てほしい [38].

この定理を，3.6 節で説明したベルの不等式の破れに応用しよう. 図 3.4 の設定のとき，エンタングルメント証人 W として

$$W = 2 \times \mathbf{1} - C \tag{9.32}$$

$$C := -\boldsymbol{a}\cdot\boldsymbol{\sigma}_1\cdot\boldsymbol{b}\cdot\boldsymbol{\sigma}_2 + \boldsymbol{b}\cdot\boldsymbol{\sigma}_1\cdot\boldsymbol{c}\cdot\boldsymbol{\sigma}_2$$
$$+ \boldsymbol{a}\cdot\boldsymbol{\sigma}_1\cdot\boldsymbol{d}\cdot\boldsymbol{\sigma}_2 + \boldsymbol{c}\cdot\boldsymbol{\sigma}_1\cdot\boldsymbol{d}\cdot\boldsymbol{\sigma}_2 \tag{9.33}$$

を選ぶ. ここで 3.6 節と同じ記号で，単位ベクトル $\boldsymbol{a}, \boldsymbol{c}$ はスピン $\boldsymbol{\sigma}_1$ の量子化軸の方向を表し，単位ベクトル $\boldsymbol{b}, \boldsymbol{d}$ はスピン $\boldsymbol{\sigma}_2$ の量子化軸の方向を表す.

分離可能状態に対して，スピン演算子 $\boldsymbol{a}\cdot\boldsymbol{\sigma}_1$ などはそれぞれ値をもつ. それを a などと書こう. そうすると

$$\mathrm{Tr}[W\sigma] = 2 - (-ab + ad + cb + cd) \tag{9.34}$$

となり，(3.24) から右辺がゼロまたは正であることが分かるので

$$\mathrm{Tr}[W\sigma] \geq 0 \tag{9.35}$$

のように表せる.

一方，実験でベルの不等式の破れ $\mathrm{Tr}[W\rho] < 0$ が示されれば，量子状態 ρ がエンタングルしていたといえる.

9.4.2 ペレスの判定基準：純粋状態のエンタングルメントの場合

エンタングルメントに対するペレスの判定基準は，特別な場合として純粋状態にも適用できる. 実は，この問題は完全正写像の節（7.3 節）で，正写像ではあるが完全正写像ではない例のところで述べたことであるが，それを少しだけ一般化して再論しよう.

α, β を実数として，純粋状態

$$|\psi\rangle = \alpha|0\rangle_\mathrm{A} \otimes |0\rangle_\mathrm{B} + \beta|1\rangle_\mathrm{A} \otimes |1\rangle_\mathrm{B} \tag{9.36}$$

を密度行列で表すと，

$$\rho = |\psi\rangle\langle\psi| = \begin{pmatrix} \alpha^2 & 0 & 0 & \overline{\alpha\beta} \\ 0 & 0 & 0 & 0 \\ 0 & 0 & 0 & 0 \\ \underline{\alpha\beta} & 0 & 0 & \beta^2 \end{pmatrix} \tag{9.37}$$

となる．ただし，基底を $(ii'), (jj') = (00), (01), (10), (11)$ にとり，上記の行列要素を $\rho_{ii', jj'}$ とした．

A のキュービットについて転置をとれば[†2]（上線と下線の付いた $\alpha\beta$ が転置で移動して）次式のようになる．

$$\Lambda \otimes \mathbf{1}_\mathrm{B}(\rho) = \begin{pmatrix} \alpha^2 & 0 & 0 & 0 \\ 0 & 0 & \alpha\beta & 0 \\ 0 & \overline{\alpha\beta} & 0 & 0 \\ 0 & 0 & 0 & \beta^2 \end{pmatrix} \tag{9.38}$$

この行列の固有値は，簡単な計算で分かるように $\alpha^2, \alpha\beta, -\alpha\beta, \beta^2$ となり，α, β のいずれかがゼロでない限り，負の固有値を1個含んでいる．

したがって，ペレスの判定基準より α, β のいずれかがゼロでない限り，状態はエンタングルしている．

[†2] $\rho_{ii', jj'} \to \rho_{ji', ij'}$

9.5 混合状態のエンタングルメントの例

2 qubit の混合状態の一般形は，パウリ行列 $\boldsymbol{\sigma}_i$ を用いて

$$\rho = \frac{1}{4}\left(1 + \boldsymbol{a}\cdot\boldsymbol{\sigma}\otimes 1 + 1\otimes \boldsymbol{b}\cdot\boldsymbol{\sigma} + \sum_{i,j} C_{ij}\boldsymbol{\sigma}_i\otimes\boldsymbol{\sigma}_j\right)$$
$$\boldsymbol{a}, \boldsymbol{b}, C_{ij} \in \mathbb{R}$$

(9.39)

と表せる．ここで $\mathbb{R}$ は実数を表し，$\boldsymbol{a}$ と $\boldsymbol{b}$ は 3 次元実ベクトル，(C_{ij}) は 3×3 実行列である．したがって，実数パラメータの数は合計で $3+3+9=15$ 個となる．密度行列の次元はエルミート性から $(3\times 3)\times 2 - 3 = 15$ なので，数は合っている．

B について跡をとった A の密度行列は $\rho_A = \frac{1}{2}(1 + \boldsymbol{a}\cdot\boldsymbol{\sigma})$ となるので，そのブロッホベクトルは $\boldsymbol{a}$ となる．$\boldsymbol{b}$ についても同様である．したがって，$\boldsymbol{a}$ と $\boldsymbol{b}$ は，それぞれ A と B 固有の 1 キュービット情報を表すパラメータで，(C_{ij}) は A と B の間の相関を与えるパラメータとみなすことができる．

ここで，どのようなパラメータ領域で ρ がエンタングルするか調べよう．A と B の関係性を見たいので，問題を簡単にするために，1 qubit のブロッホベクトル $\boldsymbol{a}, \boldsymbol{b}$ をゼロとし，(C_{ij}) だけとしよう．さらに，局所的ユニタリー変換で行列 C_{ij} を対角化し，その対角成分を $p, q, r \in \mathbb{R}$ とすると，

$$(C_{ij}) = \begin{pmatrix} p & 0 & 0 \\ 0 & q & 0 \\ 0 & 0 & r \end{pmatrix}$$

(9.40)

となる．

このとき密度演算子 ρ を行列表示すると，次のようになる．

9.5 混合状態のエンタングルメントの例

$$\rho = \frac{1}{4}\begin{pmatrix} 1+r & 0 & 0 & p-q \\ 0 & 1-r & p+q & 0 \\ 0 & p+q & 1-r & 0 \\ p-q & 0 & 0 & 1+r \end{pmatrix} \quad (9.41)$$

この行列の4つの固有値 $\lambda_1, \lambda_2, \lambda_3, \lambda_4$ と，それに対応する固有ベクトル $|w_1\rangle, |w_2\rangle, |w_3\rangle, |w_4\rangle$ は，簡単に求まる．

$$\lambda_1 = \frac{1}{4}(1+r+p-q), \quad |w_1\rangle = \frac{1}{\sqrt{2}}\begin{pmatrix} 1 \\ 0 \\ 0 \\ 1 \end{pmatrix} = \frac{1}{\sqrt{2}}(|00\rangle + |11\rangle)$$
$$(9.42)$$

$$\lambda_2 = \frac{1}{4}(1+r-p+q), \quad |w_2\rangle = \frac{1}{\sqrt{2}}\begin{pmatrix} 1 \\ 0 \\ 0 \\ -1 \end{pmatrix} = \frac{1}{\sqrt{2}}(|00\rangle - |11\rangle)$$
$$(9.43)$$

$$\lambda_3 = \frac{1}{4}(1-r+p+q), \quad |w_3\rangle = \frac{1}{\sqrt{2}}\begin{pmatrix} 0 \\ 1 \\ 1 \\ 0 \end{pmatrix} = \frac{1}{\sqrt{2}}(|01\rangle + |10\rangle)$$
$$(9.44)$$

$$\lambda_4 = \frac{1}{4}(1 - r - p - q), \quad |w_3\rangle = \frac{1}{\sqrt{3}} \begin{pmatrix} 0 \\ 1 \\ -1 \\ 0 \end{pmatrix} = \frac{1}{\sqrt{2}}(|01\rangle - |10\rangle)$$

(9.45)

固有値は非負なので，物理的に許される状態は，3次元 p, q, r 空間で4つの頂点 $(-1, 1, 1)$, $(-1, -1, -1)$, $(1, 1, -1)$, $(1, -1, 1)$ で定義される正四面体の内部 T とその境界にある（図9.1）．なお，頂点は純粋状態に対応している．

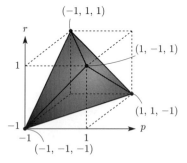

図 9.1 2 qubit の状態空間

次に2キュービット空間の次元を求めよう．a, b にそれぞれ3次元の自由度があるので，合計6次元である．さらに C_{ij} で9次元なので，全部合わせて $15 (= 4^2 - 1)$ 次元ある．

さて，ρ がエンタングルした状態になる条件を求めるために，ペレスの判定基準を調べよう．B系について部分転置をとることと q の符号を変えることは同値である．部分転置した行列 ρ^{PT} の固有値が全て正である条件は，図9.1の正四面体 T を p-r 面に対して折り返した正四面体 T' の内部である．

したがって，T の内部と T' の外部がエンタングルした状態である．特に頂点はエンタングルした状態であり，原点は分離可能である．

猫 状 態

シュレーディンガーの思考実験に出てくる猫の状態は巨大なエンタングルした状態であるが，エンタングルした状態には名前のついた状態がある．

2 qubit は**ベル状態**とよばれて，すでに説明した．3 qubit の場合に，

$$|\psi\rangle_{\text{GHZ}} = \frac{1}{2}\left[|111\rangle - |000\rangle\right]$$

は，**GHZ 状態**とよばれる．当然ながら，その延長線上に $\frac{1}{2}\left[|111\cdots\rangle - |000\cdots\rangle\right]$ などがあるが，名前はついていない．

一般に，キュービットが増えると猫状態は微小な雑音で崩壊する．例えば，上記の状態の 2 項目 $|000\rangle$ のうち，1 つ $|0\rangle$ の符号が変わっただけで $|\psi\rangle_{\text{GHZ}}$ と直交する状態になってしまう．

Dead and Alive?

図 9.2 シュレーディンガーの猫

第10章 弱値

　この章では，**弱測定**と**弱値** [40, 41] について述べる．いまのところ，このトピックスは量子力学の基礎問題とみなされているが，将来，量子情報科学全般に役立つと思われる[†1]．

　話は，第1章のヤングの2重スリットの実験に戻る．この実験の標準的な説明は，光子が2つのスリットのうち，どちらを通過したか分かるようになっていると干渉縞はできないが，逆に，干渉縞があると，どちらのスリットを通過したか(which-way)分からない，というものであった．しかし，これはどちらのスリットを通過したかを射影測定した場合の話である．射影測定では波束を収縮させてしまうので，どちらのスリットを通過したか測定すると，スリットが1つの場合と同じになって干渉は起きないのである [3]．

　仮に，射影測定のような暴力的な測定ではなくて，which-wayも分かり，かつ干渉効果も見えるような「柔らかい」測定は可能であろうか？　これは，量子力学の創設当時からの問題「原子の中の電子は，ある量子状態から別の量子状態に遷移する途中では何処に居たであろうか？」と同一の問題である．標準的な量子力学の授業では，「これは問うてはならない」質問なのである．実験で検証しようがないので，質問自体が物理学として意味がないというのである[†2]．

　ここでは，初期状態と終状態の間で，粒子の位置が「弱値」で与えられることを主張しよう．標準的な量子力学における「弱値」の明確な定義は，10.1節で与える．また，その弱値を測定する方法についても述べる．

[†1] 例えば，量子計算における中間状態の解析に役立つかもしれない．

[†2] この「原子の中の電子の位置」問題は，ボーアとシュレーディンガーが論争したことで有名である [42]．

10.1 量子力学と確率論

ボルン則 (2.7) により，状態 $|\psi\rangle$ での物理量 A の期待値 $\langle\psi|A|\psi\rangle$ は

$$\langle\psi|A|\psi\rangle = \sum_x \langle\psi|x\rangle\langle x|A|\psi\rangle = \sum_x |\langle\psi|x\rangle|^2 \frac{\langle x|A|\psi\rangle}{\langle x|\psi\rangle}$$

$$= \sum_x |\langle\psi|x\rangle|^2 \,_x\langle A\rangle_\psi^w = \sum_x \Pr[x] \,_x\langle A\rangle_\psi^w \qquad (10.1)$$

と書き換えることができる．ただし，完全系 $\{\langle x|\}$ は，$\langle x|\psi\rangle = 0$ のような状態の $\langle x|$ を含まないものとしよう．ここで $\Pr[x] = |\langle\psi|x\rangle|^2$ は，初期状態 $|\psi\rangle$ に対して終状態 $|x\rangle$ を得る確率測度である．$|x\rangle$ は測定する物理量 A に依存しないことが肝心である．また，(10.1) に登場する量

$$_x\langle A\rangle_\psi^w := \frac{\langle x|A|\psi\rangle}{\langle x|\psi\rangle} \qquad (10.2)$$

は，A の初期状態 $|\psi\rangle$ に対して終状態を $|x\rangle$ とする場合の **弱値 (weak value)** である．

ここで，確率論における期待値 $\mathrm{Ex}[A]$（Ex は expectation の意）に対する標準的な公式

$$\mathrm{Ex}[A] = \sum_x \Pr[x] h_A(x) \qquad (10.3)$$

と (10.1) を比較してみよう．$h_A(x)$ は確率論における確率変数である．そうすれば，この $h_A(x)$ と弱値 $_x\langle A\rangle_\psi^w$ を同一視することができるだろう [43]．すなわち，次式のようになる．

$$h_A(x) = \,_x\langle A\rangle_\psi^w \in \mathbb{C} \qquad (10.4)$$

ここで，もう一度 $\Pr[x] = |\langle\psi|x\rangle|^2$ **が測定すべき量 A に依存しないことを強調しておく**．

さらに，$h_A(x) = \,_x\langle A\rangle_\psi^w$ を用いると，確率論における分散に対する公式

から量子力学におけるそれを導くこともできる．すなわち，

$$\begin{aligned}\mathrm{Var}[A] &= \sum_x |h_A(x)|^2 \Pr[x] - \left(\sum_x h_A(x) \Pr[x]\right)^2 \\ &= \sum_x |{}_x\langle A\rangle_\psi^w|^2 \Pr[x] - \left(\sum_x {}_x\langle A\rangle_\psi^w \Pr[x]\right)^2 \\ &= \langle\psi|(A - \langle\psi|A|\psi\rangle)^2|\psi\rangle \end{aligned} \quad (10.5)$$

となる．ここで Var と書いたのは，variance の頭文字で，標準偏差の意である．

こうして見ると，物理量 A の弱値 ${}_x\langle A\rangle_\psi^w$ が初期状態と終状態の間での物理量の「値」であるとしてよいように見えるが，そのためには，弱値 ${}_x\langle A\rangle_\psi^w$ それ自体が計測可能である必要がある．その一例を次節で示す．

10.2 弱測定

弱測定 (weak measurement) の対象である物理系の他に，**プローブ系** (probe system) とよばれる補助的な物理系を新たに導入しよう．この系の具体例は次節で挙げる．そして，物理系の初期状態を $|\phi_i\rangle$ とし，プローブ系の初期状態を $|\psi_i\rangle$ としよう．

物理系とプローブ系の間にフォンノイマン型の相互作用ハミルトニアン

$$H = g\,\delta(t - t_0)\hat{A} \otimes \hat{p} \quad (10.6)$$

を考えよう．$\hat{A}$ と $\hat{p}$ については，それらが演算子であることを強調するためにハットをつけた．ここで g は結合定数，$\hat{p}$ はプローブ系の座標 $\hat{q}$ に共役な運動量である．デルタ関数は，相互作用が瞬間的であることを表している．また，t は時刻，t_0 は相互作用がはたらく時刻である．A はある物理量で，具体例は次節で挙げる．

このとき，時間発展演算子は簡単に $e^{-ig\hat{A}\cdot\hat{p}}$ と求まる．(10.6) のハミルト

10.2 弱測定

ニアンによる時間発展後の物理系の終状態を $|\phi_\mathrm{f}\rangle$ に限るように，物理系の状態に対する**事後選択** (post - selection) を行うと，プローブの量子状態 $|\psi_\mathrm{f}\rangle$ は，規格化定数を除いて

$$|\psi_\mathrm{f}\rangle = \langle\phi_\mathrm{f}|e^{-ig\hat{A}\otimes\hat{p}}|\phi_\mathrm{i}\rangle \otimes |\psi_\mathrm{i}\rangle \tag{10.7}$$

となる．このとき，プローブの位置の期待値の初期値 $\langle\hat{q}_\mathrm{i}\rangle$ と終値 $\langle\hat{q}_\mathrm{f}\rangle$ は

$$\langle\hat{q}_\mathrm{i}\rangle := \frac{\langle\psi_\mathrm{i}|\hat{q}|\psi_\mathrm{i}\rangle}{\langle\psi_\mathrm{i}|\psi_\mathrm{i}\rangle}, \qquad \langle\hat{q}_\mathrm{f}\rangle := \frac{\langle\psi_\mathrm{f}|\hat{q}|\psi_\mathrm{f}\rangle}{\langle\psi_\mathrm{f}|\psi_\mathrm{f}\rangle} \tag{10.8}$$

と与えられるので，プローブの位置の変化は

$$\Delta\langle\hat{q}\rangle := \langle\hat{q}_\mathrm{f}\rangle - \langle\hat{q}_\mathrm{i}\rangle \tag{10.9}$$

となる．同様にして，プローブの運動量の変化も求まる．

アハロノフたちの原論文 [40] に従って，前節で述べた弱値がプローブの位置のシフトにどう現れるか調べよう．以下，物理量 A の弱値を $_{\psi_\mathrm{f}}\langle A\rangle^w_{\psi_\mathrm{i}}$ $:= \frac{\langle\psi_\mathrm{f}|A|\psi_\mathrm{i}\rangle}{\langle\psi_\mathrm{f}|\psi_\mathrm{i}\rangle} = A_w$ と略記する．

プローブの終状態 (10.7) は，結合定数 g が小さいとき $g|A_w| \ll 1$ として

$$\begin{aligned}|\psi_\mathrm{f}\rangle &= \langle\phi_\mathrm{f}|e^{-ig\hat{A}\otimes\hat{p}}|\phi_\mathrm{i}\rangle|\psi_\mathrm{i}\rangle \\ &\approx \langle\phi_\mathrm{f}|\left[1 - ig\hat{A}\otimes\hat{p}\right]|\phi_\mathrm{i}\rangle|\psi_\mathrm{i}\rangle + O(g^2) \\ &= \langle\phi_\mathrm{f}|\phi_\mathrm{i}\rangle\left[1 - igA_w\hat{p}\right]|\psi_\mathrm{i}\rangle + O(g^2) \\ &\approx \langle\phi_\mathrm{f}|\phi_\mathrm{i}\rangle e^{-igA_w\hat{p}}|\psi_\mathrm{i}\rangle + O(g^2)\end{aligned} \tag{10.10}$$

と与えられる．ここで簡単のために，プローブの波動関数はガウス型

$$\tilde{\psi}_\mathrm{i}(q) = \left(\frac{2W^2}{\pi}\right)^{1/4} e^{-W^2 q^2} \tag{10.11}$$

とした．W は波束の広がりを与えるパラメータであり，(10.11) は $\langle\hat{q}_\mathrm{i}\rangle = \langle\hat{p}_\mathrm{i}\rangle = 0$ を与える．

プローブの終状態の波動関数は，(10.10) から

$$\begin{aligned}
\langle q|\psi_{\mathrm{f}}\rangle &\approx \langle \phi_{\mathrm{f}}|\phi_{\mathrm{i}}\rangle e^{-igA_w \hat{p}} \langle q|\psi_{\mathrm{i}}\rangle \\
&= \langle \phi_{\mathrm{f}}|\phi_{\mathrm{i}}\rangle e^{-igA_w \left(-i\frac{\partial}{\partial q}\right)} \tilde{\psi}_{\mathrm{i}}(q) \\
&= \langle \phi_{\mathrm{f}}|\phi_{\mathrm{i}}\rangle \left(\frac{2W^2}{\pi}\right)^{1/4} \times e^{-W^2(q-gA_w)^2 + (gA_w W)^2} \quad (10.12)
\end{aligned}$$

となるので，座標 q を得る確率密度は

$$|\langle q|\psi_{\mathrm{f}}\rangle|^2 \approx |\langle \phi_{\mathrm{f}}|\phi_{\mathrm{i}}\rangle|^2 \left(\frac{2W^2}{\pi}\right)^{1/2} \times e^{-2W^2(q-g\,\mathrm{Re}[A_w])^2 + 2(g\,\mathrm{Re}[A_w]W)^2} \quad (10.13)$$

となる．さらに，プローブの位置のシフト $\Delta\langle\hat{q}\rangle$ は (10.9) より

$$\Delta\langle\hat{q}\rangle = \langle\hat{q}_{\mathrm{f}}\rangle = \frac{\int dq\, q |\langle q|\psi_{\mathrm{f}}\rangle|^2}{\int dq\, |\langle q|\psi_{\mathrm{f}}\rangle|^2} = g\,\mathrm{Re}[A_w] \quad (10.14)$$

となる．これは弱値の実部に比例する．

同様にして，運動量のシフトは

$$\Delta\langle\hat{p}\rangle = \langle\hat{p}_{\mathrm{f}}\rangle = 2gW^2\,\mathrm{Im}[A_w] \quad (10.15)$$

となり，弱値の虚数部分に比例する．

(10.14) と (10.15) から，複素数としての弱値も求まる．したがって，弱値は実験的に計測可能であることが分かる．

10.3 弱測定の実例 [44]

図 10.1 のようなマッハ - ツェンダー干渉計を用いた弱測定の例を示そう．A から光子を入射し，D で検出する．これを D に限定するという意味で**事後選択する** (post - select) という．この設定のもとに，光子が途中どの

経路を通るかを実験的に判定する方法を考える．まず，最初の関門はBを通ったかCを通ったかの判定である．

マッハ–ツェンダー干渉計の経路Cに，薄いスライドガラスを図10.1のように挿入する．ガラスはほとんど経路に垂直に置くが，わずかにθだけ傾ける．そのために，光軸は経路に垂直な方向に，わずかにシフトする．

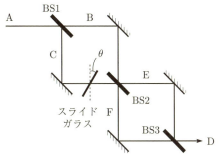

図 10.1　マッハ–ツェンダー干渉計を用いた弱測定の例

経路に垂直な方向の座標を$\hat{q}$とし，それをプローブの自由度としよう．$\hat{q}$に共役な運動量を$\hat{p}$とすると，スライドガラスを挿入した場合の相互作用ハミルトニアン H は，

$$H = \theta |C\rangle\langle C| \otimes \hat{p} \tag{10.16}$$

となる．前節で述べた相互作用ハミルトニアン (10.6) において，物理量 A の演算子 $\hat{A}$ に当たるのが，経路C状態への射影演算子 $|C\rangle\langle C|$ である．

このマッハ–ツェンダー干渉計の場合について，初期状態を $|\psi\rangle = |A\rangle$，終状態を $\langle\omega| = \langle D|$ と選び，弱値を理論的に計算しよう．

第1章で見たように，マッハ–ツェンダー干渉計におけるビームスプリッター (BS) 1 のはたらき U_1 とビームスプリッター 2 のはたらき U_2 は

$$U_1|A\rangle = \frac{1}{\sqrt{2}}(|B\rangle + |C\rangle) \tag{10.17}$$

$$\langle D|U_2 = \langle C| \tag{10.18}$$

なので，これから $|C\rangle\langle C|$ の弱値 $\dfrac{\langle\omega|U_2|C\rangle\langle C|U_1|\psi\rangle}{\langle\omega|U_2 U_1|\psi\rangle}$ が計算できる．(10.18) から $\langle D|U_2|C\rangle = 1$，(10.17) から $\langle C|U_1|A\rangle = \dfrac{1}{\sqrt{2}}$ を得るので，(10.17) と (10.18) を合わせると $\langle D|U_2 U_1|A\rangle = \langle C|\dfrac{1}{\sqrt{2}}(|B\rangle + |C\rangle) = \dfrac{1}{\sqrt{2}}$ と

なり，積状態 $|\omega\rangle$ が $|D\rangle$ の場合の弱値は，

$$\frac{\langle\omega|U_2|C\rangle\langle C|U_1|\psi\rangle}{\langle\omega|U_2U_1|\psi\rangle} = \frac{1\cdot\frac{1}{\sqrt{2}}}{\frac{1}{\sqrt{2}}} = 1 \qquad (10.19)$$

となる．同様にして，経路 B にスライドガラスを挿入した場合の $|B\rangle\langle B|$ の弱値は，$\langle D|U_2|B\rangle = \langle C|B\rangle = 0$ なので，次式のようになる．

$$\frac{\langle\omega|U_2|B\rangle\langle B|U_1|\psi\rangle}{\langle\omega|U_2U_1|\psi\rangle} = \frac{0\cdot\frac{1}{\sqrt{2}}}{\frac{1}{\sqrt{2}}} = 0 \qquad (10.20)$$

したがって，スライドガラスを経路 C に挿入すると，(10.14) により，光軸は弱値と θ に比例した量だけシフトし，B に挿入するとシフトしない．これによって，光が C を通り B を通らなかったことが，弱測定により分かると解釈する．さらに，$|E\rangle\langle E|$ の弱値は 1 で $|F\rangle\langle F|$ の弱値はゼロであることは，マッハ–ツェンダー干渉計の干渉効果を確認したことになる．

次に，第 1 章の演習問題 2 にあるような 2 重マッハ–ツェンダー干渉計における弱値を理論的に求めよう．まず，図 1.10 にある 3 つのビームスプリッターのはたらきが

$$\left.\begin{aligned}U_1|A\rangle &= \frac{1}{\sqrt{2}}(|B\rangle + |C\rangle) \\ U_2|B\rangle &= \frac{1}{\sqrt{2}}(|E\rangle + |F\rangle), \quad U_2|C\rangle = \frac{1}{\sqrt{2}}(|E\rangle - |F\rangle) \\ U_3|E\rangle &= \frac{1}{\sqrt{2}}(|D\rangle + |D'\rangle), \quad U_3|F\rangle = \frac{1}{\sqrt{2}}(|D\rangle - |D'\rangle) \\ |D\rangle &= U_3\frac{1}{\sqrt{2}}(|E\rangle + |F\rangle)\end{aligned}\right\} \qquad (10.21)$$

であったことを思い出そう．そして，光子が 4 つの経路 CE,CF,BE,BF のうちどれを通ったかを見るために，$P_E = |E\rangle\langle E|$, $P_C = |C\rangle\langle C|$ などと略記して，それぞれの経路に対する弱値，すなわち $P_E P_C$, $P_F P_C$, $P_E P_B$, $P_F P_B$ の弱値を計算すると [45]，

$$\left.\begin{array}{ll}\langle P_E P_C\rangle^w = \dfrac{1}{2}, & \langle P_F P_C\rangle^w = \dfrac{1}{2} \\ \langle P_E P_B\rangle^w = \dfrac{1}{2}, & \langle P_F P_B\rangle^w = -\dfrac{1}{2}\end{array}\right\} \qquad (10.22)$$

となる．興味深いことに，経路 BF に対して $P_F P_B$ の弱値，すなわち B と F を通る結合確率は負になる[†3]．確率が負であることに違和感があるかもしれないが，これは実際に射影測定をしない反実仮想的状況であり，頻度を求めているわけでない，ということに留意しよう．

ここで着目すべきは，事後選択したときの経路に垂直な方向へのシフトは，$\theta(|C\rangle\langle C|)_w$ で与えられるので，(10.2) から，物理系の初期状態 $|\phi_\mathrm{i}\rangle$ と事後選択状態 $|\phi_\mathrm{f}\rangle$ がほぼ直交する状態に対しては，シフトが大きくなるということである．これを**弱測定による信号増幅**という．(10.11) のように，プローブの波動関数がガウス型の場合には，増幅は頭打ちになることが知られているが，波動関数を工夫すれば増幅度は任意に上げられる．

ボルンの確率解釈

M. ボルン (1882 – 1970) は，波動関数の確率解釈についてノーベル物理学賞を受賞した．その内容は校正の際に脚注として挿入されたものだった．

ボルンはユダヤ人だったために，ゲッチンゲン大学の職をナチスによって奪われた．また，アインシュタインの言葉「彼（神）はサイコロ遊びをしない」は 1926 年にボルンに当てた手紙の中で述べられたものである．弟子に，ハイゼンベルク，パウリなど錚々たる物理学者たちがいる．戦後，ハイゼンベルク，ワイツゼッカーらと共にドイツの核武装に反対した．

[†3] これは，$\langle P_E P_C\rangle^w + \langle P_F P_C\rangle^w = \langle P_C\rangle^w = 1$ などからも間接的に導くことができる．

第11章
量子計算の基礎(I)
― 量子チューリングマシンと量子ゲート ―

　この章では，はじめに古典計算の原理である**チューリングマシン**を復習する．次に，量子力学の公理に基づいて，それを**量子チューリングマシン**に拡張する．

　実用的には，量子コンピュータはいくつかの量子論理ゲートで駆動する．基本的な量子論理ゲートについて説明した後，具体的には，マイクロ波のパルスを量子系に一定時間照射することで，基本的なゲートが実装されることを例を挙げて説明する [46]．

11.1　量子情報における量子計算の位置付け

　今世紀のはじめ頃に，さるプロジェクトの評価委員会の席で，情報幾何で有名な甘利俊一先生が興味深い問題提起をされたことが心に残る．大学の情報科学科の中は，大きく分けて情報科学部門と計算部門があり，その間の交流があまりないのに，量子情報の分野では情報と計算が一体となっているように見えるのはなぜか？ とニコニコして仰った．その質問に対して，新進気鋭の女性研究者が「量子計算と量子情報が両方とも同じ物理学の原理に根ざしているからでしょう」と即答したので，先生は大いに満足されていたように思う．

　それから20年経って，量子計算分野は，古典計算分野のように情報分野

から分離し，さらに量子力学からもスピンアウトしつつあるように見える．それが量子計算の実用にとって良いことかどうかは判断しにくいが，素因数分解のアルゴリズムで有名なショアと食事をしながら，量子アルゴリズムのその後にさしたる進展がないことについて将来予想を尋ねたことを思い出す（248 頁のコラムを参照）．彼は，おそらく量子力学の原理的理解が深まったときに，それが起こるだろう，と答えた．

11.2 量子計算の量子力学的側面

量子計算のどこに量子力学が本質的に使われているのかを見るために，第 2 章に掲げた量子力学の公理を復習しよう．

（1）**重ね合わせの原理**

状態 $|0\rangle = \begin{pmatrix} 1 \\ 0 \end{pmatrix} \in \mathcal{H}$ と状態 $|1\rangle \begin{pmatrix} 0 \\ 1 \end{pmatrix} \in \mathcal{H}$ が物理的に実現可能な状態ならば，その重ね合わせ

$$|\psi\rangle = \alpha|0\rangle + \beta|1\rangle \in \mathcal{H}, \quad \alpha, \beta \in \mathbb{C} \tag{11.1}$$

も物理的に可能な状態である．

（2）**シュレーディンガー方程式**

状態の時間発展は，物質の場合にはシュレーディンガー方程式

$$i\hbar \frac{\partial |\psi(t)\rangle}{\partial t} = H|\psi(t)\rangle \tag{11.2}$$

に従う．ここで H はハミルトニアンとよばれる自己共役演算子であり，物理系を与えれば決まる．光子の場合には，マクスウェル方程式がシュレーディンガー方程式の代わりをする．

状態はユニタリー演算子 $U = e^{-\frac{iHt}{\hbar}}$ により時間発展する．すなわち，初期状態を $|\psi(0)\rangle$ とすると，次式のように表せる．

$$|\psi(t)\rangle = U(t)|\psi(0)\rangle \tag{11.3}$$

(3) **波束の収縮と確率解釈**

重ね合わせ状態

$$|\psi\rangle = \alpha|0\rangle + \beta|1\rangle \in \mathcal{H}, \qquad \alpha, \beta \in \mathbb{C} \tag{11.4}$$

にあるときに，状態が $|0\rangle$ か $|1\rangle$ を判定することのできる測定をすると，状態は $|0\rangle$ か $|1\rangle$ に遷移する．その確率は (11.4) における，それぞれの係数の絶対値の 2 乗 $|\alpha|^2, |\beta|^2$ に比例する．$|\alpha|^2 + |\beta|^2 = 1$ と，全体の大きさを 1 に規格化しておけば，$|\alpha|^2, |\beta|^2$ はそれぞれ確率になる．

(4) **多粒子状態**

2 粒子の量子状態 $|\psi(1,2)\rangle$ は，1 粒子状態 2 つ $|\psi_1\rangle \in \mathcal{H}_1$ と $|\psi_2\rangle \in \mathcal{H}_2$ のテンソル積（積の線形結合）になる．例えば，次式のように表せる．

$$\left.\begin{array}{c}|\psi(1,2)\rangle = \alpha|\psi_1\rangle \otimes |\psi_2\rangle + \beta|\psi_1\rangle' \otimes |\psi_2\rangle' \in \mathcal{H}_1 \otimes \mathcal{H}_2 \\ \alpha, \beta \in \mathbb{C}\end{array}\right\} \tag{11.5}$$

次に，これらの公理が量子計算の動作原理にどのように生かされているか見ていこう．

(1) の重ね合わせ状態により，量子計算機はいわば並列計算を行っていることになり，それが計算の速さのもとになっている．また，公理 (2) により状態変化はユニタリーに行われ，公理 (3) で計算結果を読み取る．量子計算では，特に (4) のテンソル積の公理が強調される．

ウォーミングアップのために，2 qubit の場合に，4 次元の状態空間の基底をテンソル積を使って表そう．例えば，$(1,0,0,0), (0,1,0,0), (0,0,1,0)$,

$(0,0,0,1)$ は $\langle 0|\langle 0|, \langle 0|\langle 1|, \langle 1|\langle 0|, \langle 1|\langle 1|$ と表せる．

第 1 qubit と第 2 qubit を入れ替える変換（これを **SWAP** という）は

$$\langle 0|\langle 1| \quad \leftrightarrow \quad \langle 1|\langle 0| \tag{11.6}$$

だから，

$$(0,1,0,0) \quad \leftrightarrow \quad (0,0,1,0) \tag{11.7}$$

の入れ替えだけで，これ以外の基底を変えない．したがって，SWAP を行列表示すれば

$$\mathrm{SWAP} = \begin{pmatrix} 1 & 0 & 0 & 0 \\ 0 & 0 & 1 & 0 \\ 0 & 1 & 0 & 0 \\ 0 & 0 & 0 & 1 \end{pmatrix} \tag{11.8}$$

となる．

2 qubit の場合には，基底をテンソル積で表すと，先ほど見たように 0 と 1 の数字の列は 4 行から 2 行に縮まる．一般の n qubit の場合には，2^n 個の列は n 個に縮まり，この指数関数的な短縮化も，量子計算の速さのもう 1 つの原因となっている．

この章では，量子力学と量子情報を踏まえた上での量子計算を講じて，将来，原理から発したブレイクスルーが起こることを期待する．章のはじめに，これまでにできあがった量子計算のパラダイムを概観しよう．

11.3 チューリングマシン

古典計算機は，原理的に**チューリングマシン** (**Turing machine**) という概念的な計算機に帰着される．チューリングマシンはテープとプロセッサー

（有限制御部）から成り立っており，テープには0と1の羅列が書き込まれている．プロセッサーにはヘッドがついていて，テープに書いてある数字を読んだり書き換えたりしながら，テープを前後に移動させる（図 11.1）．その動きは，あらかじめプログラムされている．

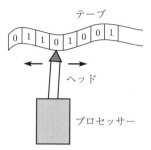

図 11.1　チューリングマシン

チューリングマシンに関する概略的な説明をもっと丁寧に見てみよう．一般的な定義等は計算機科学のテキストを見ていただくことにして，ここでは簡単な計算をさせて，その動作を具体的に見ることにしよう．

例を挙げよう．2を掛けるには，掛けられる数（例えば9）をテープに2進法で表しておいて (1001)，その末尾に0を書き足せばよい（そうすると，答えは2進法で10010となり，これは10進法で $18 = 9 \times 2$ に等しい）．

$$1001 \quad \to \quad 10010 \qquad\qquad (11.9)$$

また，1を足すには，一番最後の0を見つけてそれを1に書き直し，それより下の桁の1を0に書き換えればよい．例えば，9を10に書き換えれば，次のようになる．

$$100\underline{1} \quad \to \quad 10\underline{1}1 \quad \to \quad 101\underline{0} \qquad\qquad (11.10)$$

つまり，この操作では1を足すことによる繰り上げを行っている．

一般に，はじめにテープに書かれていた0と1の羅列を初期状態とみなし，書き換えられた結果のテープの0と1の羅列を終状態とみなしたとき，**計算とは，それらの状態間の遷移 (transition) である**ということができる．その状態の遷移の結果に意味を与えるのは解釈の問題である．このことは，上で述べた簡単な2つの例で明らかだろう．

計算が可能であるとは，チューリングマシンの動きがいつかは停止するこ

とであり，これが現代の数理的論理学の計算可能性の判定条件になっている．また，**計算が複雑である**とは，図 11.1 のヘッドの逐次的な動きの回数が多いということである．回数の多さの定量化については次節で述べるが，一般に解くべき問題に対する複雑さに階層構造があることが計算量の理論で知られている．

もちろん，普通の計算機が文字通りチューリングマシンの原理で動いているわけではない．実際にはハードウェアに依存した動作をしているが，これはチューリングマシンの動作に置き換えて考えることができる．

チューリングマシンは，計算可能性あるいは計算量の定義に便利であるし，そこでの定義が普通の計算機でも成り立つことが示されている．チューリングマシンと実際の計算機の中間に位置する概念が，後で述べる**論理回路** (**logic circuit**) である．

ここで用語についてお断りしておきたいことがある．「状態」を通常の計算機科学では本書と少し違う意味に用いている．本書では「状態」を量子力学の用語と同じ意味で用いている．量子計算機についての記述では，量子力学の用語に合わせる方が原理を理解するのによいと思う．よく考えると，計算機科学上の用法とのつながりも悪くないと思う．

11.4　計算の複雑さ

いままでは，漠然と量子計算は，古典計算と比べて「圧倒的に速い」などと述べてきて，その速さを定量化しなかった．ここで，情報理論の標準的な**計算の複雑さ** (**computational complexity**) [47] に関することがらをざっと復習してから，最後に第 13 章のショアによる素因数分解の具体例で，量子計算における複雑さを見よう．

一般的に，計算に要する逐次的なステップ数を計算時間と考えてよいだろう．そして，これが計算の複雑さだと考える．具体的には，n ビットの

入力があるとき，計算に必要な逐次的なステップ数がnのベキ程度である場合，これを**多項式時間のプログラム** (polynominal time algorithm) という．そして，はじめに述べた，単純なチューリングマシン (DT, Deterministic Turing Machine) で多項式時間のプログラムをつくれる問題を**P 問題** (polynomial time problem) とよぶ．四則計算，平方根を求める計算など，学校で教わる計算は概ねこの範疇に入る．

さて，チューリングマシンを多数用意して並列化したものが，**非決定的チューリングマシン** (**NDT**, Nondeterministic Turing Machine) である．問題を解いている途中で，場合分けが必要になったとき，そこから2個以上のDTに分岐して計算をする．原理的には，ねずみ算的にいくらでも分岐の数を増やしていけるので，場合の数がどんどん増えてくる，組み合わせ論的に複雑な問題に向いている．

NDTで多項式時間のプログラムがあるような問題を**NP 問題** (non deterministic polynominal time problem) という．NP問題が四則計算のようなP問題を含むことは，定義から自明である．

直観的にいうと，DTで解を探そうとすると非多項式時間がかかるものの，解の検算は多項式時間で実行できる範疇の問題のことをNP問題という．検算には，上記の場合分けが要らないからである．

NP問題の中にある数学的によく定義された一群の問題に**NP 完全問題** (**NP‐complete problem**) がある．代表的なものとして，**巡回セールスマン問題** (traveling salesman problem) がよく知られていて，おおまかにいえば次のような問題である．

セールスマンには，訪問しなければいけない都市と，それらの都市を結ぶ航空運賃の一覧表が与えられている．問題は，彼に与えられた出張旅費内で全ての都市を1回ずつ訪問するルートがあるかどうか判定することである．都市の数が多いと，組み合わせの数はますます多くなり，それだけ計算は大変になる．検算としては，単に経路に対応した各都市間の航空運賃の合計を

求めて，それが与えられた出張旅費以下であることを確認するだけでよく，電卓でも簡単にできる．

11.5　量子チューリングマシン

　チューリングマシンにおけるテープの各マス目には，0 と 1 の文字が書き込まれていて，全体はそれを順番づけして並べたものである．これを量子状態の $|0\rangle$ と $|1\rangle$ のテンソル積とみなすと，古典チューリングマシンの概念は**量子チューリングマシン (quantam Turing machine)** にスムースに移行することができる．そうすれば，ヘッドによる文字の書き換えは，ユニタリー変換であることは考えやすい．そしてテープの読み取りは，量子力学の測定に当たる．

　このように計算機科学と量子力学の相性はとても良いのである．量子計算機の概念の発明者のドイチは考えの深い人であるが，1982 年頃に，おそらくそのように考えたのだろうと想像する．

　物理的には，キュービットのテンソル積は，キュービットを担う粒子（例えばイオン粒子）を並べればできあがり，ユニタリー変換は特定の周波数のマイクロ波パルスを定められた時間だけ照射することで実現できる．読み取りは，例えば特定の状態から基底状態への遷移により放出される光子の検出で実現できる．

　問題の計算可能性の定義と計算量の定義も，古典チューリングマシンに倣えばよい．明らかに量子計算機のはたらきは古典計算機のはたらきを含むので，古典計算機ができることは量子計算機でもできる．

　その逆はどうだろうか？　量子計算機にできて古典計算機にできない問題があるだろうか，と考えてみる．量子計算は量子力学に基づいて数学の言葉で表すことができるので，これは古典計算で可能である．結局，機能の違いは計算の速さに現れる．

ただし，古典と量子には大きな違いがある．それは，量子計算では途中の状態が重ね合わせ状態であることである．それが，いわば「量子並列計算」になっていて，解の候補を大量に提供する．そして，うまい量子アルゴリズムを考えて，ある量を測定することで重ね合わせ状態を大幅に縮小して，本命の量を高い確率で得るように工夫するのである．第13章で詳しく解説するショアによる素因数分解のアルゴリズムでは，フーリエ変換が巧妙に使われて，それが実現している．物理的類似をいえば，X線を結晶に照射し，得られた干渉パターンの周期を測定して，格子間隔を求めることと似ている．

ショアによる素因数分解のアルゴリズムが速いのは，途中に膨大な数の状態が重ね合わされていることにある．一方，伝統的なコペンハーゲン解釈だと，途中の状態を知ることはできない．これを何らかの方法で，実験的に知ることができて制御できれば，もっと広範なアルゴリズムの開発に資すると思う．

11.6 ユニタリー変換：量子論理ゲート

量子力学の公理において，量子状態の時間発展はユニタリー変換により記述できる．その状態変化を意図的に行い，キュービットを測定し適切に解釈すれば，量子計算とみなすことができる．そのユニタリー変換を，基本的な要素である量子論理ゲートに分解することを考えよう．**量子論理ゲート** (quantum logic gate) は物理的な操作であり，**量子回路** (quantum circuit) はその操作の手順を表す．

はじめに古典論理ゲートを簡単にまとめてから，それをお手本に量子論理ゲートの標準モデルをつくろう．

11.6.1 古典計算機における論理ゲート

古典計算機における代表的な論理ゲートとしては，NOT, OR, AND, EXCLUSIVE - OR (XOR) などがあり，図 11.2 のような記号で表される．

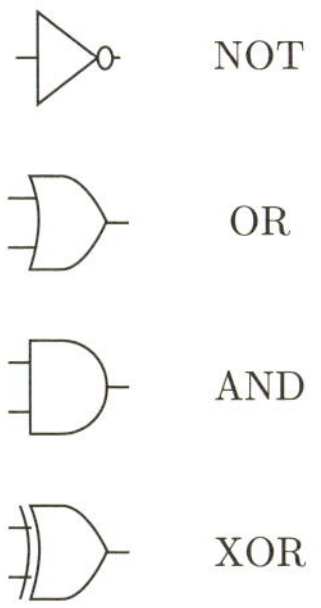

NOT は論理否定であり，はたらきは 1 ビットのフリップである．すなわち

$$\left.\begin{array}{ccc} |0\rangle & \to & |1\rangle \\ |1\rangle & \to & |0\rangle \end{array}\right\} \tag{11.11}$$

図 11.2 古典論理ゲート

である．**OR** は 2 ビットの入力から 1 ビットの出力をするもので，はたらきは

$$\left.\begin{array}{ccc} |0\rangle|0\rangle & \to & |0\rangle \\ |0\rangle|1\rangle & \to & |1\rangle \\ |1\rangle|0\rangle & \to & |1\rangle \\ |1\rangle|1\rangle & \to & |1\rangle \end{array}\right\} \tag{11.12}$$

であって，入力に $|1\rangle$ が含まれるときに $|1\rangle$ を出力する．

AND も 2 ビットの入力から 1 ビットの出力をするもので，はたらきは

$$\left.\begin{array}{ccc} |0\rangle|0\rangle & \to & |0\rangle \\ |0\rangle|1\rangle & \to & |0\rangle \\ |1\rangle|0\rangle & \to & |0\rangle \\ |1\rangle|1\rangle & \to & |1\rangle \end{array}\right\} \tag{11.13}$$

であって，入力が $|1\rangle|1\rangle$ のときだけ $|1\rangle$ を出力する．別の言い方をすれば，AND は掛け算であって $|a\rangle|b\rangle \to |ab\rangle$ である．

XOR も 2 ビットの入力から 1 ビットの出力をするもので，はたらきは

11. 量子計算の基礎 (I)

$$\left.\begin{array}{ccc} |0\rangle|0\rangle & \to & |0\rangle \\ |0\rangle|1\rangle & \to & |1\rangle \\ |1\rangle|0\rangle & \to & |1\rangle \\ |1\rangle|1\rangle & \to & |0\rangle \end{array}\right\} \quad (11.14)$$

であって，入力のうちどちらか1ビットだけが $|1\rangle$ のとき $|1\rangle$ を出力する．別の言い方をすればXORは2を法とする足し算であって，$|a\rangle|b\rangle \to |a+b \bmod 2\rangle$ である．

ANDとNOTの組み合わせで全てのビットの並べ替えができるので，全ての計算ができることになる．このことを具体的に2ビットの場合に見てみよう．2ビットの場合に可能な動作を全て書き下せば

$$\left.\begin{array}{ccc} |0\rangle|0\rangle & \to & |0\rangle \text{ or } |1\rangle \\ |0\rangle|1\rangle & \to & |0\rangle \text{ or } |1\rangle \\ |1\rangle|0\rangle & \to & |0\rangle \text{ or } |1\rangle \\ |1\rangle|1\rangle & \to & |1\rangle \text{ or } |0\rangle \end{array}\right\} \quad (11.15)$$

の $2^4 = 16$ 通りで尽くされる（4通りの入力の各々に対して $|0\rangle$ と $|1\rangle$ の2通りの出力があり得ることに注意してほしい）．この動作を表現する方法は，全部で3つある．

(1) (11.15) の右辺の1列目を選択すればANDであることに注意すると，$|0\rangle$ が3通り，$|1\rangle$ が1通り出力される場合（あるいはその真逆の場合）には，ANDゲートにおいて，入力あるいは出力端子に適当にNOTをつけていけば場合を尽くすことができる．

(2) 出力に $|0\rangle$ と $|1\rangle$ が2通りずつあるときには，図11.3 (2) のように，(11.15) の入力の他に必ず $|0\rangle$ を入力する3ビットの回路において，はじめのANDの片方の入力を $|0\rangle$ に固定すればよい．例えば，図11.3 (2) の回路を左から右に読むと，

$$
\left.\begin{array}{l}
|0\rangle|0\rangle|0\rangle \xrightarrow{\text{AND}} |1\rangle|0\rangle \xrightarrow{\text{AND}} |0\rangle \\
|0\rangle|0\rangle|1\rangle \xrightarrow{\text{AND}} |1\rangle|1\rangle \xrightarrow{\text{AND}} |1\rangle \\
|1\rangle|0\rangle|0\rangle \xrightarrow{\text{AND}} |1\rangle|0\rangle \xrightarrow{\text{AND}} |0\rangle \\
|1\rangle|0\rangle|1\rangle \xrightarrow{\text{AND}} |1\rangle|1\rangle \xrightarrow{\text{AND}} |1\rangle
\end{array}\right\} \quad (11.16)
$$

となることが分かり，$|0\rangle$ と $|1\rangle$ が 2 つずつ出力されることを確認できる．

(3) 出力が全て $|0\rangle$ あるいは $|1\rangle$ のときは，図 11.3（3）のように，後の AND の入力を $|0\rangle$ に固定すればよい．後は，入力あるいは出力端子に適当に NOT をつけていけば，全ての場合を尽くすことができる．

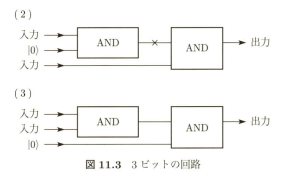

図 11.3 3 ビットの回路

11.6.2 可逆な論理ゲート

ランダウアーたちは，古典計算に熱の発生が不可避であるかを論じた[†1]．まず，計算は (11.13) の AND ゲートのように不可逆過程なので，1 ビットの操作には $k_B \log 2$ のエントロピーの発生が伴うという議論がなされ，後藤らがそれに反対した．結局，可逆的な論理ゲートが提案され，熱の発生なしに計算できることが分かった．これは，5.3 節で述べたマクスウェルの悪魔の

[†1] もちろん，原理的な問題として論じている．実際の大型計算機は，ここで問題にするよりも遥かに多くのジュール熱を発生させている．

問題が関係する．メモリを消去しなければ熱が発生せず，可逆に状態が遷移し続けるので，計算を可逆に行うことができるというのが，ランダウアーとベネットの結論であった．

それならば，可逆な量子過程で計算もできるだろうと発想して，量子計算の研究がはじまったという人もいるが [48]，重ね合わせ状態についての考察はドイチを待たなければならなかった．

全ての状態変化を実現できる計算機を**万能計算機** (universal computer) という．その計算機を動作するゲートの集合を**万能ゲート** (universal gate) とよび，それらのうちで可逆なものを**万能可逆ゲート** (universal reversible gate) とよぼう[†2]．

ここでは，典型的な万能可逆ゲートとして，NOT ゲートと**トフォリゲート** (Toffoli gate) の組を挙げよう．NOT ゲートについては，(11.11) を見れば，すぐに可逆だと分かる（図 11.4）．

ゲートのはたらきは，各ビットの役割の違いを明示すると理解しやすい．2 つの入力ビットのうち一方を**制御ビット** (control bit)，他方を**標的ビット** (target bit) とよび，制御ビットを条件として，標的ビットの出力を変える．制御ビットを明示するために，図には黒丸を打ってある．

次にトフォリゲートの定義を示そう．これは，3 ビットのゲートで 2 個が制御ビット，1 個が標的ビットになっていて，制御ビットが 2 つとも $|1\rangle$ のときにのみ，標的ビットをフリップする．他の場合，つまり制御ビットが

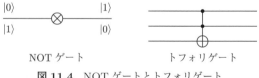

図 11.4 NOT ゲートとトフォリゲート

[†2] もちろん，ある目的のための専用の量子計算機（例えば，因数分解の専用機）も充分意味があると思うが，本書では扱わない．

$|1\rangle|0\rangle, |0\rangle|1\rangle, |0\rangle|0\rangle$ のときには，標的ビットは変化しない．これは，標的ビットである第3ビットの初期状態を $|0\rangle$ に固定すれば，ANDゲートになるので，万能性は前項で述べたことから明らかだろう．

可逆性は，このゲートを3ビット，すなわち $2^3 = 8$ 次元のヒルベルト空間における標準基底に対する8行8列の行列で書き下すと，

$$\begin{pmatrix} 1 & 0 & 0 & 0 & 0 & 0 & 0 & 0 \\ 0 & 1 & 0 & 0 & 0 & 0 & 0 & 0 \\ 0 & 0 & 1 & 0 & 0 & 0 & 0 & 0 \\ 0 & 0 & 0 & 1 & 0 & 0 & 0 & 0 \\ 0 & 0 & 0 & 0 & 1 & 0 & 0 & 0 \\ 0 & 0 & 0 & 0 & 0 & 1 & 0 & 0 \\ 0 & 0 & 0 & 0 & 0 & 0 & 0 & 1 \\ 0 & 0 & 0 & 0 & 0 & 0 & 1 & 0 \end{pmatrix} \quad (11.17)$$

となることから示せる．右下の2行2列がNOTになっていることに注意しよう．逆があることは明らかだろう．

11.6.3 量子論理ゲート

これまでに述べたことを，量子論理ゲートの場合に拡張しよう．

しかし以前に述べたように，量子計算はユニタリー変換であるから，逆変換のあるゲートしか使えない[†3]．NOTは $|0\rangle$ を $|1\rangle$，$|1\rangle$ を $|0\rangle$ のように相手が何であろうとひっくり返すだけの操作なので，NOT自体がNOTの逆であるから，明らかにユニタリーである．一方，他の古典ゲートはそもそも入力が2ビット，出力が1ビットであり，逆をもたないからユニタリー変換でありえない．そのために，万能の量子チューリングマシンをつくるには，

[†3] ユニタリー変換 $U: |\psi\rangle \to U|\psi\rangle$ は $U^\dagger U = UU^\dagger = 1$ を充たす．すなわち，確率の保存 ($U^\dagger U = 1$) と逆の存在 ($UU^\dagger = 1$) を意味することを思い出そう．

新たなゲートを必要とする．

制御 NOT (controlled - NOT) は，古典計算における XOR のはたらきもできる 2 qubit ゲートで，量子計算において重要な役割を果たす．図 11.5 にあるように，図の左側から入力され，右側に出力される．制御ビットが $|0\rangle$ のときには標的ビットは遷移を起こさないが，制御

図 11.5 制御 NOT

ビットが $|1\rangle$ のときは NOT ゲートとしてはたらく．言い換えると，制御ビット $|a\rangle$ と標的ビット $|b\rangle$ の入力があれば，標的ビットに $|a+b \bmod 2\rangle$ が出力されるので，確かに XOR のはたらきをしている．逆があることは明らかであろう．

一般に，この制御 NOT と 1 qubit のユニタリー変換の組み合わせで全てのユニタリー変換が実行できることが証明されている．証明については第 12 章で示す．

ここで，量子回路の見方を再確認しよう（図 11.6 を参照）．横線はキュービットを表し，その上に $|0\rangle$ と $|1\rangle$ の重ね合わせ状態が置かれる．このダイアグラムは楽譜のように左から右に見ていく．縦線はゲートとよばれるキュービット間の相互作用を表し，ゲートを通過するたびに，状態は指定されたユニタリー変換を受ける．

量子回路を見ると，まさに回路の形をしているので，ハードウェアであるというとんでもない誤解をして，量子計算では問題毎に新しいハードウェアをつくらなければいけないと思うかもしれないが，そうではない．ゲートは

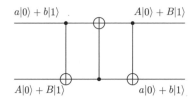

図 11.6 量子回路の例：交換ゲート

レーザーを照射するなど，ある一連の物理的操作を表していて，量子回路全体はそれをまとめて記述しているに過ぎない．したがって，汎用のハードウェアは別にあって，その操作の仕方を記述していることになる．量子計算機のハードウェアを楽器になぞらえていえば，量子回路は楽譜にあたる．ゲートの物理的実装については節を改めて述べる．

〈**問題**〉 制御ビットと標的ビットのテンソル積の状態を

$$|0\rangle|0\rangle = (1,0,0,0)$$
$$|0\rangle|1\rangle = (0,1,0,0)$$
$$|1\rangle|0\rangle = (0,0,1,0)$$
$$|1\rangle|1\rangle = (0,0,0,1)$$

と表示したとき，制御 NOT を行列表示して，そのユニタリー性を確認せよ．
(ヒント：制御ビットが $|0\rangle$ の場合が，行列の 1,2 行目 1,2 列目にあたるので，そこは単位行列である．一方，制御ビットが $|1\rangle$ の場合が，行列の 3,4 行目 3,4 列目にあたるので，そこは NOT，すなわちパウリ行列 $\sigma_x = \begin{pmatrix} 0 & 1 \\ 1 & 0 \end{pmatrix}$ である．

したがって，制御 NOT を上に述べた基底を用いた 4 行 4 列の行列で書けば，

$$\begin{pmatrix} 1 & 0 & 0 & 0 \\ 0 & 1 & 0 & 0 \\ 0 & 0 & 0 & 1 \\ 0 & 0 & 1 & 0 \end{pmatrix}$$

となる．)

〈**問題**〉 1 桁の数 a, b に対して，$a + b \bmod 2$ を並列計算する回路を考案せよ（この結果は後で用いる）．これは次式のように表せる．

$$|a\rangle|b\rangle|0\rangle \quad \rightarrow \quad |a\rangle|b\rangle|a + b \bmod 2\rangle$$

(ヒント：次の手順で計算できる．
 (1) 制御 NOT により 2 番目のキュービットに $a + b \bmod 2$ を書き込む．
 (2) 上の結果を出力ビット（3 番目のキュービット）にコピーする．
 (3) 制御 NOT により 1,2 番目のキュービットを元に戻す．)

11.6.4 量子複製不可能定理

前項で見たように，標準基底では，制御 NOT の標的ビットはいかにも受動的に見えるが，重ね合わせ状態についてはそうではない．このことは，例えば，基底を $|\tilde{0}\rangle = \frac{|0\rangle + |1\rangle}{\sqrt{2}}$ と $|\tilde{1}\rangle = \frac{|0\rangle - |1\rangle}{\sqrt{2}}$ に取り直せば，制御ビットと標的ビットの役割が入れ替わることからも分かる（図 11.6 を参照）．

制御 NOT は，古典的にはコピーマシンのはたらきをする．例えば，標的ビットを $|0\rangle$ に固定しよう．制御ビットが $|0\rangle$ なら，出力は制御ビットが $|0\rangle$ になるのは当然として，標的ビットは $|0\rangle$ となる．一方，制御ビットが $|1\rangle$ なら，出力は制御ビットが $|1\rangle$ で，標的ビットも $|1\rangle$ になる．つまり，どちらの場合も，制御ビットと標的ビットともに同じ状態が出力されるので，これは一種のコピーである．

注意しなければいけないのは，コピーできるのは $|0\rangle$ か $|1\rangle$ だけで，重ね合わせ状態は，一般にはコピーできないことである．次項で見るように，重ね合わせ状態を入力するとエンタングルした状態が出力されてしまう．ズーレックらは，任意の重ね合わせ状態を 1 つのコピーマシンでコピーすることはできないことを証明している（これを**量子複製不可能定理** (no cloning theorem) とよぶ）[49]．これは，古典計算機の場合と大いに異なる．

証明はやさしい．任意の状態をコピーすることができると仮定して矛盾を導こう．$|a\rangle, |b\rangle$ を独立なベクトルとして，それらにコピー C を演算した場合，次式のように表せる．

$$\left.\begin{array}{r}C|a\rangle|0\rangle = |a\rangle|a\rangle \\ C|b\rangle|0\rangle = |b\rangle|b\rangle\end{array}\right\} \qquad (11.18)$$

したがって，$\alpha, \beta \in \mathbb{C}$ を係数として，上式の線形結合をとれば，

$$C(\alpha|a\rangle + \beta|b\rangle)|0\rangle = \alpha|a\rangle|a\rangle + \beta|b\rangle|b\rangle \qquad (11.19)$$

を得る．これは $\alpha|a\rangle + \beta|b\rangle$ の複製

$$(\alpha|a\rangle + \beta|b\rangle)(\alpha|a\rangle + \beta|b\rangle) \tag{11.20}$$

とは $\alpha = 1\,(0)$, $\beta = 0\,(1)$ の場合以外は異なる．結局，量子計算を含めて，量子的な状態変化はユニタリー変換か波束の収縮かのどちらかなので，重ね合わせ状態のコピーは不可能なのである．

制御 NOT 3 個を，図 11.6 のように組み合わせると，「交換ゲート」がつくれる．読者は，制御ビットの量子状態 $|\psi\rangle$ と標的ビットの量子状態 $|\phi\rangle$ のテンソル積 $|\psi\rangle \otimes |\phi\rangle$ が $|\phi\rangle \otimes |\psi\rangle$ になる一般の量子状態が交換されることを簡単に確認できるであろう．

〈問題〉 $\alpha, \beta, \gamma, \delta \in \mathbb{C}$ として，制御ビットの状態を

$$\alpha|0\rangle + \beta|1\rangle$$

とし，標的ビットの状態を

$$\gamma|0\rangle + \delta|1\rangle$$

として，$(\alpha|0\rangle + \beta|1\rangle)(\gamma|0\rangle + \delta|1\rangle) \rightarrow (\gamma|0\rangle + \delta|1\rangle)(\alpha|0\rangle + \beta|1\rangle)$ を実行する交換ゲートを作用させよ．
(ヒント：状態

$$(\alpha|0\rangle + \beta|1\rangle)(\gamma|0\rangle + \delta|1\rangle) = \alpha\gamma|0\rangle|0\rangle + \alpha\delta|0\rangle|1\rangle + \beta\gamma|1\rangle|1\rangle + \beta\delta|1\rangle|0\rangle$$

に対して，第 2 ビットを制御ビットにする制御 NOT を実行すると，

$$\alpha\gamma|0\rangle|0\rangle + \alpha\delta|1\rangle|1\rangle + \beta\gamma|0\rangle|1\rangle + \beta\delta|1\rangle|0\rangle$$

となる．これに対して，第 1 ビットを制御ビットにする制御 NOT を実行すると，

$$\alpha\gamma|0\rangle|0\rangle + \alpha\delta|1\rangle|0\rangle + \beta\gamma|0\rangle|1\rangle + \beta\delta|1\rangle|1\rangle = (\gamma|0\rangle + \delta|1\rangle)(\alpha|0\rangle + \beta|1\rangle)$$

となり，確かに第 1 qubit の重ね合わせ状態と第 2 qubit の重ね合わせ状態が入れ替わっている.)

11.6.5 エンタングルした状態（絡まった状態）

以上は，制御 NOT の古典的な機能を量子的な場合で考えたが，量子的に

は，もっといろいろなはたらきができる．量子計算の特徴は，前にも述べたように，重ね合わせ状態を許すことである．そして，量子ゲートの出力は入力に対して線形である．

例えば，制御ビットに重ね合わせ状態 $|0\rangle + |1\rangle$ を選ぶと，標的ビットが $|1\rangle$ のときの入力状態は，積

$$(|0\rangle + |1\rangle)|1\rangle = |0\rangle|1\rangle + |1\rangle|1\rangle \tag{11.21}$$

となる．制御 NOT は 2 つの項を各々 $|0\rangle|1\rangle \to |0\rangle|1\rangle$, $|1\rangle|1\rangle \to |1\rangle|0\rangle$ と遷移させるので，出力として**エンタングルした状態** (entangled state)

$$|0\rangle|1\rangle + |1\rangle|0\rangle \tag{11.22}$$

をつくることができる（図 11.7）．

これは，状態の積で表せない状態である．第 9 章でも述べたように，一般に**積で表せない状態をエンタングルした状態とよぶ**．上記のエンタングルした状態を詳しく見ると，制御ビットが $|0\rangle$ なら標的ビットは必ず $|1\rangle$ の状態にあり，逆に制御ビットが $|1\rangle$ なら標的ビットは必ず $|0\rangle$ の状態にある．すなわち，一方の状態を観測すれば，他方が一意的に決まっている．

図 11.7 エンタングルした状態

この事情は，有名なアインシュタイン・ポドルスキー・ローゼン (Einstein - Podolsky - Rosen：EPR) のパラドックスに登場する，状態に対するものと全く同じである（第 9 章を参照）．

〈**問題**〉 制御 NOT を用いて，エンタングルした状態を積状態に変換できることを確かめよ．すなわち，次式を確認せよ．

$$|0\rangle|0\rangle + |1\rangle|1\rangle \quad \to \quad (|0\rangle + |1\rangle)|0\rangle$$
$$|0\rangle|1\rangle + |1\rangle|0\rangle \quad \to \quad (|0\rangle + |1\rangle)|1\rangle$$

11.7 万能量子計算機

　量子計算機を構成する量子論理ゲートには2種類ある．すでに述べたように，1つは1 qubitのユニタリー変換で，もう1つは2 qubitの制御NOTである．この組み合わせだけで全てのユニタリー変換が可能で，1 qubitのユニタリー変換と2 qubitの制御NOTからなる量子ゲートは，万能量子計算機を構成することを第12章で示すが，その前に準備を行おう．

　1 qubitのユニタリー変換を直接物理的につくれることは11.5節で述べたが，その中で特に基本的なものが**アダマール変換** (Hadamard transformation)

$$W = \frac{1}{\sqrt{2}} \begin{pmatrix} 1 & 1 \\ 1 & -1 \end{pmatrix} \quad (11.23)$$

である．変換を2度続けて行うと恒等元になり ($W^2 = 1$)，光学回路でのビームスプリッターがそのはたらきをしている．

　制御NOTは，制御ビットが$|1\rangle$のときにのみ標的ビットをフリップする．このことを，制御ビットが$|1\rangle$のときにのみ，標的ビットにパウリ行列σ_xを掛けるといってもよい．また，標的ビットを適切にユニタリー変換すれば，σ_zを掛けるといってもよい（制御σ_z）．

　したがって，1 qubitのユニタリー変換と制御σ_zを用いても万能量子計算機をつくることができる．

〈問題〉　重ね合わせ状態

$$(|0\rangle + |1\rangle)|0\rangle$$

に対して，制御NOTを作用させてエンタングルした状態がつくれることを示せ．さらにもう一度行うと元に戻ることも示せ．

11.8 ラビ振動による量子ゲートの実装

量子コンピュータの理論に興味のある人も，実際にゲートをどうやって実装するか疑問に思うだろう．それを知ることにより，量子力学の原理に根ざした新しいアルゴリズムを思いつくかもしれない．

量子計算機の実装について詳論することは他書に委ねるが，1 qubit のユニタリー変換と制御 NOT を物理的に実現する例を見ることは重要である．実際には，決まった振動数の電磁波を一定時間照射することをプログラムに従って次々と行うのだが，そこでは**ラビ振動 (Rabi oscillation)** という，原子物理でよく知られた現象が利用される．まずはその動作原理を説明しよう．

11.8.1 ラビ振動の量子力学

原子系に 2 個のエネルギー準位 $|0\rangle$ と $|1\rangle$ があり，それぞれのエネルギーをゼロと $\hbar\epsilon$ としよう．そこに角振動数 ω の電磁波を一定時間 τ だけ照射する．

このとき状態 $|\psi(t)\rangle$ の時間発展は，シュレーディンガー方程式

$$i\hbar \frac{\partial |\psi(t)\rangle}{\partial t} = H|\psi(t)\rangle \tag{11.24}$$

に従う．ここで，ハミルトニアン H を

$$H = \hbar \begin{pmatrix} 0 & \lambda e^{i\omega t} \\ \lambda e^{-i\omega t} & \epsilon \end{pmatrix} \tag{11.25}$$

とする．ここで λ は原子と電磁場の結合の強さであり，物理系を与えれば第一原理から計算できる量であるが，ここでは与えられたパラメータとしておこう．非対角項が原子と電磁波の相互作用を表す（導出については，その分野のテキストを見てほしい）．

状態 $|\psi(t)\rangle$ は 2 次元ベクトルで $\begin{pmatrix} \alpha(t) \\ \beta(t) \end{pmatrix}$ と書いて，$\alpha(t) = a$, $\beta(t) = e^{-i\omega t} b$ とおこう（a と b は定数）．ここで $|\Phi(0)\rangle = \begin{pmatrix} a \\ b \end{pmatrix}$ と書けば，簡単な計算でシュレーディンガー方程式 (11.24) は

$$i\hbar \frac{\partial |\Phi(t)\rangle}{\partial t} = H_0 |\Phi(t)\rangle, \qquad H_0 = \hbar \begin{pmatrix} 0 & \lambda \\ \lambda & \epsilon - \omega \end{pmatrix} \qquad (11.26)$$

となり，新たなハミルトニアン H_0 は時間 t に依存しないので初等的に解ける．H_0 の固有値は

$$\mu_\pm = \frac{1}{2}\left[\epsilon - \omega \pm \sqrt{(\epsilon - \omega)^2 + 4\lambda^2}\right] \qquad (11.27)$$

とおけば，$\hbar \mu_\pm$ である．さらに $a = \mu_\pm/\lambda$, $b = 1$ なので，それぞれに対応する固有ベクトルは

$$|\Phi_\pm\rangle = \begin{pmatrix} \dfrac{\mu_\pm}{\lambda} \\ 1 \end{pmatrix} \qquad (11.28)$$

である．ただし，規格化はしていない．

したがって，シュレーディンガー方程式 (11.26) の一般解は，$c_\pm$ を任意定数として

$$|\Phi(t)\rangle = c_+ |\Phi_+\rangle e^{-i\mu_+ t} + c_- |\Phi_-\rangle e^{-i\mu_- t} \qquad (11.29)$$

と与えられる．よって，元のシュレーディンガー方程式 (11.24) の一般解は

$$|\psi(t)\rangle = c_+ |\Phi_+(t)\rangle e^{-i\mu_+ t} + c_- |\Phi_-(t)\rangle e^{-i\mu_- t} \qquad (11.30)$$

となる．ここで，$|\Phi_\pm(t)\rangle = \begin{pmatrix} \dfrac{\mu_\pm}{\lambda} \\ e^{-i\omega t} \end{pmatrix}$ である．

そして $t=0$ で，状態が基底状態 $|0\rangle$，すなわち $|\psi(0)\rangle = \begin{pmatrix} 1 \\ 0 \end{pmatrix}$ とすれば，

$$|\psi(t)\rangle = \frac{\lambda}{\sqrt{(\epsilon-\omega)^2 + 4\lambda^2}}[|\Phi_+(t)\rangle e^{-i\mu_+ t} - |\Phi_-(t)\rangle e^{-i\mu_- t}] \quad (11.31)$$

となる．

ここで，照射する電磁波の振動数 ω が 2 準位のエネルギー差 ϵ（割る $\hbar$）に近いとき，すなわち $|\omega - \epsilon| \ll \lambda$ の場合と，逆の場合 $|\omega - \epsilon| \gg \lambda$ の両極端を考えてみよう．前者を**共鳴する場合**，後者を**共鳴しない場合**とよぶ．

共鳴する場合には，$\mu_\pm = \pm\lambda$ なので，

$$|\psi(t)\rangle = \begin{pmatrix} \cos\lambda t \\ -ie^{-i\omega t}\sin\lambda t \end{pmatrix} \quad (11.32)$$

のようになり，共鳴しない場合は，少し計算をしてみると，はじめの状態 $\begin{pmatrix} 1 \\ 0 \end{pmatrix}$ にとどまることが分かる．

共鳴する場合に戻ると，初期状態が励起状態 $|1\rangle$，すなわち $|\psi(0)\rangle = \begin{pmatrix} 0 \\ 1 \end{pmatrix}$ の場合には

$$|\psi(t)\rangle = \begin{pmatrix} -ie^{i\omega t}\sin\lambda t \\ \cos\lambda t \end{pmatrix} \quad (11.33)$$

となる．(11.32) と (11.33) を合わせると，時間 τ だけの電磁波の照射によって，ユニタリー変換

$$U(t) = \begin{pmatrix} \cos\lambda\tau & -ie^{-i\omega\tau}\sin\lambda\tau \\ -ie^{i\omega\tau}\sin\lambda\tau & \cos\lambda\tau \end{pmatrix} \quad (11.34)$$

を引き起こすことが分かる．

11.8 ラビ振動による量子ゲートの実装

これと，時間幅 Δ だけ電磁波を照射しないで 2 準位原子の時間発展に任せるユニタリー変換

$$V(\Delta) = \begin{pmatrix} 1 & 0 \\ 0 & e^{-i\omega\Delta} \end{pmatrix} \tag{11.35}$$

を組み合わせると，実験者がパラメータである電磁波の照射時間 τ とお休み時間 Δ を適切に選べば，任意の 1 qubit のユニタリー変換を実装できる．

まとめよう．共鳴振動数と同じ振動数の電磁波を照射すると，(11.32) のように状態が $|0\rangle$ と $|1\rangle$ の間を振動する．逆に共鳴振動数と大きく異なれば，元の状態にとどまる．共鳴する場合に，この現象のことを**ラビ振動**あるいは**コヒーレント振動** (coherent oscillation) とよび，多くの実験で実証されている[†4]．

照射時間を調節することによって，$|0\rangle$ と $|1\rangle$ の重ね合わせ状態をつくることもできる．また，これが続く限りは，量子的な位相の情報が維持されているので，系は**コヒーレント** (coherent) であるという．一般に，環境からの雑音などでこの振動は減衰するが，その減衰時間を**デコヒーレンス時間** (decoherence time) などとよぶ．

量子操作という観点からは，共鳴しない条件のときに状態が変化しないことも重要であり，これによって振動数を調節して狙った状態間の遷移だけを引き起こすことができる．

慣例で，$\lambda t = \pi$, $\lambda t = \pi/2$, $\lambda t = \pi/4$ であるような電磁波の時間幅 t の照射をそれぞれ，π **パルス**，$\pi/2$ **パルス**，$\pi/4$ **パルス**とよぶ．ラビ振動によって，π パルスでは，マイナス符号がつくが元の状態に戻り，$\pi/2$ パルスでは（位相因子を除いて），$|0\rangle \to |1\rangle$，$|1\rangle \to |0\rangle$ のように直交する状態に遷移する．$\pi/4$ パルスを照射すると，(Δ で調節可能な位相因子 $-ie^{-i\omega t}$ を除

[†4] 原子の 2 準位間の遷移が，光子の吸収と放出という光電効果によらずに，古典的な電磁波の照射で説明できていることは興味深い．

いて）アダマール変換

$$|0\rangle \rightarrow \frac{1}{\sqrt{2}}[|0\rangle + |1\rangle] \qquad (11.36)$$

$$|1\rangle \rightarrow \frac{1}{\sqrt{2}}[-|0\rangle + |1\rangle] \qquad (11.37)$$

が実行される．

11.8.2 ラビ振動による制御 NOT ゲートの実装

ラビ振動を一定時間起こしたり休止することにより，狙った 1 qubit のユニタリー変換を起こすことができることを前項で見た．すでに述べたように，これに加えて制御 NOT ゲートができれば，万能の量子計算機ができたことになるので，ここでは制御 NOT ゲートの実装を考えよう．

まず同じ 1 キュービット系を 2 個用意する．11.5 節で触れたイオン粒子を電磁場の中に閉じこめるイオントラップの例でいえば，イオンを捕捉する電磁場を調節し，異なるエネルギー差 e と E ($e < E$) をもつ 2 個のイオン A と B である．その量子状態の基底は

$$|0\rangle_A |0\rangle_B, \quad |0\rangle_A |1\rangle_B, \quad |1\rangle_A |0\rangle_B, \quad |1\rangle_A |1\rangle_B \qquad (11.38)$$

である．以下の説明では，A を制御ビット，B を標的ビットとする．

エネルギーレベルの構造は，図 11.8 から見てとれるように，基底状態 $|0\rangle_A |0\rangle_B$ と第 1 励起状態 $|1\rangle_A |0\rangle_B$ の間と，第 2 励起状態 $|0\rangle_A |1\rangle_B$ と第 3 励起状態 $|1\rangle_A |1\rangle_B$ の間のエネルギー差は e で共通であり，基底状態 $|0\rangle_A |0\rangle_B$ と第 2 励起状態 $|0\rangle_A |1\rangle_B$ の間，第 1 励起状態 $|1\rangle_A |0\rangle_B$ と第 3 励起状態 $|1\rangle_A |1\rangle_B$ の間のエネルギー差は E で共通である．さらにこの 2 キュービット系にある別の状態 $|a\rangle$ を補助的な状態として利用する．

以上を準備して，制御 NOT を実現する物理操作の詳細を説明しよう．

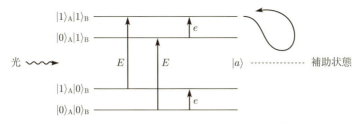

図 11.8 ラビ振動によるゲート操作におけるエネルギーレベル

(1) 制御ビットが $|1\rangle_A$ の場合，エネルギー差 E に対応した角振動数 $\omega = E/\hbar$ の $\pi/4$ パルスを撃つと，標的ビット B のアダマール変換を引き起こす．すなわち (11.36), (11.37) より

$$|1\rangle_A|0\rangle_B \;\to\; \frac{1}{\sqrt{2}}[|1\rangle_A|0\rangle_B + |1\rangle_A|1\rangle_B] \tag{11.39}$$

$$|1\rangle_A|1\rangle_B \;\to\; \frac{1}{\sqrt{2}}[-|1\rangle_A|0\rangle_B + |1\rangle_A|1\rangle_B] \tag{11.40}$$

が実行される．

(2) 選択的に $|1\rangle_A|1\rangle_B$ だけにマイナスの位相因子をつけるために，$|1\rangle_A|1\rangle_B$ と補助状態 $|a\rangle$ の間のエネルギー差に対応した振動数の電磁波の π パルスを撃つ．結果は次式のようになる．

$$\frac{1}{\sqrt{2}}[|1\rangle_A|0\rangle_B + |1\rangle_A|1\rangle_B] \;\to\; \frac{1}{\sqrt{2}}[|1\rangle_A|0\rangle_B - |1\rangle_A|1\rangle_B] \tag{11.41}$$

$$\frac{1}{\sqrt{2}}[-|1\rangle_A|0\rangle_B + |1\rangle_A|1\rangle_B] \;\to\; \frac{1}{\sqrt{2}}[-|1\rangle_A|0\rangle_B - |1\rangle_A|1\rangle_B] \tag{11.42}$$

(3) ここで，アダマール変換 (11.36), (11.37) の逆を行う．それぞれのアダマール変換の矢印を逆方向に見ると

$$\frac{1}{\sqrt{2}}[|1\rangle_A|0\rangle_B - |1\rangle_A|1\rangle_B] \quad \to \quad -|1\rangle_A|1\rangle_B \tag{11.43}$$

$$\frac{1}{\sqrt{2}}[-|1\rangle_A|0\rangle_B - |1\rangle_A|1\rangle \quad \to \quad -|1\rangle_A|0\rangle_B \tag{11.44}$$

となることが分かる．

（1）〜（3）をまとめると，結果は

$$|1\rangle_A|0\rangle_B \quad \to \quad -|1\rangle_A|1\rangle_B \tag{11.45}$$

$$|1\rangle_A|1\rangle_B \quad \to \quad -|1\rangle_A|0\rangle_B \tag{11.46}$$

となり，全体にかかるマイナス符号を除いて，標的ビットが $|0\rangle_B \to |1\rangle_B$, $|1\rangle_B \to |0\rangle_B$ のようにひっくり返っている．

一方，制御ビットが $|0\rangle_A$ の場合は，ステップ（2）の補助状態 $|a\rangle$ への π パルスが共鳴条件を充たさないので空振りになる．したがって，ステップ（3）の標的ビットのひっくり返りは起こらない．結果は

$$|0\rangle_A|0\rangle_B \quad \to \quad |0\rangle_A|0\rangle_B \tag{11.47}$$

$$|0\rangle_A|1\rangle_B \quad \to \quad |0\rangle_A|1\rangle_B \tag{11.48}$$

となる．以上合わせて，制御 NOT をラビ振動を用いて実装できることが分かった．

前に述べたように，一般の量子回路は，1 qubit のユニタリー変換と 2 qubit の制御 NOT の組み合わせでできるので，適切な振動数の電磁波を適切な時間照射することをプログラムに従って続けることで，量子計算が実行できる．

次に 1 キュービット系を一般のキュービット系に拡張する．ドイチら [50] に倣って，n qubit の任意のユニタリー変換をこれまでに述べた 1 qubit のユニタリー変換と 2 qubit の制御 NOT を多数用いて構成することを考え

る. 見方を変えれば，n qubit の大きなユニタリー変換を，ほとんどが恒等変換で，1箇所だけ1あるいは2 qubit の変換を行うようなユニタリー変換[†5]の積に分解することが量子プログラムということができ，図示したものを量子回路とよぶ（図 11.9）．

1 qubit の
ユニタリー変換

2 qubit の
制御 NOT

図 11.9

これは実験家の立場まで落とし込んで見ると，キュービット系に照射する電磁パルスの一連である．そして，最後に測定を行い，結果を読み取る．

音楽に喩えていうならば，量子プログラムをつくることが作曲，量子回路が楽譜，パルスを次々に打ち出す実験が演奏である．

11.8.3 計算量と計算時間について

ラビ振動を利用した量子ゲートの実装において，前項で述べた制御 NOT の部分にマイクロ波のパルスの照射の回数が多いため，物理的な時間を多く要することが分かるだろう．

このことから，量子計算の計算時間の評価をするときに，1 qubit のユニタリー変換と 2 qubit の制御 NOT を同列にしたゲート数の合計で評価することは現実的でない．それは量子計算機のハードウェアごとに異なるはずなので，通常の計算機でそれぞれに対応したプログラムの時間最適化を行ってから，量子計算をさせることになるだろう．

計算に必要な物理的な時間を最小にするには，量子力学に立ち返って考える必要がある [51]．

[†5] 行列表示をすると粗な行列になる．

ディラック

　ディラックほどエピソードの多い物理学者は珍しい．彼の返答があまりに正しく，とりつく島がない，というものが多い．

　ボーアがディラックをコペンハーゲンの駅に迎えに行った帰りに，アイデアを次々に話したところ，「考えた後で話してほしい」といった話はまさにその一例である．他にも，彼の家に招かれたフランスの物理学者が下手な英語で一生懸命に話していたら，奥さんにフランス語で「お茶をもってきてくれ」といったので，フランス語ができるならそうおっしゃってくださいよ，と苦情をいうと，「君が聞かなかったから，いわなかっただけだ」といったとか．ディラックの父親はフランス語の教師であった．

　ディラックによる量子力学の教科書は，無駄のない見事な英語で書かれている．その中で状態ベクトルにケットベクトル $|\psi\rangle$ や，その双対ベクトルのブラベクトル $\langle\psi|$ を導入している．括弧を意味する bracket を2つに分解したのである．$\hbar$ を提案したのも彼で，記号の発明のセンスも抜群である．一方，論文にも教科書にも図はほとんどない．私の若い頃のアイドルだった．

第12章
量子計算の基礎(II)
― 量子回路 ―

まずユニタリー変換の構成を説明する．次に量子ゲートを組み合わせて，四則演算，ベキ算などを実行する量子回路を具体的に示す．

12.1 ユニタリー変換の構成

12.1.1 制御-U

まず文献 [52] に従って，任意のSU(2) 行列 U（2行2列のユニタリー行列で行列式が1のもの）に対して，2個の制御NOTと3個のSU(2)のユニタリー行列 A, B, C を使えば，一般の**制御**-U がつくれることを示そう．ここで制御-U は，制御ビットが $|1\rangle$ のときにのみ標的ビットがユニタリー変換を受ける量子論理ゲートである．NOTは，$|0\rangle, |1\rangle$ の基底ではパウリ行列 $X = \begin{pmatrix} 0 & 1 \\ 1 & 0 \end{pmatrix}$ で表すことができるので，制御NOTは制御-U の特別な場合である．

〈問題〉 制御-U を直接実現する物理過程を，11.8.2項で説明されているイオントラップの場合に考案せよ．（ヒント：ステップ(1)と(3)のレーザーの照射時間を工夫せよ．）

図 12.1 制御-U

任意の SU(2) 行列 U に対して，行列 A, B, C を $ABC = 1$, $AXBXC = U$ となるように選ぶことができるので，図 12.1 が制御-U を表す．例えば，U を

$$U = R_z(\alpha) R_y(\beta) R_z(\gamma) \tag{12.1}$$

と回転行列 R を用いて分解し，3つのユニタリー行列 A, B, C を，

$$\left. \begin{array}{l} A = R_z((\alpha - \gamma)/2) \\ B = R_z(-(\alpha + \gamma)/2) R_y(-\beta/2) \\ C = R_y(\beta/2) R_z(\gamma) \end{array} \right\} \tag{12.2}$$

と選べばよい．ここで $R_z(\alpha)$ ($R_y(\beta)$) は，z 軸のまわりに角度 α だけ回転すること (y 軸のまわりに角度 β だけ回転すること) に対応する SU(2) 行列である．具体的には，σ_y, σ_z をパウリ行列として

$$\left. \begin{array}{l} R_z(\alpha) = e^{i\alpha\sigma_z/2} \\ R_y(\beta) = e^{i\beta\sigma_y/2} \end{array} \right\} \tag{12.3}$$

である．

読者は，(12.2) の3つのユニタリー行列 A, B, C が上に述べた条件，すなわち，$ABC = 1$, $AXBXC = U$ を充たすことをすぐに確認できるであろう．もちろん行列 A, B, C の選び方は一意的ではなく，この他にもあり得る．ただし，U が位相因子 U(1) を含む場合には若干の工夫が必要である．結果だけを与えておくと，$|0\rangle$ と $|1\rangle$ を基底にして $D = \mathrm{diag}(e^{i\theta}, 1)$ を用いる．

〈問題〉 U が位相因子 U(1) を含む場合に，$ABC = 1$, $AXBXC = U$ が成り立つことを確かめよ．

12.1.2 ユニタリー変換の実装

以下に，一般の 2 qubit のユニタリー変換 S を実装する手続きを示す．任意の 2 qubit のユニタリー変換 S の固有値 $e^{i\sigma_n}$ ($\sigma_n \in \mathbb{R}$) に属する，規格化された固有状態を $|\psi_n\rangle$ としよう．すなわち，

$$S|\psi_n\rangle = e^{i\sigma_n}|\psi_n\rangle \tag{12.4}$$

とする．ただし，固有ベクトル $|\psi_n\rangle$ を標準基底 $|n\rangle$ に変換するユニタリー変換 $G(\psi_n)$ は，後半で求めることにして，以下では，

$$G(\psi_n)|\psi_n\rangle = |n\rangle \qquad (n = 0, 1, 2, 3, \cdots) \tag{12.5}$$

を充たすユニタリー演算子 $G(\psi_n)$ を与える量子回路は分かっているものとしよう．

これから，この $G(\psi_n)$ を用いて，ユニタリー行列 S を

$$S = \prod_0^3 G(\psi_n)^{-1} X_n G(\psi_n) \tag{12.6}$$

と表せることを示そう．ただし，ここで，

$$\left.\begin{aligned}X_0 &= e^{i\sigma_0}|0\rangle\langle 0| + |1\rangle\langle 1| + |2\rangle\langle 2| + |3\rangle\langle 3| \\ X_1 &= |0\rangle\langle 0| + e^{i\sigma_1}|1\rangle\langle 1| + |2\rangle\langle 2| + |3\rangle\langle 3| \\ X_2 &= |0\rangle\langle 0| + |1\rangle\langle 1| + e^{i\sigma_2}|2\rangle\langle 2| + |3\rangle\langle 3| \\ X_3 &= |0\rangle\langle 0| + |1\rangle\langle 1| + |2\rangle\langle 2| + e^{i\sigma_3}|3\rangle\langle 3|\end{aligned}\right\} \tag{12.7}$$

である（これを制御 - U と NOT を用いてつくることができるのは明らかだろう）．

まず，$G(\psi_0)^{-1} X_0 G(\psi_0)$ のはたらきを見よう．

$$G(\psi_0)^{-1} X_0 G(\psi_0)|\psi_0\rangle = e^{i\sigma_0}|\psi_0\rangle \tag{12.8}$$

は，(12.4) の定義から明らかで，$|\psi_n\rangle$ $(n \neq 0)$ に対しては

$$\begin{aligned}
&G(\psi_0)^{-1} X_0 G(\psi_0)|\psi_n\rangle \\
&= G(\psi_0)^{-1}[e^{i\sigma_0}|0\rangle\langle 0| + |1\rangle\langle 1| + |2\rangle\langle 2| + |3\rangle\langle 3|]G(\psi_0)|\psi_n\rangle \\
&= G(\psi_0)^{-1}[|0\rangle\langle 0| + |1\rangle\langle 1| + |2\rangle\langle 2| + |3\rangle\langle 3|]G(\psi_0)|\psi_n\rangle \\
&= G(\psi_0)^{-1} G(\psi_0)|\psi_n\rangle \\
&= |\psi_n\rangle
\end{aligned} \tag{12.9}$$

となる．ここで，$\langle 0|G(\psi_0)|\psi_n\rangle = 0$ $(n \neq 0)$ を用いた．

このことから，一般に

$$\left.\begin{aligned}
G(\psi_m)^{-1} X_m G(\psi_m)|\psi_m\rangle &= e^{i\sigma_m}|\psi_m\rangle \\
G(\psi_n)^{-1} X_n G(\psi_n)|\psi_m\rangle &= |\psi_m\rangle \quad (n \neq m)
\end{aligned}\right\} \tag{12.10}$$

が成り立つことが分かる．このことは，ユニタリー行列 S を $|\psi_m\rangle$ に演算するときに，積 $S = \prod_0^3 G(\psi_n)^{-1} X_n G(\psi_n)$ のうち $n = m$ のところが位相 $e^{i\sigma_m}$ を与え，他は恒等変換としてはたらいていることを示している[†1]．

したがって，

$$S|\psi_m\rangle = e^{i\sigma_m}|\psi_m\rangle \quad (m = 0, 1, 2, 3) \tag{12.11}$$

が示されたので，(12.4) の証明が完了した．これを 3 qubit 以上に拡張する

[†1] $\langle l|G(\psi_n)|\psi_m\rangle$ $(l \neq m \neq n)$ の値を知る必要はない．$\langle n|G(\psi_n)|\psi_m\rangle = 0$ $(m \neq n)$ なので，

$$|n\rangle e^{i\delta_n}\langle n|G(\psi_n)|\psi_m\rangle = |n\rangle\langle n|G(\psi_n)|\psi_m\rangle \quad (m \neq n)$$

であるから，完全性を用いると X を恒等元 1 に置き換えることができる．

ことは容易である．このときには，X_n の構成に 2 個以上の制御があるゲートを必要とするが，それらは 1 qubit のユニタリー変換と 2 qubit の制御 NOT の組み合わせで構成できることは明らかだろう．

〈**問題**〉 任意の 3 qubit のユニタリー変換を行う量子回路の例を書け．
(ヒント：$|a\rangle, |b\rangle, |c\rangle$ の基底を

$$|0\rangle|0\rangle|0\rangle, |0\rangle|0\rangle|1\rangle$$
$$|0\rangle|1\rangle|0\rangle, |0\rangle|1\rangle|1\rangle$$
$$|1\rangle|0\rangle|0\rangle, |1\rangle|0\rangle|1\rangle$$
$$|1\rangle|1\rangle|0\rangle, |1\rangle|1\rangle|1\rangle$$

とグループ分けし，

$$\sum_{a,b,c=\{0,1\}} c_{abc}|a\rangle|b\rangle|c\rangle \rightarrow \sum_{a,b=\{0,1\}} c'_{ab1}|a\rangle|b\rangle|1\rangle$$

をまず行い，以下

$$\rightarrow \sum_{a=\{0,1\}} c''_{a11}|a\rangle|1\rangle|1\rangle \rightarrow |1\rangle|1\rangle|1\rangle$$

と掃き出していく．)

本来なら，標準的基底（例えば，$|1\rangle|1\rangle$）を所望の量子状態にしたいのだが，その逆をまず考える．すなわち，与えられた量子状態を標準的基底 $|1\rangle|1\rangle$ に変換する

$$\sum_{a,b=\{0,1\}} c_{ab}|a\rangle|b\rangle \rightarrow |1\rangle|1\rangle \tag{12.12}$$

を考えよう．

第 1 qubit を制御ビット，第 2 qubit を標的ビットにする制御 - U を基底 $|0\rangle|0\rangle, |0\rangle|1\rangle, |1\rangle|0\rangle, |1\rangle|1\rangle$ を用いた 4 行 4 列の行列で書けば，

$$U_{12} = \begin{pmatrix} 1 & 0 & 0 & 0 \\ 0 & 1 & 0 & 0 \\ 0 & 0 & u_{11} & u_{12} \\ 0 & 0 & u_{21} & u_{22} \end{pmatrix} \quad (12.13)$$

となり，同様にして，第 2 qubit を制御ビット，第 1 qubit を標的ビットにする制御 - V は

$$V_{21} = \begin{pmatrix} 1 & 0 & 0 & 0 \\ 0 & v_{11} & 0 & v_{12} \\ 0 & 0 & 1 & 0 \\ 0 & v_{21} & 0 & v_{22} \end{pmatrix} \quad (12.14)$$

と書ける．ここで $u_{11} \sim u_{22}(v_{11} \sim v_{22})$ は第 2（第 1）qubit に対する 1 qubit のユニタリー変換の行列要素である．

まず，基底を 2 つのグループ $\{|0\rangle|0\rangle, |0\rangle|1\rangle\}$ と $\{|1\rangle|0\rangle, |1\rangle|1\rangle\}$ に分けて考える．そして，第 1 qubit を制御ビット，第 2 qubit を標的ビットにする U_{12} を用いれば，与えられた量子状態から

$$\sum_{a,b=\{0,1\}} c_{ab}|a\rangle|b\rangle \rightarrow \sum_{a,b=\{0,1\},(a,b)\neq(1,0)} c_{ab}|a\rangle|b\rangle + \sqrt{c_{10}^2 + c_{11}^2}|1\rangle|1\rangle \quad (12.15)$$

のように，$|1\rangle|0\rangle$ を掃き出すことができる．

次に，第 1 qubit に NOT を掛けたものに同様のことをすれば，$|0\rangle|0\rangle$ を掃き出せる．この操作で

$$\sqrt{c_{00}^2 + c_{01}^2}|0\rangle|1\rangle + \sqrt{c_{10}^2 + c_{11}^2}|1\rangle|1\rangle \quad (12.16)$$

に到達する．

最後に第 2 qubit を制御ビット，第 1 qubit を標的ビットにする V_{21} を用

い $|0\rangle|1\rangle$ を掃き出して，$|1\rangle|1\rangle$ を得る．さらに，

$$\left.\begin{array}{rcl} \sum_{a,b=\{0,1\}} c_{ab}|a\rangle|b\rangle & \to & |0\rangle|0\rangle \\ \sum_{a,b=\{0,1\}} c_{ab}|a\rangle|b\rangle & \to & |0\rangle|1\rangle \\ \sum_{a,b=\{0,1\}} c_{ab}|a\rangle|b\rangle & \to & |1\rangle|0\rangle \end{array}\right\} \quad (12.17)$$

のユニタリー変換も $\sum_{a,b=\{0,1\}} c_{ab}|a\rangle|b\rangle \to |1\rangle|1\rangle$ と同様に構成できる．したがって，これら 4 つのユニタリー変換の逆も構成できる．

この節をまとめよう．任意のユニタリー変換を，2 qubit の制御 NOT とよばれる基本的なゲートと 1 qubit のユニタリー変換の組み合わせで実行することができる．そして，初期状態を標準的なもの（例えば，$|0\rangle|0\rangle\cdots|0\rangle$）に定めて，図 12.1 のように，いくつものゲートを通して状態の遷移を左から右へ次々に行っていくダイアグラムを書くことが量子プログラムということになる．

12.2　量子計算のやさしい例

11.6.5 項で述べたように，制御 NOT は状態のエンタングルメントをつくったり，あるいははずしたりする．一方，1 qubit のゲートは重ね合わせを操る．この意味で**量子回路は，重ね合わせとエンタングルメントを繰り返す操作**ともいえる．この点を

$$a + b \bmod 2 \quad (12.18)$$

の計算例で明らかにしてみよう．すなわち

$$|a\rangle|b\rangle|0\rangle \quad \to \quad |a\rangle|b\rangle|a + b \bmod 2\rangle \quad (12.19)$$

を考える．これは量子回路で描くと図 12.2 のようになる．さらに，$a + b$ の

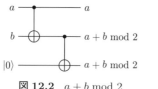
図 12.2 $a+b \bmod 2$

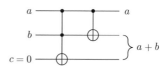
図 12.3 $a=b=1$ の場合だけ c ビットにくり上がる.

くり上げも含めると図 12.3 のようになる.

しかし,このままでは古典計算と大差ない.量子計算の特徴はこれらを並列的に行い,全ての $a+b \bmod 2$ の計算をいっぺんに行うことにある.これを式で表すと次のようになる.

$$\sum_{a,b=0,1} |a\rangle|b\rangle|0\rangle \quad \to \quad \sum_{a,b=0,1} |a\rangle|b\rangle|a+b \bmod 2\rangle \tag{12.20}$$

これを行うには,第 1 および第 2 qubit をそれぞれ $|0\rangle + |1\rangle$ の重ね合わせ状態にしてテンソル積をとる.言い換えると,初期状態 $|0\rangle|0\rangle$ に対して,1 qubit のユニタリー変換であるアダマール変換

$$W: \left.\begin{array}{rcl} |0\rangle & \to & \dfrac{|0\rangle + |1\rangle}{\sqrt{2}} \\ |1\rangle & \to & \dfrac{|0\rangle - |1\rangle}{\sqrt{2}} \end{array}\right\} \tag{12.21}$$

を実行しておけばよい.この一連の流れを通しで書けば,

$$\begin{aligned} |0\rangle|0\rangle|0\rangle & \to \left(\frac{1}{\sqrt{2}}\right)^2 \sum_{a,b=0,1} |a\rangle|b\rangle|0\rangle \\ & \to \left(\frac{1}{\sqrt{2}}\right)^2 \sum_{a,b=0,1} |a\rangle|b\rangle|a+b \bmod 2\rangle \end{aligned} \tag{12.22}$$

となる.1 つ目の矢印で問題文の作成を行っていて,2 つ目の矢印で解答の書きこみを行っている.量子回路で書くと図 12.4 のようになる.

図 12.4 では制御 NOT を 3 個組み合わせているが,一番左の制御 NOT の第 2 qubit で $a+b \bmod 2$ を計算し,次の制御 NOT でそれを第 3 qubit

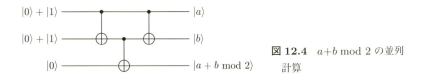

図 12.4 $a+b \bmod 2$ の並列計算

にコピーしている．そして，最後の制御 NOT で第 2 qubit を元に戻している．これを見ると分かるように，明らかに，テンソル積の最後の因子に答えが出現している．最後の状態は "問題" と "解答" が対応した重ね合わせなので，確かにエンタングルした状態になっている．

ここで，必要な計算，例えば $1+0 \bmod 2$ の結果を読みとると，波束が収縮し 1 を正しく得る．しかし，これでは，重ね合わせをした意味がなくなり，はじめから $|1\rangle|0\rangle$ を初期状態にして，古典計算のアルゴリズムを実行すればよいので，量子計算の利得はなくなる．そのため図 12.4 の計算は，何か別の用途で，中途に $a+b \bmod 2$ を計算だけして測定せず，したがって出力もしない場合に有用であると思われる．それよりも，量子並列計算の簡単な例として覚えておくのがよいと思う．

12.3　制御が 2 つ以上かかる場合

制御 NOT の拡張として，制御が 2 つかかる (**制御**)^2 **NOT (controlled - controlled - NOT)** を考えてみよう．これは 3 qubit のゲートで，2 個が制御ビット，1 個が標的ビットになっている．制御ビットが 2 個とも $|1\rangle$ のときにのみ，標的ビットをフリップし，他の場合，すなわち，逆に制御ビットが $|1\rangle|0\rangle, |0\rangle|1\rangle, |0\rangle|0\rangle$ のときには標的ビットは変化しない．

9 人組の論文 [52] では，制御が一般に n 個かかる場合への拡張も含めて，制御が 2 つ以上かかる場合を制御 NOT と 1 qubit のユニタリー変換からつくっている．ここで紹介しよう．

(制御)^2-U を表す回路は図 12.5 のように書ける．ここで，恒等式

$$x + y - (x \oplus y) = 2xy \tag{12.23}$$

に注意して，それぞれの動作を見ていこう．ただし，略号 $(x \oplus y) = x + y \mod 2$ を用いた．

図 12.5 によれば，まず 1 番目の制御 $-V$ は $y = 1$ のときに限りユニタリー変換 V を行う．次に制御 NOT により $x \oplus y$ をつくり，それが $x \oplus y = 1$ のときに限りユニタリー変換 $V^\dagger$ を行う．そして，制御 NOT をもう一度用

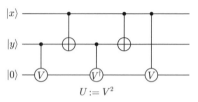

図 12.5 (制御)^2 $-U$ を表現する回路

いて，y のキュービットを元に戻す．最後に，$x = 1$ のときに限りユニタリー変換 V を実行する．

この計算により，V のベキは，全部で

$$V^{x+y} V^{\dagger (x \oplus y)} = (V^2)^{xy} \tag{12.24}$$

となる．したがって，ユニタリー変換 U は $U = V^2$ を充たすように V を選んでおけば，(制御)^2 $-U$ が実現できる．(制御)^2 $-$ NOT は，(制御)^2 $-U$ の特別な場合である．

(制御)^3 $-U$ も同様で，$U = V^4$ として，恒等式

$$x + y + z - (x \oplus y) - (y \oplus z) - (z \oplus x) + (x \oplus y \oplus z) = 4xyz \tag{12.25}$$

を頭に入れて，図 12.6 のようにすればよい．詳しい説明は不要だろう．

一般化は容易で，$U = V^{2^{N-1}}$ を充たすように V を選んでおけば，(制御)^N $-U$ が実現できる．

実は，(制御)^2 $-$ NOT において，入出力を古典的なビット $|0\rangle$ か $|1\rangle$ に限定したものは 11.6.2 項で述べたトフォリゲートに他ならない．これが明ら

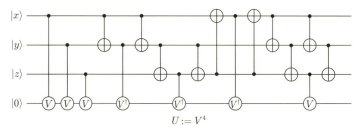

図 12.6 (制御)^3-U を表現する回路

かに可逆で，しかも AND と NOT を含んでいるので，古典的な万能可逆計算ができることは，すでに見た通りである．

〈問題〉 (制御)^n-NOT ($n \geq 0$) を繰り返し用いて，エンタングルした「猫状態[†2]」(cat state) を積状態に変換する量子回路をつくれ．すなわち，次式を示せ．

$$|0\rangle|0\rangle\cdots|0\rangle + |1\rangle|1\rangle\cdots|1\rangle \quad \to \quad (|0\rangle + |1\rangle)\underbrace{|0\rangle\cdots|0\rangle}_{n-1}$$

(ヒント：$n = 2$ からはじめよう．2 qubit の猫状態 $|0\rangle|0\rangle + |1\rangle|1\rangle$ に対して，第 1 qubit を制御ビット，第 2 qubit を標的ビットにする制御 NOT を実行すると，$(|0\rangle + |1\rangle)|0\rangle$ になる．3 qubit の場合には，$|0\rangle\underline{|0\rangle|0\rangle} + |1\rangle\underline{|1\rangle|1\rangle}$ の下線部に対して制御 NOT を行うと，$|0\rangle\underline{|0\rangle|0\rangle} + |1\rangle\underline{|1\rangle|0\rangle} = (|0\rangle|0\rangle + |1\rangle|1\rangle)|0\rangle$ となる．さらに，最初の 2 qubit に制御 NOT を実行すれば，$(|0\rangle|0\rangle + |1\rangle|0\rangle)|0\rangle = (|0\rangle + |1\rangle)|0\rangle|0\rangle$ となる．以下同様．)

12.4 論理演算

12.4.1 量子計算における論理ゲート

前に述べたように，量子計算は量子論理ゲートによりユニタリー変換を行うことであって，古典計算における論理ゲート NOT, AND, OR, XOR を量子的につくり，それを組み合わせることではない．しかし，それらを，

[†2] シュレーディンガーの猫にちなんで，$|00\cdots 0\rangle$（生きている状態）と $|11\cdots\rangle$（死んでいる状態）の重ね合わせ状態を猫状態とよぶ．

制御 NOT などを用いて量子的につくることは，それ自身興味深いことであるので，それらをまとめておこう．

量子計算機が古典計算機の機能を含むことは，これまでに述べたように明らかであるが，それを愚直に示そう．NOT については 11.6.3 項ですでに述べた．XOR は制御 NOT において，制御ビットの出力を無視すればできる．同様に，AND は，(制御)^2 - NOT において 2 個の制御ビットの出力を無視すればできる．OR は少し込み入っていて，制御 NOT と (制御)^2 - NOT の両方を用いて，場合を尽くす形で回路を組み立てる．

〈**問題**〉 (制御)^2 - NOT を用いて，AND, OR, XOR のゲートのはたらきをする量子回路をつくれ（ヒント：図 12.7）．

図 **12.7** 量子計算における論理ゲート

これらの論理ゲートが可逆になったのは，もちろん出力端子の数と入力端子の数を同じにしておいて，一部を使わないというやり方をしたためである．

ここでブール論理式の一例を挙げておこう．

$$(a \vee \neg b) \wedge d \tag{12.26}$$

ここに，$\vee$ は論理 OR，$\neg$ は論理否定，そして $\wedge$ は論理 AND を示す記号である．例を挙げれば，$a = 0$，$b = 0$，$d = 0$ の場合，

$$(a \vee \neg b) \wedge d = (0 \vee 1) \wedge 0 = 0 \wedge 0 + 1 \wedge 0 = 0 \tag{12.27}$$

となり，論理式は充足されている．

〈問題〉 (制御)^2 - NOT を用いて，上の論理式に対応する量子回路をつくれ．

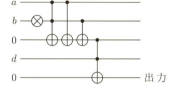

図 12.8 論理式 $(a \lor \neg b) \land d$ を計算する量子回路

12.4.2 充足問題

第 13 章で述べる，NP 完全問題の典型である**充足問題 (satisfiability problem)** について，ここで簡単に触れておこう．変数 $x_1, x_2, \cdots, x_n \in \{0,1\}$ (literals) からつくられる任意のブール式は，標準形

$$B(x_1, x_2, \cdots, x_n) = C_1 \land C_2 \land \cdots \land C_m \tag{12.28}$$

と節 (clause) C_i を (AND) $\land$ でつないだ形に書けることが知られている．ただし節は，変数あるいはその論理否定を OR ($\lor$) でつないだものであり，例えば

$$C_i = x_2 \lor x_7 \lor \neg x_5 \tag{12.29}$$

などである．

特に，節が全て k 個の変数からなる場合に「ブール式 $B(x_1, x_2, \cdots, x_n) = 1$ を充たす変数の配位があるか？」という問題が考えられ，これは **k - SAT (k - satisfiability problem)** とよばれる．3 - SAT 以上は，NP 完全問題といわれて計算機科学上の大問題となっている．大ざっぱにいえば，虱潰しに場合を尽くすと膨大な時間がかかるが，これにかかる時間を短縮できるような良い方法がないのである．

12.5 算術計算

　四則演算とベキ算自体を量子計算で実行しても古典計算との違いがないので特に意味はないが，より込み入ったアルゴリズムの中で量子並列的に使われるときに必要になる．第13章で述べるショアによる素因数分解にも使われている．この節では，四則演算とベキ算の量子回路を示して，最後に離散フーリエ変換について述べる．

12.5.1　足し算 $a + b$

　11.6.3項で，制御 NOT で $|a\rangle|b\rangle \to |a\rangle|a + b \bmod 2\rangle$ を実行することができることを述べた．これに，「くり上げ」の動作を付け加えれば，一般の足し算ができる．ここでは例として，$|1\rangle \cdot |1\rangle|0\rangle \to |1\rangle \cdot |0\rangle|1\rangle$ を行う[†3]．つまり $1 + 1 = 2$ を実行するのであるが，そのために (制御)^2 - NOT を用いる．

　c_{i-1} のような下の位からのくり上げも考慮すると，回路は図 12.9 の左図のようになる．それを右図のように略記する．黒く塗った側が出力である．図 12.10 は上の位への「条件付きくり上げ」を表す．

　図 12.9 の逆変換はゲートの順番を反対にすればよい（図 12.11）．さらに，図 12.12 のように，下の位からのくり上げを含む和を行う回路を組み合わせると，図 12.13 のような，上の位へのくり上げを含む足し算をする回路を書くことができる．

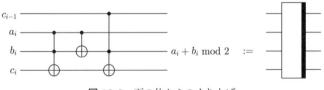

図 12.9　下の位からのくり上げ

[†3] 出力の記述にある中点より右に着目して，例えば $\cdot|0\rangle|1\rangle$ では，右から読んで 2 とする．

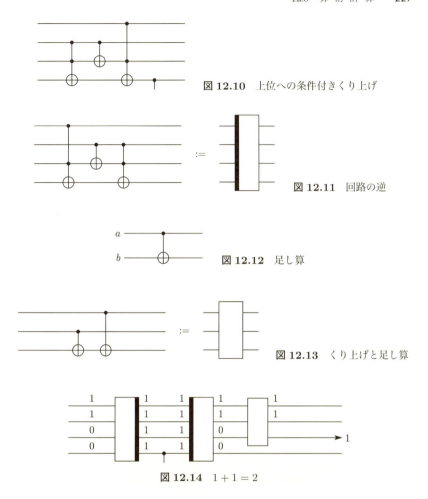

図 12.10　上位への条件付きくり上げ

図 12.11　回路の逆

図 12.12　足し算

図 12.13　くり上げと足し算

図 12.14　1 + 1 = 2

まとめとして，1 + 1 = 2 を実行する回路を図 12.14 に示す．

ここで，図中の 1 は $|1\rangle$，0 は $|0\rangle$ を表す．はじめのゲートで入力を 1100 とすると，その出力は 1111 となる（図 12.10 を参照）．そこでくり上げを行い，図 12.11 のように逆をとる．結果は 1100 で元に戻り，2 の桁が 1 になる．すなわち，最終的には 2 を出力する．このように，はじめの 2 段はくり上げのための予備的な回路である．

〈問題〉 図 12.15 の回路で $2+1=3$ を確かめよ．

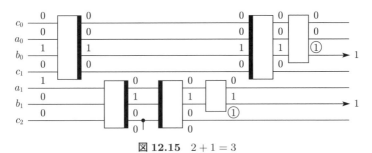

図 **12.15** $2+1=3$

12.5.2 掛け算 $a \times x$

次に掛け算 $a \times x$ を考えよう．これは $a \times x$ を条件付き足し算に帰着させればよい．具体的には，x を 2 進法で表すと

$$x = x_0 2^0 + x_1 2^1 + \cdots + x_n 2^n \qquad (x_0, x_1 \cdots \in \{0,1\}) \quad (12.30)$$

となるので，これに a を掛けると次式のようになる．

$$a \times x = ax_0 2^0 + ax_1 2^1 + \cdots + ax_n 2^n \qquad (x_0, x_1, \cdots \in \{0,1\}) \quad (12.31)$$

見方を変えると，(12.31) は $x_i = 1$ のときにのみ $a \cdot 2^i$ を足す $(i = 0, 1, \cdots, n)$ とみなせる．したがって，回路は x_i のビットを制御に使って，図 12.16 のようになる．

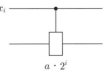

図 **12.16** 制御 $+a2^i$

これを前項で求めた足し算回路によって実行すると掛け算回路がつくれる（図 12.17）．

連続して掛け算を行うには，図 12.17 の回路の出力を次の回路の入力にして，それに対して掛け算をする．そのために，掛け算回路におけるゲートを逆に並べて得られる逆演算をする回路を用いる（図 12.18）．これと (11.6)

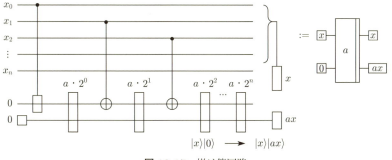

図 12.17 掛け算回路

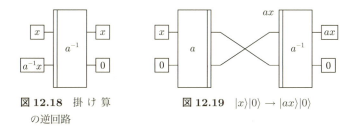

図 12.18 掛け算の逆回路　　**図 12.19** $|x\rangle|0\rangle \to |ax\rangle|0\rangle$

のはたらきをする SWAP 回路とを組み合わせて，掛け算 $|x\rangle|0\rangle \to |x\rangle|ax\rangle \to |ax\rangle|0\rangle$ を実行すればよい（図 12.19）．

12.5.3　ベキ算 a^x

例えば，
$$a^x = a^{2^0 x_0} a^{2^1 x_1} \cdots a^{2^{n-1} x_{n-1}} \tag{12.32}$$

と書くと分かるように，ベキ算は条件付き掛け算に帰着される．すなわち，$x_i = 1$ のときにのみ a^{2^i} を掛けることを，$i = 0$ から $i = n-1$ まで繰り返せばよい．

図 12.20 に回路全体を示したが，その要素（図の☆のはたらき）は，図 12.21 のように前項で述べた掛け算回路である．これにより，a のベキに新たに $2^i x_i$ が付け加わる．

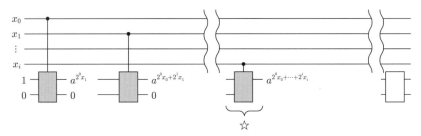

図 12.20 ベキ算の回路

図 12.20 の☆の部分を拡大すると…

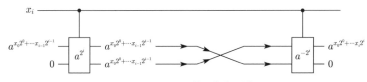

図 12.21 ベキ算の部分回路

これを数式で表すと，x_i が 1 か 0 かによって場合分けができて

$$\begin{pmatrix} a^{2^0 x_0 + 2^1 x_1 + \cdots + 2^{i-1} x_{i-1}} \\ 0 \end{pmatrix} \rightarrow \begin{pmatrix} a^{2^0 x_0 + 2^1 x_1 + \cdots + 2^{i-1} x_{i-1}} \\ a^{2^0 x_0 + 2^1 x_1 + \cdots + 2^{i-1} x_{i-1}} \times a^{2^i} \end{pmatrix} \text{ if } x_i = 1 \tag{12.33}$$

$$\begin{pmatrix} a^{2^0 x_0 + 2^1 x_1 + \cdots + 2^{i-1} x_{i-1}} \\ 0 \end{pmatrix} \rightarrow \begin{pmatrix} a^{2^0 x_0 + 2^1 x_1 + \cdots + 2^{i-1} x_{i-1}} \\ a^{2^0 x_0 + 2^1 x_1 + \cdots + 2^{i-1} x_{i-1}} \end{pmatrix} \text{ if } x_i = 0 \tag{12.34}$$

となるが，これはまとめて

$$\begin{pmatrix} a^{2^0 x_0 + 2^1 x_1 + \cdots + 2^{i-1} x_{i-1}} \\ 0 \end{pmatrix} \rightarrow \begin{pmatrix} a^{2^0 x_0 + 2^1 x_1 + \cdots + 2^{i-1} x_{i-1}} \\ a^{2^0 x_0 + 2^1 x_1 + \cdots + 2^i x_i} \end{pmatrix} \tag{12.35}$$

と表すことができる．(12.34) で得られる 2 つの数を SWAP して

$$\begin{pmatrix} a^{2^0 x_0 + 2^1 x_1 + \cdots + 2^{i-1} x_{i-1} + 2^i x_i} \\ a^{2^0 x_0 + 2^1 x_1 + \cdots + 2^{i-1} x_{i-1}} \end{pmatrix} \tag{12.36}$$

として，さらに条件付き掛け算 a^{-2^i} を行うと

$$\begin{pmatrix} a^{2^0 x_0 + 2^1 x_1 + \cdots + 2^{i-1} x_{i-1} + 2^i x_i} \\ 0 \end{pmatrix} \tag{12.37}$$

となる．この流れを通しで考えると，

$$\begin{pmatrix} a^{2^0 x_0 + 2^1 x_1 + \cdots + 2^{i-1} x_{i-1}} \\ 0 \end{pmatrix} \rightarrow \begin{pmatrix} a^{2^0 x_0 + 2^1 x_1 + \cdots + 2^{i-1} x_{i-1} + 2^i x_i} \\ 0 \end{pmatrix} \tag{12.38}$$

となり，この部分回路の動きを繰り返すことで，ベキ算が実行できる．

12.5.4 離散フーリエ変換

この章の集大成として，次章のショアによる素因数分解のアルゴリズムの要になっている**離散フーリエ変換** (**DFT**: Discrete Fourier Transformation) のアルゴリズムについて説明しよう．ここで，n ビットの離散フーリエ変換とは，

$$\mathrm{DFT} |x\rangle = \frac{1}{\sqrt{2^n}} \sum_{j=0}^{2^n - 1} \exp\left[\frac{2\pi i}{2^n} xj\right] |j\rangle \tag{12.39}$$

である[†4]．このとき x と j は次式のように表せる．

$$\left. \begin{array}{l} x = x_1 2^{n-1} + x_2 2^{n-2} + \cdots + x_n \\ j = j_1 2^{n-1} + j_2 2^{n-2} + \cdots + j_n \\ x_i, j_i \in \{0, 1\} \end{array} \right\} \tag{12.40}$$

[†4] $n = 2$ の場合を具体的に書くと，$\mathrm{DFT}|x\rangle = \frac{1}{\sqrt{2^2}} \sum_{j=0}^{3} \exp\left[\frac{2\pi i}{4} xj\right] |j\rangle = \frac{1}{\sqrt{2^2}} \left(|0\rangle + \exp\left[\frac{2\pi i}{4} x \cdot 1\right] |1\rangle + \exp\left[\frac{2\pi i}{4} x \cdot 2\right] |2\rangle + \exp\left[\frac{2\pi i}{4} x \cdot 3\right] |3\rangle \right)$ となる．

ちなみに, 以前述べたアダマール変換 (11.23) は 1 qubit のフーリエ変換とみなすことができる.

$$H|x\rangle = \frac{1}{\sqrt{2}}(|0\rangle + \exp[2\pi i \cdot 0.x]|1\rangle) \tag{12.41}$$

ここで, 2 進法小数 $0.x := x2^{-1}$ の記法を用いた. これを一般化すると, 次式のようになる.

$$\left.\begin{array}{l} 0.x_1x_2\cdots x_n = x_1 2^{-1} + x_2 2^{-2} + \cdots + x_n 2^{-n} \\ x_1, x_2, \cdots, x_n \in \{0, 1\} \end{array}\right\} \tag{12.42}$$

(12.40) のアダマール変換を手掛かりに, $n=3$ を例にして DFT の量子回路を考えよう. まず, DFT は, (12.39) より

$$\mathrm{DFT}|x\rangle = \frac{1}{\sqrt{2^3}}(|0\rangle + \omega|1\rangle)(|0\rangle + \omega^2|1\rangle)(|0\rangle + \omega^4|1\rangle) \tag{12.43}$$

と書ける. ここで, ω は

$$\omega = \exp\left[2\pi i \frac{x}{2^3}\right] = \exp[2\pi i \cdot 0.x_1 x_2 x_3] \tag{12.44}$$

である. 量子回路を考える上で, $x_1, x_2, \cdots, x_n \in \{0, 1\}$ の値を入力から読み取ることが要になるので, (12.43) を次式のように書き換えるところがミソである.

$$\begin{aligned}\mathrm{DFT}|x\rangle = & \frac{1}{\sqrt{2^3}}(|0\rangle + \exp[2\pi i \cdot 0.x_1 x_2 x_3]|1\rangle) \\ & \times (|0\rangle + \exp[2\pi i \cdot 0.x_2 x_3]|1\rangle)(|0\rangle + \exp[2\pi i \cdot 0.x_3]|1\rangle)\end{aligned} \tag{12.45}$$

(12.45) の右辺を, 具体的に 6 個のゲートで実現しよう. 番号ごとにゲートのはたらきを数式で示す. 以下, $R_n := \begin{pmatrix} 1 & 0 \\ 0 & \exp\dfrac{2\pi i}{2^n} \end{pmatrix}$ は, 角度 $\dfrac{2\pi i}{2^n}$ の位相ゲートである.

12.5 算術計算

ゲート 1：アダマール変換をする．

$$H|x_1\rangle = \frac{1}{\sqrt{2}}(|0\rangle + \exp[2\pi i \cdot 0.x_1]|1\rangle) \quad (12.46)$$

ゲート 2：入力 x_2 を読み込み，それを制御ビットにして，1 番目のキュービットを標的ビットにする R_1 を行う．

$$R_1 H|x_1\rangle = \frac{1}{\sqrt{2}}(|0\rangle + \exp[2\pi i \cdot 0.x_1 x_2]|1\rangle) \quad (12.47)$$

ゲート 3：入力 x_3 を読み込む．

$$R_2 H|x_1\rangle = \frac{1}{\sqrt{2}}(|0\rangle + \exp[2\pi i \cdot 0.x_1 x_2 x_3]|1\rangle) \quad (12.48)$$

ゲート 4：アダマール変換をする．

$$H|x_2\rangle = \frac{1}{\sqrt{2}}(|0\rangle + \exp[2\pi i \cdot 0.x_2]|1\rangle) \quad (12.49)$$

ゲート 5：入力 x_3 を読み込む．

$$R_3 H|x_2\rangle = \frac{1}{\sqrt{2}}(|0\rangle + \exp[2\pi i \cdot 0.x_2 x_3]|1\rangle) \quad (12.50)$$

ゲート 6：アダマール変換をする．

$$H|x_3\rangle = \frac{1}{\sqrt{2}}(|0\rangle + \exp[2\pi i \cdot 0.x_3]|1\rangle) \quad (12.51)$$

以上から，離散フーリエ変換は

$$\mathrm{DFT}|x\rangle = R_2 H|x_1\rangle\, R_3 H|x_2\rangle\, H|x_3\rangle \quad (12.52)$$

とすれば計算できることが分かる．

ゲートの数を入力 n の関数として表すと，ゲート数のオーダーが n^2 となり，多項式計算になっていることが分かる．

第13章 ショアによる素因数分解のための量子アルゴリズム

通常の計算機で大きな整数の素因数分解をしようとすると，多項式以上の時間がかかることが知られている．それを多項式時間で行う量子コンピュータのアルゴリズムを，ショアが1994年に発表したときには衝撃が走った．この章では，そのアルゴリズムの概略を解説する．

13.1 素因数分解

古典計算機で大きな整数を素因数分解しようとすると，大変時間がかかる．単純に考えれば，N の因数を発見するためには，小さい数からはじめて N が割り切れるかどうか調べて，ちょうど真ん中の $\sqrt{N}$ まで調べればよいだろうが，これには $\sqrt{N}$ 回程度の計算を要する．

現在までに知られている一番速いアルゴリズムでは，$\exp\left[c \cdot \log N \cdot \left(\frac{\log \log N}{\log N}\right)^{2/3}\right]$ ステップ程度かかる（ここで c はある正の定数である）．指数時間よりは速いが，多項式時間よりは遅い [47, 53]．

このことを逆手にとったものが，素数を鍵に用いる公開鍵方式の暗号システムであることはよく知られている．これから紹介するショアによるアルゴリズムでは，$(\log N)^3$ ステップの多項式時間で素因数分解を行い，公開鍵方

式の暗号システムを破ることができるので話題になった．アルゴリズムの詳細は原論文 [54, 55] を見ていただくことにして，ここでは大筋だけ述べよう．

13.2 数論的準備

複合数 N を素因数分解するには，まずその因数を1つ見つけ，N をそれで割り，あとはこれを繰り返せばよい．因数を見つけるためには，N より小さい整数 x を選んで，N と x の最大公約数 $\gcd(N,x)$ をユークリッドの互除法で計算する．それが1でなければ因数が見つかったわけだから，問題は解決したことになる．$\gcd(N,x) = 1$ ならば，x は N と互いに素であることに注意して以下に進もう．

N と互いに素であるような x に対して

$$x^r = 1 \bmod N \tag{13.1}$$

を充たす整数 r を探す（x が N と互いに素なので，この方程式は非自明な解をもつ）[†1]．r が偶数ならば，上の式を少し変形して，

$$(x^{r/2}+1)(x^{r/2}-1) = 整数 \times N \tag{13.2}$$

を得るので，$x^{r/2} \pm 1 = 0 \bmod N$ でない限り，最大公約数 $\gcd(x^{r/2}+1, N)$ か $\gcd(x^{r/2}-1, N)$ のどちらかが欲しい因数を与える．

r が奇数，あるいは $x^{r/2} \pm 1 = 0 \bmod N$ ならば，別の x を選んで，偶数で $x^{r/2} \pm 1 \neq 0 \bmod N$ のものが出てくるまで続ければよい．大ざっぱには，50%以上の確率で r は望ましいものになるので，この試行はすぐ終わる（定理の正確な表現は後で与える）．

[†1] このような r のうち最小のものを **位数 (order)** とよぶが，以下に問題にするのは必ずしも最小のものとは限らない．実際，次節で説明する量子計算のアルゴリズムは，一般には位数の何倍かの数を確率的に与える．

$N = 15$, $x = 4$（$\gcd(15, 4) = 1$ に注意）の場合に，いろいろな r の偶数の値について，$x^r \bmod N$, $\gcd(x^{r/2} - 1, N)$ と $\gcd(x^{r/2} + 1, N)$ のリストをつくってみよう．

表 13.1 がそのリストである．リストの中の $r = 4, 8, 12$ の場合に（ダメ）とあるのは，因数を与えない r が選択された場合を示している．これを見ると，$r = 2, 6, 10, 14, \cdots$ が上に述べた条件を充たしていて，正しい因数である 3 あるいは 5 を与える．いまの x の選び方だと，「良い r」で偶数のものが半分ある．

少し考えると，これは一般的に成り立つことが分かる．すなわち，r が位

表 13.1 位数 r と因数

$r = 2$, $x^2 = 4^2 = 16 = 15 + 1$
$x^{\frac{r}{2}} - 1 = 3$ $\gcd(x^{\frac{r}{2}} - 1, N) = \gcd(3, 15) = 3$ $x^{\frac{r}{2}} + 1 = 5$, $\gcd(x^{\frac{r}{2}} + 1, N) = \gcd(5, 15) = 5$
$r = 4$, $x^4 = 4^4 = 256 = 15 \times 17 + 1$
$x^{\frac{r}{2}} - 1 = 15$, $\gcd(x^{\frac{r}{2}} - 1, N) = \gcd(15, 15) = 15$ (ダメ) $x^{\frac{r}{2}} + 1 = 17$, $\gcd(x^{\frac{r}{2}} + 1, N) = \gcd(17, 15) = 1$
$r = 6$, $x^6 = 4^6 = 4096 = 15 \times 273 + 1$
$x^{\frac{r}{2}} - 1 = 63$ $\gcd(x^{\frac{r}{2}} - 1, N) = \gcd(63, 15) = 3$ $x^{\frac{r}{2}} + 1 = 65$, $\gcd(x^{\frac{r}{2}} + 1, N) = \gcd(65, 15) = 5$
$r = 8$, $x^8 = 4^8 = 65536 = 15 \times 4369 + 1$
$x^{\frac{r}{2}} - 1 = 255$, $\gcd(x^{\frac{r}{2}} - 1, N) = \gcd(255, 15) = 15$ (ダメ) $x^{\frac{r}{2}} + 1 = 257$, $\gcd(x^{\frac{r}{2}} + 1, N) = \gcd(257, 15) = 1$
$r = 10$, $x^{10} = 4^{10} = 1048576 = 15 \times 69905 + 1$
$x^{\frac{r}{2}} - 1 = 1023$, $\gcd(x^{\frac{r}{2}} - 1, N) = \gcd(1023, 15) = 3$ $x^{\frac{r}{2}} + 1 = 1025$, $\gcd(x^{\frac{r}{2}} + 1, N) = \gcd(1025, 15) = 5$
$r = 12$, $x^{12} = 4^{12} = 16777216 = 15 \times 1118481 + 1$
$x^{\frac{r}{2}} - 1 = 4095$, $\gcd(x^{\frac{r}{2}} - 1, N) = \gcd(4095, 15) = 15$ (ダメ) $x^{\frac{r}{2}} + 1 = 4097$, $\gcd(x^{\frac{r}{2}} + 1, N) = \gcd(4097, 15) = 1$
$r = 14$, $x^{14} = 4^{14} = 268435456 = 15 \times 17895697 + 1$
$x^{\frac{r}{2}} - 1 = 16383$, $\gcd(x^{\frac{r}{2}} - 1, N) = \gcd(16383, 15) = 3$ $x^{\frac{r}{2}} + 1 = 16385$, $\gcd(x^{\frac{r}{2}} + 1, N) = \gcd(16385, 15) = 5$

⋮

数 $r_{\min}$ の偶数倍の場合は $x^{r/2} - 1 = 0 \bmod N$ を与えるので，我々の目的に合わないし，位数 $r_{\min}$ の奇数倍の場合は $x^{r/2} - 1 \neq 0 \bmod N$ で「良い r」である（上の例だと，$r_{\min} = 2$）．

13.3　ショアのアルゴリズムの主要部

さて，$x^r = 1 \bmod N$ という周期を求める問題を量子計算機で解くことを考えよう．12.5.4項で述べた離散的なフーリエ変換と，ベキ計算 $|a\rangle \to |x^a \bmod N\rangle$ に対するアルゴリズムを用いると，次の重ね合わせ状態を高速でつくることができる．

$$\frac{1}{q} \sum_{a,c=0}^{q-1} \exp\left[\frac{2\pi i}{q} ac\right] |c\rangle |x^a \bmod N\rangle \tag{13.3}$$

ここで q は，充分に大きな 2 のベキ乗にとる．

2つの状態 $|c\rangle|x^a \bmod N\rangle$ の量子数を各々測定して，それぞれ c と x^k を得たとしよう．その確率は，量子力学の公理により，

$$\frac{r}{q^2} \left| \sum_{\substack{a=0, \\ x^a = x^k \bmod N}}^{q-1} \exp\left[\frac{2\pi i}{q} ac\right] \right|^2 = \frac{r}{q^2} \left| \sum_{b=-k/r}^{(q-k-1)/r} \exp\left[\frac{2\pi i}{q} brc\right] \right|^2 \tag{13.4}$$

で与えられる．ここで，$x^r = 1 \bmod N$ を思い出して，拘束条件 $x^a = x^k \bmod N$ は b を整数として $a = br + k$ と解けることを用いた．r/q^2 は規格化因子である．

rc が q の倍数に近いところで (13.4) が鋭いピークをもつことから，出力として，そのような c が高い確率で得られることが分かる．その測定で得られた c の値とはじめに用意した q の値から，求める量 r を割り出すことができる．

これを式で書けば，

$$\frac{c}{q} = (整数) \times \frac{1}{r} \tag{13.5}$$

となる．q の倍数に近くない rc は，互いに打ち消しあう干渉効果のために起こる確率が小さくなるから，q が充分大きいとき，実際上そのような rc はほとんど観測されない．ここで q を大きくとっておくのは，鋭いピークが欲しいからである．$q \geq N^2$ 程度だと，q の倍数でない rc のところに小さめのピークができるが，これについては 13.5 節で述べる．

例として，分解すべき数 $N = 15$ に対して，$x = 4$，$q = 2^8$ と選ぼう．そして c を観測して，例えば $c = 128$ を得たとしよう．次に，同じ量子計算を行って，また c を観測すると，今度は $c = 0$ を得るかもしれない．これを何回か繰り返して，「実験データ」を c/q に対してプロットすれば，図 13.1 のようになるだろう．分布の最小の周期が $1/r$ なので，図を読みとれば $rc = q \times (整数)$ を満足する r を見つけることができる．いまの場合は，$r = 2$ である．したがって，$\gcd(4^{2/2} + 1, 6) = 1$ と $\gcd(4^{2/2} - 1, 6) = 3$ を得るので，後者を採用して因数 3 を発見できたことになる．

図 13.1 ショアのアルゴリズムに現れる確率分布の周期性を模式的に示したもの．周期から $1/r$ を読み取れる．

13.4 数論的な注

ここで，量子計算というよりは数論的な注が必要になる．そもそも，N と互いに素の数 x を選んだり，N と別の数の最大公約数 (gcd) を計算する

ために，N の因数分解が必要ではないか？ というもっともな疑問が湧くかもしれない．実は，最大公約数を見つけるには因数分解をする必要がなく，**ユークリッドの互除法** (**Euclidean algorithm**) という，普通の計算機でできる速いアルゴリズムがある．

13.4.1 ユークリッドの互除法

一般に $\gcd(a, b)$ $(a > b)$ を見つけるには，$a - b$ と b を比較して大きい方から小さい方を引く．引いた後は，1つ前の数字と比較して同じことをする．これを繰り返してゼロになる直前の数を答えとすればよい．例えば，$\gcd(20, 12)$ の場合は，$a = 20, b = 12$ なので

$$\begin{pmatrix} 20 & \to & 12 \\ & \swarrow & \\ 8 & \to & 4 \\ & \swarrow & \\ 4 & \to & 0 \end{pmatrix}, \qquad \begin{array}{l} 20 - 12 = 8 \\ 12 - 8 = 4 \\ 8 - 4 = 4 \\ 4 - 4 = 0 \end{array} \tag{13.6}$$

となり，ゼロの左の数字が答えの4である．

ユークリッドの互除法は，考えている数の最大公約数を「袋」で括って考えると理解しやすい（図 13.2）．上の例では1袋は4なので，20は5袋，12は3袋となる．それらに対して上の引き算を繰り返せば，最後には1袋になることは明らかだろう．そうしておいて，袋の中を数えればよい．あらかじめ（1袋の中の数）＝（最大公約数）を知らなくとも，1袋だけ残るので，後で数えてもよい．

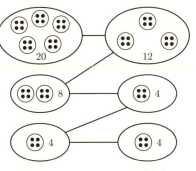

図 13.2 ユークリッドの互除法

13.4.2 オイラー関数

先ほど，$\frac{c}{q} = (整数) \times \frac{1}{r}$ を用いて周期 $\frac{1}{r}$ を求めると，因数が簡単に求まると述べたが，これについても数論的な注が必要になる．

まず，「整数」なるものが，r と互いに素の数のときのみ，正しい r を得ることができる．ここで，$\frac{c}{q} < 1$ に注意すると，「整数」が r よりも小さいことが分かる．このような r よりも小さい数で，r と互いに素の数の総数を，数論では**オイラー関数 (Euler's function)** とよび，$\phi(r)$ と書く．そのような数は結構たくさんあって，$re^{-\gamma}/\log\log r$ より多いことが示されている[†2]．言い換えると，$\log\log r$ 回程度試行すれば 1 回ぐらいは r と互いに素の数に行きあたる．もちろん，$r < N$ だから，たかだか $\log\log r$ 回程度の試行で正しい答えを得るだろう．

量子計算で因数分解を行う際にかかる時間は，(1) ユニタリー変換のところ，(2) 検算のところ，(3) 最大公約数を求めるところ，および (4) 観測を繰り返すところであるが，いずれも多項式時間で計算実行可能である．

ここで，慧眼の読者は奇妙なことに気づくだろう．もしも，分解すべき数がはじめから素数（あるいはその単なるベキ）だったらどうなるのだろうか？　明らかに，$r = 0$ のみが唯一の解であるので，全ての c に対して確率分布は平らになり，量子計算機は出鱈目の答えを出すはずである．ショアのアルゴリズムでは各段階で，古典計算機によって（！）分解すべき数が素数（あるいはその単なるベキ）かどうか，チェックしなければならない．

13.4.3 素数判定

古典計算機による素数判定の多項式アルゴリズムは，2002 年に Agawal, Kayal, Saaxena [56] によって示された．ただし，多項式のベキが大きいので実用にはなっていない．実際には確率的素数判定法が使われている．

[†2] γ はオイラーの数で，値は $\gamma = 0.57721\cdots$．

13.5　連分数を用いたアルゴリズムの緻密化

ショアの因数分解のアルゴリズムにおいて，c を観測する確率 $P(c)$ は干渉パターンを示す．その $P(c)$ は (13.4) で述べたように

$$P(c) = \frac{r}{q^2} \left| \sum_{b=-k/r}^{(q-k-1)/r} \exp\left[\frac{2\pi i}{q} brc\right] \right|^2 = \frac{r}{q^2} \left| \sum_{b'=0}^{(q-1)/r} \exp\left[\frac{2\pi i}{q} b'rc\right] \right|^2 \tag{13.7}$$

と表せ，q を充分大きくとれば $rc = 0 \bmod q$ に鋭いピークがあり，そのことから，繰り返し測定をすれば r を得る．ここで $b' = b + k/r$ である．

ここでは，$q \geq N^2$ であれば，c を1回測定するだけで r を求めることができることを示そう（それが正しくない r を与えるかもしれないが，それは検算で排除できる）．

rc の値が

$$-\frac{r}{2} < rc < -\frac{r}{2} \bmod q \tag{13.8}$$

であれば，(13.7) の b' に関する和において，b' がゼロから $(q-1)/r$ まで動くあいだに，位相 $\phi = \dfrac{2\pi}{q} b'rc$ がたかだか π の変化しかしないので，b' に関する和は相殺しない．実際，c が $-\dfrac{r}{2} < rc < \dfrac{r}{2}$ の範囲にあれば，確率はほぼ平らで

$$P(c) = \frac{r}{q^2} \left| \frac{1 - \exp\left[\frac{2\pi i}{q} r_{\max} c \times \frac{q}{r}\right]}{1 - \exp\left[\frac{2\pi i}{q} r\right]} \right|^2 = \frac{r}{q^2} \frac{1}{\sin^2\left(\frac{2\pi r}{q}\right)} \approx \frac{4}{\pi^2} \frac{1}{r} \tag{13.9}$$

となり，それ以外の範囲では小さい．(13.8) のような範囲にある c は，ちょうど r 個あるので，そのうちのどれかを得る確率は (13.9) から約 $4/\pi^2$ であ

る．したがって，充分な確率で (13.8) を充たす c が見つかることは保証されている[†3]．大ざっぱにいえば，c を数回測定すれば欲しかった周期 r が求まる．

さて，(13.8) を

$$|rc - qc'| < \frac{r}{2} \quad , \exists c' \tag{13.10}$$

と書き直して，この両辺を qr で割れば

$$\left|\frac{c}{q} - \frac{c'}{r}\right| < \frac{1}{2q} \tag{13.11}$$

となる．

このように誤差 $\frac{1}{2q}$ が入るので，量子計算では $\frac{c}{q} - \frac{c'}{r} = 0$（言い換えると $cr = 0 \bmod q$）以外にも値が観測される．(13.11) を $\left|c - c'\frac{q}{r}\right| < \frac{1}{2}$ と書き換えればすぐ見えるように，確率分布の小さめのピークは r 個あり，ほぼ等間隔 (q/r) に存在する．その中でも $cr = 0 \bmod q$ のものが，最もシャープで大きい．

$q = 256$, $r = 14$ の場合の概略を図 13.3 に示した．ショアのアルゴリズムでは，それらの小さめのピークをエラーとして捨てることなく活用して，r を求めようというのである[†4]．

q は自分で選ぶものであり，c は量子計算から与えられる．$q > N^2, r < N$ なので，(13.11) は観測された有理数 $\frac{c}{q}$ をより粗い有理数 $\frac{c'}{r}$ で近似することを意味している．そのような c' はただ 1 つに定まるので，それを求

[†3] これを見るには，次のようにすればよい．$0 \leq c \leq q - 1$ に対応して，cr は $1, 2, \cdots, qr - 1$ の値をとる．これと，q の整数倍 $1, \cdots, qr$ の r 個の点を比較しよう．上の不等式のいうところは，cr がその値と一番近い q の整数倍との差がせいぜい $r/2$ であれ，ということである．そのような c の数は明らかに r 個ある．

[†4] 誤差 $\left|\frac{c}{q} - \frac{c'}{r}\right|$ の小さいものほど鋭く高いピークをもつ．q を大きくすると $cr = 0 \bmod q$ のピークだけが残り，他は小さくなる．

13.5 連分数を用いたアルゴリズムの緻密化　　245

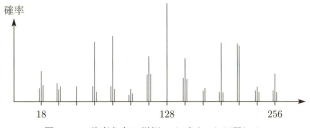

図 13.3 確率分布の詳細．サブピークが現れる．

めるために $\frac{c}{q}$ を連分数で表現して，それを途中で打ち切ったものを有理数 $\frac{a}{b}$ で表して，分母 b が N 以下でかつ (13.11) を充たすものを採用する．

例を挙げよう．$N = 15$ として，$q = 2^8 = 256 > N^2 = 225$ と選んだとき，$c = 18$ が観測されたとしよう．$18/256$ を連分数表示すると

$$\frac{18}{256} = [14, 4, 2] = \cfrac{1}{14 + \cfrac{1}{4 + \cfrac{1}{2}}} \tag{13.12}$$

となり[†5]，分母が $N = 15$ 以下の有理数で近似すると $\frac{1}{14}$ (c' は 1) となる．$\left|\frac{18}{256} - \frac{1}{14}\right| = \frac{4}{256 \cdot 14} < \frac{1}{256 \cdot 2}$ だから (13.11) は充たされている．したがって，$r = 14$ を得る ($c' = 1$ だから c' と r は，いまの場合確かに互いに素である)[†6]．

ついでなので，$N = 15$ の因数を計算してしまおう．$N = 15$ と互いに素の数で 15 より小さいものとして $x = 4$ を採用すれば，$\gcd(4^{\frac{14}{2}} - 1, 15) = \gcd(16383, 15) = 3$, $\gcd(4^{\frac{14}{2}} + 1, 15) = \gcd(16385, 15) = 5$ だから，この場合は因子 3 と 5 の両方を得る．

[†5] 任意の数 t の連分数表示を得る標準的な方法は，t を整数部分と余りの形 $t = t_0 = [t_0] + r_1$ と書いて，余りの逆をとり，$t_1 = (r_1)^{-1}$ として以下同じことを繰り返すものである．そうすると，答えは，$t = [[t_0], [t_1], [t_2], \cdots]$ のようになる．

[†6] 例えば $c = 15$ のときは，分母が N 以下でかつ上の不等式を充たすものはないが，前に見たようにこのような c を得る確率は大きくない．つまりそのような $c = 15$ を観測することはほとんどない．

〈**問題**〉 上の例で，$c = 77$ と $c = 149$ を得たときのそれぞれの r を求めよ．

（ヒント：$c = 77$ の場合には $r = 10, c' = 3$ で，前に掲げたリスト（表 13.1）から因子 3 と 5 の両方を得る．$c = 149$ の場合は $r = 12, c' = 7$ で，$\gcd(x^{\frac{r}{2}} - 1, N) = \gcd(4095, 15) = 15 = 0 \bmod 15$ なので，正しい因子を与えない．）

これまでに述べた方法で，1 つに定まった c' が r と互いに素であれば，因数分解としては，以上で充分である．仮に素でなければ，正しくない r を得てしまうが，このことは $x^r \bmod N$ で検算してみれば直ちに判明する．正しくない r を得たときには，N と互いに素の新たな x を選んで量子計算をし直し，新たな c を得ればよい．前に述べたように，c' が r と互いに素である確率は充分に高い．

ここで，この因数分解のアルゴリズムに必要なステップ数を見積もろう．(13.3) は a と c について 2 重和なので $(\log N)^2$ ステップかかり，$x^a \bmod N$ の計算に $\log N$ ステップかかる．先ほど述べたように「c' が r と互いに素」の部分はたかだか $\log \log N$ ステップなので，いまの場合は重要でない．したがって，全体のステップ数は

$$S = (\log N)^3 \tag{13.13}$$

程度である．（ショアは原論文で $S = (\log N)^2$ と述べているので，もう少しうまくやれるのかもしれない．いずれにしても，多項式時間でできる．）

表 13.2 で動作例を見よう．N と互いに素の数 x の選び方によっては，量子計算の繰り返しが多いものもあるが，その度ごとに x を取り直せば，事実上 2, 3 回で済む．とはいえ，$N = 221, x = 20$ の例のように，多数回 c の測定を繰り返しているものがあることは，c が r と c' を互いに素にしないものであるから間違った r を与える c が結構多いことを意味しているので，$\log \log r$ の評価に関係して多少気になる．それは単に平均的な評価であって，運が悪ければもっとかかる x の場合があるのかもしれない．

最後に，「良い x」の割合について次の定理を掲げる．（この定理の証明に

13.5 連分数を用いたアルゴリズムの緻密化

表 13.2 素因数分解の例

$x=2$, $x^4 = 2^4 = 16 = 15+1$, $\underline{r=4}$
$x^{\frac{r}{2}} - 1 = 3$, $\gcd(x^{\frac{r}{2}}-1, N) = \gcd(3,15) = 3$
$x^{\frac{r}{2}} + 1 = 5$, $\gcd(x^{\frac{r}{2}}+1, N) = \gcd(5,15) = 5$
$x=4$, $x^4 = 4^2 = 16 = 15+1$, $\underline{r=4}$
$x^{\frac{r}{2}} - 1 = 3$, $\gcd(x^{\frac{r}{2}}-1, N) = \gcd(3,15) = 3$
$x^{\frac{r}{2}} + 1 = 5$, $\gcd(x^{\frac{r}{2}}+1, N) = \gcd(5,15) = 5$
$x=7$, $x^4 = 7^4 = 2401 = 15 \times 160 + 1$, $\underline{r=4}$
$x^{\frac{r}{2}} - 1 = 3$, $\gcd(x^{\frac{r}{2}}-1, N) = \gcd(3,15) = 3$
$x^{\frac{r}{2}} + 1 = 5$, $\gcd(x^{\frac{r}{2}}+1, N) = \gcd(5,15) = 5$
$x=8$, $x^4 = 8^4 = 4096 = 15 \times 273 + 1$, $\underline{r=4}$
$x^{\frac{r}{2}} - 1 = 3$, $\gcd(x^{\frac{r}{2}}-1, N) = \gcd(3,15) = 3$
$x^{\frac{r}{2}} + 1 = 5$, $\gcd(x^{\frac{r}{2}}+1, N) = \gcd(5,15) = 5$
$x=11$, $x^2 = 11^2 = 121 = 15 \times 8 + 1$, $\underline{r=2}$
$x^{\frac{r}{2}} - 1 = 5$, $\gcd(x^{\frac{r}{2}}-1, N) = \gcd(3,15) = 5$
$x^{\frac{r}{2}} + 1 = 3$, $\gcd(x^{\frac{r}{2}}+1, N) = \gcd(5,15) = 3$
$x=13$, $x^4 = 13^4 = 28561 = 15 \times 1904 + 1$, $\underline{r=4}$
$x^{\frac{r}{2}} - 1 = 3$, $\gcd(x^{\frac{r}{2}}-1, N) = \gcd(3,15) = 3$
$x^{\frac{r}{2}} + 1 = 5$, $\gcd(x^{\frac{r}{2}}+1, N) = \gcd(5,15) = 5$
$x=14$, $x^2 = 14^2 = 196 = 15 \times 13 + 1$, $\underline{r=2}$
$x^{\frac{r}{2}} - 1 = 13$, $\gcd(x^{\frac{r}{2}}-1, N) = \gcd(3,15) = \underline{1}$
$x^{\frac{r}{2}} + 1 = 15$, $\gcd(x^{\frac{r}{2}}+1, N) = \gcd(5,15) = \underline{15}$

は中国式剰余定理を用いるが，その内容については，例えば，エッカートとジョサのレビューを参照してほしい [55]．)

【定理】 与えられた奇数 N が素数のベキでないときに，N より小さくて，かつ N と互いに素な数たち $\{x\}$ のうちで，その位数 r（最小の r）が偶数で，しかも $x^{r/2} \neq \pm 1$ であるような x は半数以上ある．

$$P(r : \text{even},\ x^{r/2} \neq \pm 1) \geq \frac{1}{2} \qquad (13.14)$$

これが位数の奇数倍の r についても成り立ち，位数の偶数倍は因子を出

すのに役に立たないことは，13.2節で見たので，まとめると，全ての r に対して，「良い x」は半数以上あることが分かる．

この章のはじめに見たのと同じ $N = 15$ の例で，N と互いに素な N より小さい数 $x = 2, 4, 7, 8, 11, 13, 14$ に対して位数（最小の r）を求めてリストにしてみよう．前頁の表13.2を見てほしい．これを見ると，一番最後の $x = 14$ の位数 $r = 2$ は因数を与えないので，因数分解の目的には適しない．

~~~~~~~~~~~~~~~~~~~~~~~~~~~~~~~~~~~~~

ショアの思い出

確か，JST ERATO の量子計算の今井プロジェクトの会合の折に，P. ショアと昼食を共にした．そこでの会話で2つのことが印象に残っている．

ショアは情報科学分野の方なので，「いつ量子力学を勉強されたのですか？」と聞くと，怪訝な顔をされて，MIT の学部で "Advanced Course of Quantum Mechanic" を受講したと答えてくださった．日本ではあり得ないというと，もっと怪訝な顔をされた．逆に，日本では物理の教程に情報理論は入っていない．

次に，ショアのアルゴリズム以後，本質的に新しいアルゴリズムが見出されていないが見通しはどうか，と質問したら，「量子力学自体の理解が深まるときだろう」と答えた．1つは教育，1つは研究の問題であるが，いずれも深いと感じた．

元々，私がこの分野に首を突っ込んだのは，彼の論文を読んだのがきっかけだった．20世紀の終わり頃に，ディラック並みに簡潔で隙のない論文を書いた人はどんな人なのだろうと思っていた．解読を楽しんでいたところ，当時，物理の雑誌「パリティ」の編集者の1人であった藤井昭彦さんにパーティの席で出会い，ショアの論文を理解した，といったら解説を書けということになった．その後，量子情報技術研究会 (QIT) の集まりがあると，チュートリアルコースで解説するようになった．その中で，完全正写像などの量子情報理論を学んでいった．物性物理，あるいは電気工学の人たちは割とスムースについてきてくれたが，私の古巣の素粒子の研究会での反応は極めて鈍く，「全く分からなかった」といわれてがっかりした．

~~~~~~~~~~~~~~~~~~~~~~~~~~~~~~~~~~~~~

付録　不等式の証明

A.1　結合エントロピーに関する不等式の証明

【劣加法性 (6.27) の証明】　$\rho = \rho^{AB}$, $\sigma = \rho^A \otimes \rho^B$ とおいて，量子相対エントロピーの正値性 (6.16) を用いれば証明できる．

$$
\begin{aligned}
0 &\leq S(\rho^{AB} || \rho^A \otimes \rho^B) \\
&= \text{Tr}_{A,B}[\rho^{AB} \log \rho^{AB} - \rho^{AB} \log(\rho^A \otimes \rho^B)] \\
&= \text{Tr}_{A,B}[\rho^{AB} \log \rho^{AB}] - \text{Tr}_A[\rho^A \log \rho^A] - \text{Tr}_B[\rho^B \log \rho^B] \\
&= -S(A,B) + S(A) + S(B)
\end{aligned}
\tag{A.1}
$$

【三角不等式 (6.28) の証明】　この証明の前準備として，次の事実を証明しよう．

> 合成系の状態が純粋状態の場合，$\rho^{AB} = |\psi_{AB}\rangle\langle\psi_{AB}|$ の A あるいは B の部分跡をとったものが同じ形をしている．
>
> $$\rho^A = Tr_B[|\psi_{AB}\rangle\langle\psi_{AB}|] \sim Tr_A[|\psi_{AB}\rangle\langle\psi_{AB}|] = \rho^B \tag{A.2}$$
>
> ここで，$\sim$ は「同じ形」の意味である．

この証明では，シュミット分解

$$|\psi_{AB}\rangle = \sum_i d_i |i\rangle_A \otimes |i\rangle_B \tag{A.3}$$

という重要なテクニックを使う．そうすると，この形から直ちに

$$\rho^A = Tr_B[|\psi_{AB}\rangle\langle\psi_{AB}|] = \sum_i |d_i|^2 |i\rangle_A \langle i|_A \tag{A.4}$$

が導かれる．一方，ρ^B については

$$\rho^{\mathrm{B}} = \mathrm{Tr}_{\mathrm{A}}[|\psi_{\mathrm{AB}}\rangle\langle\psi_{\mathrm{AB}}|] = \sum_i |d_i|^2 |i\rangle_{\mathrm{B}}\langle i|_{\mathrm{B}} \qquad (\mathrm{A}.5)$$

となり，両者は同じ形をしている．

ここで，シュミット分解 (A.3) を説明しよう．$|\psi_{\mathrm{AB}}\rangle$ の一般形

$$|\psi_{\mathrm{AB}}\rangle = \sum_{i,j} C_{ij} |i\rangle_{\mathrm{A}} \otimes |j\rangle_{\mathrm{B}}, \qquad C_{ij} \in \mathcal{C} \qquad (\mathrm{A}.6)$$

から出発して，行列 C を特異値分解してみよう．

$$C = UDV \qquad (\mathrm{A}.7)$$

ここで，U, V はユニタリー行列で，D は対角行列 $\mathrm{diag}(d_1, d_2, \cdots)$ である．成分は次式で表される．

$$C_{ij} = \sum_k U_{ik} d_k V_{kj} \qquad (\mathrm{A}.8)$$

$$|\psi_{\mathrm{AB}}\rangle = \sum_k d_k \left(\sum_i U_{ik} |i\rangle_{\mathrm{A}}\right) \otimes \left(\sum_j V_{kj} |j\rangle_{\mathrm{B}}\right) \qquad (\mathrm{A}.9)$$

そして，$\sum_i U_{ik}|i\rangle_{\mathrm{A}} \to |k\rangle_{\mathrm{A}}$, $\sum_j V_{kj}|j\rangle_{\mathrm{B}} \to |k\rangle_{\mathrm{B}}$ と書き直せば，シュミット分解の標準形 (A.3) を得る．

これから本題の三角不等式の証明に入る．系 AB に対して，R を加えて純粋化する．すなわち，純粋状態

$$|ABR\rangle\langle ABR|, \qquad |ABR\rangle = \sum_i \sqrt{p_i} |AB\rangle_i \otimes |R\rangle_i \qquad (\mathrm{A}.10)$$

を考える（$|AB\rangle_i$ は ρ^{AB} の固有値 p_i に属する固有状態）[†1]．

ここで，先ほど証明した，部分跡に関する定理から直ちに得られる関係，$S(\mathrm{AB}) = S(\mathrm{R})$, $S(\mathrm{AR}) = S(\mathrm{B})$ を，上記の劣加法性 $S(\mathrm{A}) + S(\mathrm{R}) \geq S(\mathrm{A}, \mathrm{R})$ に代入すると，$S(\mathrm{A}) + S(\mathrm{AB}) \geq S(\mathrm{B})$，すなわち $S(\mathrm{AB}) \geq S(\mathrm{B}) - S(\mathrm{A})$ を得る．A と B の役割を入れ替えたものと合わせると，証明が完了する．

[†1] R について跡をとると，$Tr_{\mathrm{R}} |\psi\rangle\langle\psi| = \sum_i p_i |AB\rangle_i \langle AB|_i = \rho^{\mathrm{AB}}$ となる．

A.1 結合エントロピーに関する不等式の証明　　251

【凹性 (6.29) の証明】 添字 i に対して仮想的に正規直交系 $|i\rangle$ を導入して，密度演算子 $\rho^{\mathrm{AB}} = \sum_i p_i \rho_i \otimes |i\rangle_\mathrm{B}\langle i|$ を構成する．そうすると，簡単な計算で $S(\mathrm{AB}) = H(p_i) + \sum_i p_i S(\rho_i)$, $S(\mathrm{A}) = S(\sum_i p_i \rho_i)$, $S(\mathrm{B}) = S(\sum_i p_i |i\rangle_\mathrm{B}\langle i|) = H(p_i)$ が分かるので，これらを劣加法性 $S(\mathrm{AB}) \leq S(\mathrm{A}) + S(\mathrm{B})$ に代入すると，不等式 (6.29) を得る．

三角不等式と凹性の証明方法には共通点がある．すなわち，新たに $|i\rangle_\mathrm{B}, |R\rangle_i$ などの仮想的な状態を導入して，和の中に埋もれてしまっている添字 i を一旦顕在化させている．現実の物理現象との関係はないが，面白いテクニックである．

【強い劣加法性 (6.30) の証明】 問題を相対エントロピーの単調性に帰着させればよい．

（1）条件付きエントロピーの単調性

$$S(\mathrm{A}|\mathrm{BC}) \leq S(\mathrm{A}|\mathrm{B}) \tag{A.11}$$

と強い劣加法性は等価であることは，左辺の定義 $S(\mathrm{A}|\mathrm{BC}) = S(\mathrm{ABC}) - S(\mathrm{A}) - S(\mathrm{BC})$ と，右辺の定義 $S(\mathrm{A}|\mathrm{B}) = S(\mathrm{AB}) - A(\mathrm{A}) - S(\mathrm{B})$ を代入すれば分かる．

（2）相対エントロピーの単調性

$$S(\rho_\mathrm{A}||\sigma_\mathrm{A}) \leq S(\rho_\mathrm{AB}||\sigma_\mathrm{AB}) \tag{A.12}$$

を用いて（証明は次節を参照），条件付きエントロピーの単調性

$$S(\mathrm{A}|\mathrm{BC}) \leq S(\mathrm{A}|\mathrm{B}) \tag{A.13}$$

を導こう．

次の恒等式

$$S(\rho_\mathrm{AB}||\frac{I_\mathrm{A}}{d_\mathrm{A}} \otimes \rho_\mathrm{B}) = \log d_\mathrm{A} - S(\mathrm{A}|\mathrm{B}) \tag{A.14}$$

を相対エントロピーの単調性から得られる不等式

$$S(\rho_{AB}||\frac{I_A}{d_A}\otimes\rho_B) \leq S(\rho_{ABC}||\frac{I_A}{d_A}\otimes\rho_{BC}) \quad (A.15)$$

に代入すれば，条件付きエントロピーの単調性（A.13）が従う．

この（A.15）の恒等式は，相対エントロピー（A.14）を定義通り計算して得られる関係式

$$S(\rho_{AB}||\frac{I_A}{d_A}\otimes\rho_B) = \mathrm{Tr}_{AB}[\rho_{AB}(\log\rho_{AB} - \log\rho_B + \log d_A)]$$
$$= -S(AB) + S(B) + \log d_A = -S(A|B) + \log d_A \quad (A.16)$$

から示せる．ここで I_A は，A のヒルベルト空間における恒等演算子である．

A.2 相対エントロピーの単調性の証明

ここでは，相対エントロピーの単調性の証明に集中して解説する．そのために，古典相対エントロピーの単調性

$$\sum_i r_i(\log r_i - \log s_i) \leq \sum_{ij} r_{ij}(\log r_{ij} - \log s_{ij}) \quad (A.17)$$

$$r_i = \sum_j r_{ij}, \qquad s_i = \sum_j s_{ij} \quad (A.18)$$

の証明を参考にしよう．対数たちを右辺から左辺に移項して，1 つの対数にまとめると，不等式

$$\sum_{ij} r_{ij}\log\frac{r_i s_{ij}}{s_i r_{ij}} \leq \sum_{ij} r_{ij}\left[\frac{r_i s_{ij}}{s_i r_{ij}} - 1\right] = 0 \quad (A.19)$$

を得る．ここで，対数関数の凹性 $\log x \leq x - 1$ を用いた．

量子相対エントロピーの場合には対数が 2 項あるので，演算子の非可換性のために，それを 1 項にまとめることが簡単でない．そこで，次の方針で計算を行う．

(1) 相対エントロピーの定義にある 2 つの対数を 1 つにまとめるテクニックである**相対モジュラー演算子** (relative modular operator) Δ

A.2 相対エントロピーの単調性の証明

$$\Delta := \mathcal{L}\mathcal{R} = \mathcal{R}\mathcal{L} \quad (\mathcal{L} \ \text{と} \ \mathcal{R} \ \text{は可換！}) \tag{A.20}$$

$$\mathcal{L}(X) := \sigma X \tag{A.21}$$

$$\mathcal{R}(X) := X\rho^{-1} \tag{A.22}$$

を導入しよう．これから

$$\log \Delta = \log \mathcal{L} + \log \mathcal{R} \tag{A.23}$$

$$\log \mathcal{L}(X) := (\log \sigma)X \tag{A.24}$$

$$\log \mathcal{R}(X) := -X(\log \rho) \tag{A.25}$$

という美しい関係式を得る．

ヒルベルト・シュミット内積 $\langle A, B \rangle = \mathrm{Tr}[A^\dagger B]$ を用いて相対エントロピーを書き直して，

$$S(\rho||\sigma) = \mathrm{Tr}[\rho \log \rho - \rho \log \sigma] = \langle \rho^{1/2}, -\log \Delta \rho^{1/2} \rangle \tag{A.26}$$

を得る．ここで，対数が 1 個 $(\log \Delta)$ になったことに注目しよう．

(2) その対数写像の凹性を用いる．

上記のヒルベルト・シュミット内積の意味の等長写像 U が存在して

$$U^\dagger U = 1, \qquad U^\dagger \Delta_{\mathrm{AB}} U = \Delta_{\mathrm{A}} \tag{A.27}$$

を充たすものとしよう（後で構成的に示す）．ここで Δ_{AB} と Δ_{A} は，それぞれ系 AB と A に対する相対モジュラー演算子である．

凸写像 $f : M_n \to M_n$ (M_n は $n \times n$ 行列)[†2]に対して，

[†2] 行列 $X \in M_n$ と行列 $Y \in M_n$ の間の大小関係 $X > Y$ を $X - Y > 0$（固有値が正の行列）と定義したとき，f が凸写像であるとは

$$f(pX + (1-p)Y) \leq pf(X) + (1-p)f(Y) \quad (0 \leq p \leq 1)$$

を充たす場合をいう．

$$f(U^\dagger X U) \leq U^\dagger f(X) U \tag{A.28}$$

が成り立つことを，証明を後回しにして用いよう．(A.26) から

$$\begin{aligned}
S(\rho^{\mathrm{A}}||\sigma^{\mathrm{A}}) &= \langle \rho_{\mathrm{A}}^{1/2}, -\log(U^\dagger \Delta_{\mathrm{AB}} U)(\rho_{\mathrm{A}}^{1/2})\rangle \\
&\leq \langle \rho_{\mathrm{A}}^{1/2}, -U^\dagger \log(\Delta_{\mathrm{AB}}) U(\rho_{\mathrm{A}}^{1/2})\rangle \\
&\leq \langle U(\rho_{\mathrm{A}}^{1/2}), -\log(\Delta_{\mathrm{AB}}) U(\rho_{\mathrm{A}}^{1/2})\rangle \\
&\leq \langle \rho_{\mathrm{AB}}^{1/2}, -\log(\Delta_{\mathrm{AB}}) \rho_{\mathrm{AB}}^{1/2}\rangle \\
&= S(\rho^{\mathrm{AB}}||\sigma^{\mathrm{AB}})
\end{aligned} \tag{A.29}$$

が成り立ち，これで相対エントロピーの単調性の証明が完了する．

残るは，等長写像 U の明示的な構成である．そのために，$X \in M(\mathrm{A})$，$Y \in M(\mathrm{AB})$ に対して

$$U(X) = (X\rho_{\mathrm{A}}^{-1/2} \otimes \mathbf{1}_{\mathrm{B}})\rho_{\mathrm{AB}}^{1/2} \tag{A.30}$$

$$U^\dagger(Y) = \mathrm{Tr}_{\mathrm{B}}[Y\rho_{\mathrm{AB}}^{1/2}, (\rho_{\mathrm{A}}^{-1/2} \otimes \mathbf{1}_{\mathrm{B}})] \tag{A.31}$$

とすれば充分であることをチェックしよう．

$$\begin{aligned}
U^\dagger U X &= U^\dagger (X\rho_{\mathrm{A}}^{-1/2} \otimes \mathbf{1}_{\mathrm{B}})\rho_{\mathrm{AB}}^{1/2} \\
&= \mathrm{Tr}_{\mathrm{B}}[X\rho_{\mathrm{A}}^{-1/2} \otimes \mathbf{1}_{\mathrm{B}}]\rho_{\mathrm{AB}}^{1/2}\rho_{\mathrm{AB}}^{1/2}(\rho_{\mathrm{A}}^{-1/2} \otimes \mathbf{1}_{\mathrm{B}}) \\
&= \mathrm{Tr}_{\mathrm{B}}[(X\rho_{\mathrm{A}}^{-1/2} \otimes \mathbf{1}_{\mathrm{B}})\rho_{\mathrm{AB}}(\rho_{\mathrm{A}}^{-1/2} \otimes \mathbf{1}_{\mathrm{B}})] \\
&= X\rho_{\mathrm{A}}^{-1/2}\rho_{\mathrm{A}}\rho_{\mathrm{A}}^{-1/2} \\
&= X
\end{aligned} \tag{A.32}$$

となるので，すなわち $U^\dagger U = 1$ である．したがって，U はヒルベルト・シュミット内積の意味で等長写像になっている．

最後に，(A.27) を証明しよう．

$$\begin{aligned}
U^\dagger \Delta_{\mathrm{AB}} U X &= U^\dagger \Delta_{\mathrm{AB}} (X \rho_{\mathrm{A}}^{-1/2} \otimes \mathbf{1}_{\mathrm{B}}) \rho_{\mathrm{AB}}^{1/2} \\
&= \mathrm{Tr}_{\mathrm{B}} [\sigma_{\mathrm{AB}} (X \rho_{\mathrm{A}}^{-1/2} \otimes \mathbf{1}_{\mathrm{B}}) \rho_{\mathrm{AB}}^{1/2} \rho_{\mathrm{AB}}^{1/2} \rho_{\mathrm{AB}}^{-1} (\rho_{\mathrm{A}}^{-1/2} \otimes \mathbf{1}_{\mathrm{B}})] \\
&= \sigma_{\mathrm{A}} X \rho_{\mathrm{A}}^{-1} = \Delta_{\mathrm{A}} X
\end{aligned} \tag{A.33}$$

となるので，すなわち $U^\dagger \Delta_{\mathrm{AB}} U = \Delta_{\mathrm{A}}$ である．

A.3 U に関する単調性の証明

ここでは，(A.28) の $f(U^\dagger X U) \leq U^\dagger f(X) U$ の証明を行う．U の値域が，一般には，元のベクトル空間 V にはたらく行列全体の空間 $M(V)$ よりも小さい空間 $M(W)$ ($W \subset V$) になることが，等式ではなく不等式になる原因であることに注目しよう．P を $M(V)$ から $M(W)$ への射影とすると，$X \in M(V)$ に対して $PXP \in M(W)$ とみなすことができ，しかも PU は $M(W)$ に対する等長写像とみなせる．したがって，

$$f(U^\dagger P(PXP)PU) = U^\dagger P f(PXP) PU \tag{A.34}$$

が成り立つ．次に不等式 $f(PXP) \leq P f(X) P$（この後で，すぐに証明する）を右辺に適用すれば

$$f(U^\dagger PXPU) = U^\dagger P f(PXP) PU \leq U^\dagger P f(X) PU \tag{A.35}$$

となり，P の定義から $PU = U$ なので，(A.28)，すなわち $f(U^\dagger X U) \leq U^\dagger f(X) U$ が示せた．

次に，不等式 $f(PXP) \leq P f(X) P$ の証明をしよう．$M(W)$ の直交補集合への射影を $Q = 1 - P$ とすると，次の2つの等式が成り立つことは，射影の性質から直ちに分かる．

$$f(PXP + QXQ) = f(PXP) + f(QXQ) \tag{A.36}$$

$$\frac{(P+Q)X(P+Q) + (P-Q)X(P-Q)}{2} = PXP + QXQ \tag{A.37}$$

ここで，$P + Q = 1$ を用い，ユニタリー演算子 $S = P - Q$ を定義して，(A.37)

を書き直すと

$$\frac{X + SXS}{2} = PXP + QXQ \tag{A.38}$$

となる．ここではじめて f の凸性を用いる．

$$f(PXP + QXQ) = f\left(\frac{X + SXS}{2}\right) \leq \frac{f(X) + f(SXS)}{2}$$
$$= \frac{f(X) + Sf(X)S}{2} = Pf(X)P + Qf(X)Q \tag{A.39}$$

上記の等式で S のユニタリー性を用いた．さらに両辺を P で挟めば Q のついた項が落ちて，次式のようになる．

$$Pf(PXP + QXQ)P \leq Pf(X)P \tag{A.40}$$

左辺が $f(PXP)$ に他ならないことを見て，証明が完了する．

A.4　$-\log X$ の凸性の証明

まず，$1/X$ の凸性

$$\frac{1}{pX + (1-p)Y} \leq p\frac{1}{X} + (1-p)\frac{1}{Y} \tag{A.41}$$

を示す．$X = 1$ の場合 $\frac{1}{p + (1-p)Y} \leq p + (1-p)\frac{1}{Y}$ は，非可換の演算子がないので普通の関数として証明できる．Y を $X^{-1/2}YX^{-1/2}$ に置き換えると

$$\frac{1}{p + (1-p)X^{-1/2}YX^{-1/2}} \leq p + (1-p)\frac{1}{X^{-1/2}YX^{-1/2}} \tag{A.42}$$

となるので，両辺を $X^{-1/2}$ で挟めば (A.41) は見える．

次に，対数の積分表示

$$-\log X = \int_0^\infty dt \left(\frac{1}{X+t} - \frac{1}{1+t}\right) \tag{A.43}$$

において，$X \to pX + (1-p)Y$ と置き換えて

$$-\log[pX + (1-p)Y] = \int_0^\infty dt \left[\frac{1}{pX + (1-p)Y + t} - \frac{1}{1+t}\right] \tag{A.44}$$

としたものと

$$-p\log X = \int_0^\infty dt \left(p\frac{1}{X+t} - p\frac{1}{1+t}\right) \quad (A.45)$$

$$-(1-p)\log Y = \int_0^\infty dt \left[(1-p)\frac{1}{Y+t} - (1-p)\frac{1}{1+t}\right] \quad (A.46)$$

の和

$$\int_0^\infty dt \left[p\frac{1}{X+t} + (1-p)\frac{1}{Y+t} - \frac{1}{1+t}\right] \quad (A.47)$$

の被積分関数に不等式 (A.41) を適用すれば，右辺は

$$\geq \int_0^\infty dt \left[\frac{1}{pX+(1-p)Y+t} - \frac{1}{1+t}\right] = -\log[pX+(1-p)Y] \quad (A.48)$$

と評価されて，証明が完了する．

A.5　$F(\rho, \mathcal{E}) \leq F(\rho, \mathcal{E}(\rho))$ の証明

これは，次の（1）から（3）の手順で証明できる．

（1）エンタングルメント忠実度 $F(\rho, \mathcal{E})$ についての等式

$$F(\rho, \mathcal{E}) := F(|RQ\rangle, \rho^{R'Q'}) = \langle RQ|\rho^{R'Q'}|RQ\rangle \quad (A.49)$$

において，ρ^Q の純粋化 $|RQ\rangle$ は

$$|RQ\rangle = (U_R \otimes \sqrt{\rho}U_Q)|m\rangle \quad (A.50)$$

$$|m\rangle = \sum_i |i_R\rangle|i_Q\rangle \quad (A.51)$$

と明示的に与えられる．ここで，最大にエンタングルした状態 $|m\rangle$ は技術的に導入されている．実際，次式が成り立つ．

$$\begin{aligned}
\mathrm{Tr}_R |RQ\rangle\langle RQ| &= \mathrm{Tr}_R \left[U_R \otimes \sqrt{\rho^Q}U_Q|m\rangle\langle m|U_R^\dagger \otimes U_Q^\dagger\sqrt{\rho^Q}\right] \\
&= \sqrt{\rho^Q}U_Q \sum_i |i_Q\rangle\langle i_Q|U_Q^\dagger\sqrt{\rho^Q} \\
&= \sqrt{\rho^Q}U_Q U_Q^\dagger \sqrt{\rho^Q} = \rho^Q \quad (A.52)
\end{aligned}$$

(2) (A.49) の右辺を評価しよう.

$$
\begin{aligned}
\langle RQ|\rho^{R'Q'}|RQ\rangle &= \langle m|U_R^\dagger \otimes U_Q^\dagger \sqrt{\rho^Q} \cdot \rho^{R'Q'} \cdot U_R \otimes \sqrt{\rho^Q} U_Q|m\rangle \\
&= \text{Tr}_Q[U_Q^\dagger \sqrt{\rho^Q} \text{Tr}_R(U_R^\dagger \rho^{R'Q'} U_R)\sqrt{\rho^Q} U_Q] \\
&= \text{Tr}_Q[U_Q^\dagger \sqrt{\rho^Q} \rho^{Q'} \sqrt{\rho^Q} U_Q] \\
&= \text{Tr}_Q \sqrt{\rho^Q} \rho^{Q'} \sqrt{\rho^Q} \\
&\leq \left(\text{Tr}_Q \left[\sqrt{\sqrt{\rho^Q} \rho^{Q'} \sqrt{\rho^Q}}\right]\right)^2 \\
&= F(\rho^Q, \rho^{Q'}) \quad\quad\quad\quad\quad\quad\quad\quad (A.53)
\end{aligned}
$$

(3) (1) と (2) を合わせると, 不等式 $F(\rho, \mathcal{E}) \leq F(\rho, \mathcal{E}(\rho))$ が証明される.

参考文献

[1] P. A. M. Dirac：*"Principles of Quantum Mechanics"*，4th ed. (Clarendon, 1963)；ディラック 著，朝永振一郎，他 共訳：「ディラック 量子力学 原書第 4 版 改訂版」(岩波書店，2017 年)

[2] J. J. Sakurai：*"Advanced Quantum Mechanics"* (Addison-Wesley Pub., 1967)；J.J. サクライ 著，樺沢宇紀 訳：「上級量子力学 1，2」(丸善プラネット，2010 年)

[3] 朝永振一郎 著，江沢 洋 編：「量子力学と私」(岩波書店，1997 年)

[4] 新井朝雄 著：「共立講座 21 世紀の数学 ヒルベルト空間と量子力学 改訂増補版」(共立出版，2014 年)

[5] A. Peres：*"Quantum Theory"* (Kluwer Academic Pub., 1995)

[6] Yoon-Ho Kim et al.：*"A Delayed Choice Quantum Eraser"*，Phys. Rev. Lett. **84**, 1 (2013)

[7] 山本義隆 編訳：「ニールス・ボーア論文集 1 因果性と相補性」(岩波書店，1999 年)，13 節のアインシュタインとの討論，特に p.231.

[8] J. S. Bell：*"On the Einstein Podolsky Rosen paradox"*，Physics Physique Fizika **1**, 195 (1964)

[9] J. F. Clauser et al.：*"Proposed Experiment to Test Local Hidden-Variable Theories"*，Phys. Rev. Lett. **24**, 549 (1970)

[10] A. Aspect, J. Dalibard and G. Roger：*"Experimental Test of Bell's Inequalities Using Time-Varying Analyzers"*，Phys. Rev. Lett. **49**, 1804 (1982), and references therein.

[11] B. Hensen et al.：*"Loophole-free Bell Inequality Violation Using Electron Spins Separated by 1.3 Kilometres"*，Nature **526**, 682–686 (2015)

[12] C.E. Shannon：*"A Mathematical Theory of Communication"*，Bell Sys-

tem Technical Journal **27**, 379-423, 623-656 (1948); クロード・E. シャノン, ワレン・ウィーバー 著, 植松友彦 訳「通信の数学的理論」(筑摩書房, 2009 年)

[13] 田崎晴明 著「新物理学シリーズ 32 熱力学」(培風館, 2000 年)

[14] L. Szilard: "*über die Entropieverminderung in einem thermodynamischen System bei Eingriffen intelligenter Wesen*", Zeitschrift für Physik **53**, 840-856 (1929)

[15] H. S. Leff and A. F. Rex: "*Maxwell's Demon(Princeton Series in Physics)*" (Princeton University Press, 1990)

[16] R. Landauer: "*Irreversibility and Heat Generation in the Computing Process*", IBM J. Res. Dev. **5**, 183-191 (1961); C. H. Bennett: "*Notes on the History of Reversible Computation*", **32**, 16-23 (1988); T. Toffoli: "*Bicontinuous Extensions of Invertible Combinatorial Functions*", Mathematica systems theory **14**, 13-23 (1981)

[17] L. Brillouin: "*Physical Entropy and Information. II*", J. Appl. Phys. **22**, 338-343 (1951)

[18] L. Brillouin: "*Science and Information Theory*", 2nd ed. (Dover Pub., 2013)

[19] R. Landauer: "*Irreversibility and Heat Generation in the Computing Process*", IBM J. Res. Dev. **5**, 183-191 (1961)

[20] C. H. Bennett: "*The Thermodynamics of Computation—a Review*", Int. J. Theor. Phys. **21**, 905-940 (1982)

[21] C. H. Bennett: "*Logical Reversibility of Computation*", IBM J. Res. Dev. **17**, 525-532 (1973)

[22] R.P.Feynman *et al.*: "*The Feynman Lectures on Physics*, Volume I, The New Millennium Edition (Basic Books, 2011), Chap. 46

[23] M. A. Nielsen and I. L. Chuang: "*Quantum Computation and Quantum Information*", 10th Anniversary Edition (Cambridgee University Press,

2010)

[24] J. von Neumann："*Mathematische Grundlagen der Quantenmechanik*", Latest edition (Springer, 1996) ; J. von Neumann, Edited by N. A. Wheeler："*Mathematical Foundations of Quantum Mechanics*", New edition (Princeton University Press, 2018)

[25] K. Boström："*Lossless Quantum Data Compression and Secure Direct Communication*", PhD Thesis(Potsdam, Germany, 2004), ここで, シューマッハ圧縮のシミュレーションソフトが提供されている．

[26] M. A. Nielsen and D. Petz："*A Simple Proof of the Strong Subadditivity Inequality*", Quantum Information & Computation **5**, 507-513 (2005)

[27] M. Ozawa："*Quantum Measuring Processes of Continuous Observables*", J. Math. Phys. **25**, 79-87 (1984)

[28] L. Mandelstam and I. Tamm："*The Uncertainty Relation between Energy and Time in Nonrelativistic Quantum Mechanics*", J. Phys. A. (USSR) **9**, 249-254 (1945)

[29] D. Bouwmeester *et al.* :"*Experimental Quantum Teleportation*", Nature **390**, 575-579 (1997)

[30] M. Ozawa："*Universally Valid Reformulation of the Heisenberg Uncertainty Principle on Noise and Disturbance in Measurement*", Phys. Rev. A **67**, 042105-1-042105-6 (2003)

[31] M. Ozawa："*Uncertainty Relations for Noise and Disturbance in Generalized Quantum Measurements*", Annals of Physics **311**, 350-416 (2004)

[32] W. Heisenberg："*Über den anschaulichen Inhalt der quantentheoretischen Kinematik und Mechanik*", Zeitschrift für Physik **43**, 172-198 (1927)

[33] J. Erhart *et al.*："*Experimental Demonstration of a Universally Valid Error-disturbance Uncertainty Relation in Spin Measurements*", Nature Physics **8**, 185-189 (2012)

[34] L. A. Rozema et al.："*Violation of Heisenberg's Measurement-Disturbance Relationship by Weak Measurements*", Phys. Rev. Lett. **109**, 100404 (2012)

[35] J. Lee and I. Tsutsui："*Uncertainty Relation for Errors Focusing on General POVM Measurements with an Example of Two-State Quantum Systems*", Entropy **2020**, 22(11), 1222 (2020)

[36] C. H. Bennett et al.："*Concentrating Partial Entanglement by Local Operations*", Phys. Rev. A **53**, 2046-2052 (1996)

[37] I. Bengtsson and K.Zyczkowski："*Geometry of Quantum States*" (Cambridge University Press, 2006)

[38] M. Horodecki, P.Horodecki and R. Horodecki："*Separability of Mixed States: Necessary and Sufficient Conditions*", Physics Letters A **223**, 1-8 (1996)

[39] A. Peres："*Separability Criterion for Density Matrices*", Phys. Rev. Lett. **77**, 1413-1415 (1996)

[40] Y. Aharonov, D. Z. Albert and L. Vaidman："*How the Result of a Measurement of a Component of the Spin of a Spin-1/2 Particle Can Turn Out to Be 100*", Phys. Rev. Lett. **60**, 1351 (1988)

[41] Y. Aharonov and D. Rohrlich："*Quantum Paradoxes*" (Wiley-VCH, 2005)

[42] W. ハイゼンベルク 著，山崎和夫 訳：「部分と全体 新装版」(みすず書房，1999 年)，123 頁

[43] A. Hosoya and Y. Shikano："*Strange Weak Values*", J. Phys. A: Math. Theor. **43**, 385307 (2010)

[44] P. B. Dixon et al.："*Ultrasensitive Beam Deflection Measurement via Interferometric Weak Value Amplification*", Phys. Rev. Lett. **102**, 173601 (2009)

[45] G. Mitchison, R. Jozsa and S. Popescu："*Sequential Weak Measure-

ment", Phys. Rev. A **76**, 062105 (2007)

[46] 細谷暁夫 著:「SGC ライブラリ 69 量子コンピュータの基礎 [第 2 版]」(サイエンス社, 2009 年)

[47] 小林幸次郎 著:「ソフトウェア講座 33 計算の複雑さ」(昭晃堂, 1988 年)

[48] P. Benioff: *"The Computer as a Physical System: A Microscopic Quantum Mechanical Hamiltonian Model of Computers as Represented by Turing Machines"*, J. Stat. Phys. **22**, 563-591 (1980); P. Benioff: *"Quantum Mechanical Models of Turing Machines That Dissipate No Energy"*, Phys. Rev. Lett. **48**, 1581 (1982)

[49] W.K.Wootters and W.H.Zurek: *"A Single Quantum Cannot Be Cloned"*, Nature **299**, 802-813 (1982)

[50] D. E. Deutch, A. Barenco and A. Ekert: *"Universality in Quantum Computation"*, Proc. R. Soc. London A (1995)

[51] M. A. Nielsen *et al.*: *"Quantum Computation as Geometry"*, Science **311**, 1133-1135 (2006); A. Carlini *et al.*: *"Time-Optimal Quantum Evolution"*, Phys. Rev. Lett. **96**, 060503 (2006)

[52] A. Barenco *et al.*: *"Elementary Ggates for Quantum Computation"*, Phys. Rev. A **52**, 3457 (1995)

[53] E. L. Lawler *et al.*: *"The Traveling Salesman Problem"* (Wiley, 1991)

[54] P.W. Shor: *"Polynomial-Time Algorithms for Prime Factorization and Discrete Logarithms on Quantum Computer"*, SIAM REVIEW **41**, No.2, 303-332 (1999)

[55] A. Ekert and R. Jozsa: *"Quantum Computation and Shor's Factoring Algorithm"*, Rev. Mod. Phys. **68**, 733 (1996)

[56] M. Agrawal, N. Kayal and N. Saxena: *"PRIMES is in P"*, Annals of Mathematics **160**, 781-793 (2004)

おわりに

　量子力学の基本からはじめて，古典情報理論をお手本に量子情報理論を解説した．ともすれば不等式の羅列になりがちな解説を潜り抜けて，一応の集大成が量子測定理論である．それから，弱値という孤立した話題を挟んで，量子計算の概略を解説した．その内容は，それ以前の量子情報理論とはだいぶ異質である．

　これらを，どう統一的に捉えたらよいのであろうか？　そう当惑する読者には，この本を後半から逆に遡って読むことをお勧めしたい．

　読者が量子コンピュータを使って何か有益な問題を解きたいとしよう．そのために，どういうアルゴリズムを組もうか，と思案する．まず考えつくのは，よく知られたショアの素因数分解のアルゴリズムを手本にすることだろうが，おそらく，それは上手くいかない．ショアは素因数分解の問題に潜む周期性をうまく捉えていて，そのままでは，巡回セールスマン問題などの周期的な構造のない問題のヒントになりそうもないからだ．しかし，ショアが考えついた量子状態の特徴を，周期性以外のもっと別の観点から特徴づける可能性はないのだろうか？

　そもそも，量子力学は確率的にしか未来を予言できない．実験事実から見て量子力学は全く正しいのだが，自然な言葉で語られていない．その量子力学の説明の不自然さが，社会的に有用な問題を解くアルゴリズムへの思考を阻害している，と思う．私は，量子情報科学には，量子力学の記述を自然にするという作業が残っている，と思う．そして，標準的な量子力学と等価ではあるが，量子力学自体に対するベターな説明が出てくる日を待っている．

2024年9月　残暑の我孫子にて

細　谷　曉　夫

事　項　索　引

ア

Araki-Lieb の不等式　109
アダマール変換　205
アルファベット符号　61
アンチバンチング　157

イ

e ビット　166
ϵ-典型列　67,104
ϵ-典型部分空間　105
EPR 状態　48
EPR 対　152
EPR パラドックス　43
EPR 論文　43
イェンセンの不等式　80
位数　237
位相緩和　119
位相フリップ　118
1 キュービット系　38
1 分子熱機関　87
一般化測定　116

エ

NP 完全問題　192
NP 問題　192
エルミート演算子　21
エンタングルした（混合）状態　170,204
エンタングルしている　164
エンタングルメント　165
　—— 証人　171
　—— 忠実度　126
　—— 抽出　167

オ

オイラー関数　242

カ

確率解釈　17,188
確率線形写像　79
確率分布　56
重ね合わせの原理　16,187
完全混合状態　38
完全正写像　113,120,121

キ

期待値　19
共鳴しない場合　208
共鳴する場合　208
局所性　52
　—— の仮定　44,47

ク

クラウス演算子　114
クラウス表示　113,114

ケ

計算が可能である　190
計算が複雑である　191
計算の複雑さ　191
結合エントロピー　71,109
ケルビンの原理　97

コ

誤差　160
古典的相互情報量　144
コヒーレント　209
　—— 振動　209
混合状態　37
　完全 ——　38
混合度　38

サ

最適符号　69

シ

CHSH 相関関数　48
CHSH 不等式　48
GHZ 状態　177
自己共役演算子　20
事後選択　181
　—— する　182
辞書式並べ方　103
実在性　52

―― の仮定　47
自明な拡張　121
射影測定　113,117
弱測定　178,180
　　―― による信号増幅　185
弱値　178,179
シャノン圧縮　61
シャノン情報量（シャノンエントロピー）　55,56,57
充足問題　227
シュテルン-ゲルラッハの実験　24
シューマッハ圧縮　100
シューマッハ符号化　129
シュレーディンガーの混合定理　41
シュレーディンガーの猫　17
シュレーディンガー方程式　16,187
巡回セールスマン問題　192
純粋化　127,169
純粋状態　37
条件付きエントロピー　71,110
状態トモグラフィー　37
シラードエンジン　90

ス

垂直偏光　27
水平偏光　27
スペクトル分解　21

セ

制御 NOT　200
(制御)^2 NOT　223
制御ビット　168,198
制御-U　215
正写像　120
　完全 ――　113,120,121
正値演算子　120
跡距離　132
遷移　190

ソ

相互情報量　71,110
　古典的 ――　144
相対エントロピー　69,70
　量子 ――　106
相対モジュラー演算子　252
相補性　1,6
測定可能量　18,20
測定モデル　113

タ

大数の法則　65
多項式時間のプログラム　192
多粒子状態　19,188

チ

遅延選択　30

チューリングマシン　186,189
　非決定的 ――　192
　量子 ――　186,193
チルソレン限界　50

テ

デコヒーレンス時間　209
典型列　66,67
　ϵ- ――　67,104
テンソル積　19

ト

トフォリゲート　198

ナ

内積空間　15

ネ

熱　87
熱力学的エントロピー　87

ハ

$\pi/2$ パルス　209
$\pi/4$ パルス　209
π パルス　209
ハイゼンベルク-小澤の不確定性関係　162
パウリ行列　22
波束の収縮　17,188
ハミルトニアン　16
万能可逆ゲート　198
万能計算機　198

万能ゲート 198

ヒ

P 問題 192
非決定的チューリング
　マシン 192
ビットフリップ 117
ビームスプリッター
　10
ビュール距離 132
標的ビット 168,198
ヒルベルト空間 15

フ

フォンノイマン・エン
　トロピー 101
複屈折 27
符号化 61
　シューマッハ──
　129
物理的実在 45
ブロッホ球 40
ブロッホ球面 40
ブロッホベクトル 40
プローブ系 180
分離可能 164
　──状態 170

ヘ

ベル状態 153,155,177

ベル測定 153
ベルの不等式 48
ペレスの判定基準 170
偏光 27
　──板 27
　垂直── 27
　水平── 27

ホ

ボイル‐シャルルの法
　則 88
ボルン則 18
ホレボ限界 144
ホレボ量 143

マ

Mandelstam‐Tamm
　の速度制限 136
マクスウェルの悪魔
　89
マスター方程式 157
マッハ‐ツェンダー干
　渉計 10
マルコフ過程 158

ミ

密度演算子 37,38

ヤ

ヤングの2重スリット

の実験 1

ユ

ユークリッドの互除法
　241

ラ

ラビ振動 206,209

リ

離散フーリエ変換 233
量子回路 194
量子情報科学 2
量子操作 53,116
量子相対エントロピー
　106
量子チューリングマシ
　ン 186,193
量子テレポーテーショ
　ン 152
量子複製不可能定理
　202
量子論理ゲート 194

ロ

ロバートソンの不等式
　161
論理回路 191

欧 文 索 引

A

a single qubit system 38
AND 195
anti-bunching 157

B

beam splitter 11
Bell inequality 48
Bell state 153
Bell measurement 153
bit flip 117
Bloch ball 40
Bloch sphere 40
Bloch vector 40
Born rule 18
Bures distance 132

C

CHSH inequality 48
coherent 209
coherent oscillation 209
combined gas law 88
comlementarity 1
completely mixed state 38
completely positive map 120
computational complexity 191
conditional entropy 71
control bit 168,198
controlled-controlled-NOT 223
controlled-NOT 200
correlation function 48
CP map 120

D

decoherence time 209
delayed choice 30
dephasing 119
density operator 38
DFT (discrete fourier transformation) 233

E

ϵ-typical sequences 67,104
ϵ-typical subspace 105
encoding 61
entangle 164
entangled (mixed) state 170,204
entanglement 165
entanglement distillation 167
entanglement fidelity 126
entanglement witness 171
EPR state 48
EPR pair 152
EPR paradox 43
error 160
Euclidean algorithm 241
Euler's function 242
expectation value 19

G

generalized measurement 116

H

Hadamard transformation 205
Hamiltonian 16
heat 87
Heisenberg-Ozawa uncertainty relation 162
Hermitian operator 21
Hilbert space 15
Holevo bound 144
Holevo quantity 143

欧文索引   269

J

Jensen's inequality 80
joint entropy 71,109

K

Kelvin principle 97
Kraus operator 114
Kraus representations 114
k‑SAT (k‑satisfiability problem) 227

L

law of large numbers 65
locality 47
LOCC (local operation and classical communication) 155
logic circuit 191

M

Mach‑Zehnder interferometer 10
Markov process 158
master equation 157
Maxwell's demon 89
measurement model 113
mixedness 38
mixed state 37
mixture theorem 41
mutual information 71

N

no clonig theorem 202
nondeterministic polynominal time problem 192
nondeterministic Turing Machine 192
NOT 195
NP‑complete problem 192

O

observable 18,20
optimal code 69
OR 195
order 235

P

Pauli matrices 22
Peres' criterion 171
phase flip 118
physical reality 45
polarization 27
polynominal time algorithm 192
polynominal time problem 192
positive map 120
positive operator 120
post‑select 182
post‑selection 181
POVM (positive operator valued measure) 115
probability distribution 56
probe system 180
projective measurement 117
pure state 37
purification 127,169

Q

quantum circuit 194
quantum information science 2
quantum logic gate 194
quantum operation 53,116
quantum relative entropy 106
quantum speed limit 136
quantum teleportation 152
quantum Turing machine 193

R

Rabi oscillation 206
reality 47
relative entropy 69
relative modular

S

satisfiability problem 227
Schrödinger's cat 17
Schumacher's compression 100, 129
self‒adjoint operator 20
seprable 164
seprable state 170
Shannon compression 61
Shannon entropy 56
spectral decomoposition 21
state tomography 37
Stern‒Gerlach experiment 24

operator 252

stochastic linear maps 79
SWAP 189
Szilard engine 90

T

target bit 168, 198
thermodynamic entropy 87
Toffoli gate 198
trace distance 132
transition 190
traveling salesman problem 192
trivial extention 121
Tsirelson's bound 50
Turing machine 189
typical sequences 66

U

universal computer 198
universal gate 198
universal reversible gate 198

V

von Neumann entropy 101

W

weak measurement 180
weak value 179

X

XOR 195

Y

Young's double slit experiment 1

著者略歴

細谷曉夫（ほそや　あきお）

1946 年　愛知県生まれ
1969 年　東京大学理学部物理学科卒業
1973 年　東京大学大学院理学研究科物理学専攻博士課程中退
同年　　大阪大学理学部物理学科助手
1974 年　東京大学大学院理学博士
1982 年　大阪大学理学部物理学科講師
1986 年　大阪大学理学部物理学科助教授
1988 年　広島大学理論物理学研究所教授
1990 年　東京工業大学理学部物理学科教授
1998 年　東京工業大学理工学研究科基礎物理学専攻教授（改組による）
2012 年　東京工業大学を定年退職

現在　東京工業大学名誉教授
専門　素粒子物理，宇宙論，量子情報

量子力学選書　量子と情報
2024 年 10 月 25 日　第 1 版 1 刷 発行

検印
省略

定価はカバーに表
示してあります．

著作者　細　谷　曉　夫
発行者　吉　野　和　浩
　　　　東京都千代田区四番町 8-1
　　　　電　話 03-3262-9166 (代)
発行所　郵便番号 102-0081
　　　　株式会社　裳　華　房
印刷所　大日本法令印刷株式会社
製本所　株式会社　松　岳　社

一般社団法人
自然科学書協会会員

JCOPY 〈出版者著作権管理機構 委託出版物〉
本書の無断複製は著作権法上での例外を除き禁じ
られています．複製される場合は，そのつど事前
に，出版者著作権管理機構（電話 03-5244-5088,
FAX 03-5244-5089, e-mail: info@jcopy.or.jp）の許諾
を得てください．

ISBN 978-4-7853-2515-2

© 細谷曉夫，2024　　　Printed in Japan

量子力学選書

坂井典佑・筒井 泉 監修

相対論的量子力学

川村嘉春 著　Ａ５判上製／368頁／定価 5060円（税込）

【主要目次】第Ⅰ部 相対論的量子力学の構造（1. ディラック方程式の導出　2. ディラック方程式のローレンツ共変性　3. γ行列に関する基本定理，カイラル表示　4. ディラック方程式の解　5. ディラック方程式の非相対論的極限　6. 水素原子　7. 空孔理論）　第Ⅱ部 相対論的量子力学の検証（8. 伝搬理論 −非相対論的電子−　9. 伝搬理論 −相対論的電子−　10. 因果律，相対論的共変性　11. クーロン散乱　12. コンプトン散乱　13. 電子・電子散乱と電子・陽電子散乱　14. 高次補正 −その1−　15. 高次補正 −その2−）

場の量子論 −不変性と自由場を中心にして−

坂本眞人 著　Ａ５判上製／454頁／定価 5830円（税込）

【主要目次】1. 場の量子論への招待　2. クライン - ゴルドン方程式　3. マクスウェル方程式　4. ディラック方程式　5. ディラック方程式の相対論的構造　6. ディラック方程式と離散的不変性　7. ゲージ原理と3つの力　8. 場と粒子　9. ラグランジアン形式　10. 有限自由度の量子化と保存量　11. スカラー場の量子化　12. ディラック場の量子化　13. マクスウェル場の量子化　14. ポアンカレ代数と1粒子状態の分類

場の量子論（Ⅱ） −ファインマン・グラフとくりこみを中心にして−

坂本眞人 著　Ａ５判上製／592頁／定価 7150円（税込）

【主要目次】1. 場の量子論への招待 −自然法則を記述する基本言語−　2. 散乱行列と漸近場　3. スペクトル表示　4. 散乱行列の一般的性質とLSZ簡約公式　5. 散乱断面積　6. ガウス積分とフレネル積分　7. 経路積分 −量子力学−　8. 経路積分 −場の量子論−　9. 摂動論におけるウィックの定理　10. 摂動計算とファインマン・グラフ　11. ファインマン則　12. 生成汎関数と連結グリーン関数　13. 有効作用と有効ポテンシャル　14. 対称性の自発的破れ　15. 対称性の自発的破れから見た標準模型　16. くりこみ　17. 裸の量とくりこまれた量　18. くりこみ条件　19. 1ループのくりこみ　20. 2ループのくりこみ　21. 正則化　22. くりこみ可能性

経路積分 −例題と演習−

柏 太郎 著　Ａ５判上製／412頁／定価 5390円（税込）

【主要目次】1. 入り口　2. 経路積分表示　3. 統計力学と経路積分のユークリッド表示　4. 経路積分計算の基礎　5. 経路積分計算の方法

多粒子系の量子論

藪 博之 著　Ａ５判上製／448頁／定価 5720円（税込）

【主要目次】1. 多体系の波動関数　2. 自由粒子の多体波動関数　3. 第2量子化　4. フェルミ粒子多体系と粒子空孔理論　5. ハートリー - フォック近似　6. 乱雑位相近似と多体系の励起状態　7. ボース粒子多体系とボース - アインシュタイン凝縮　8. 摂動法の多体系量子論への応用　9. 場の量子論と多粒子系の量子論

裳華房ホームページ　https://www.shokabo.co.jp/